计算机基础应用教材系列

办公软件高级应用技术教程
（Office 2019）

杜 丰 李 勇 赵建锋 主编

电子工业出版社
Publishing House of Electronics Industry
北京·BEIJING

内 容 简 介

本书围绕 Office 2019 系列软件，介绍其高级应用知识和技能。全书共 8 章，主要内容包括 Windows 10 操作系统的使用，Office 2019 常用组件的介绍，Word 2019、Excel 2019 和 PowerPoint 2019 的高级应用，Office 2019 文档安全，VBA 宏及其应用，计算机网络与人工智能应用。

本书内容全面，语言简练，图文并茂，讲练结合，能切实提高读者的办公软件高级应用水平。本书主要为大学本科、专科教学编写，也可作为计算机培训班及自学者的参考书。

未经许可，不得以任何方式复制或抄袭本书之部分或全部内容。
版权所有，侵权必究。

图书在版编目（CIP）数据

办公软件高级应用技术教程：Office 2019 / 杜丰，李勇，赵建锋主编. -- 北京：电子工业出版社，2025.3. -- ISBN 978-7-121-50034-3
Ⅰ. TP317.1
中国国家版本馆 CIP 数据核字第 2025TOU378 号

责任编辑：孟　宇　　文字编辑：郭瑞琦
印　　刷：山东华立印务有限公司
装　　订：山东华立印务有限公司
出版发行：电子工业出版社
　　　　　北京市海淀区万寿路 173 信箱　邮编：100036
开　　本：787×1092　1/16　印张：14　字数：336 千字
版　　次：2025 年 3 月第 1 版
印　　次：2025 年 3 月第 1 次印刷
定　　价：44.90 元

凡所购买电子工业出版社图书有缺损问题，请向购买书店调换。若书店售缺，请与本社发行部联系，联系及邮购电话：(010) 88254888，88258888。
质量投诉请发邮件至 zlts@phei.com.cn，盗版侵权举报请发邮件至 dbqq@phei.com.cn。
本书咨询联系方式：mengyu@phei.com.cn。

前　言

随着信息技术的迅猛发展，办公软件作为现代办公的核心工具，其重要性日益凸显。它不仅极大地提升了工作效率，还促进了信息的快速流通与深度共享。党的二十大报告中指出，"坚持创新在我国现代化建设全局中的核心地位。"同时报告还提出，"加快发展数字经济，促进数字经济和实体经济深度融合，打造具有国际竞争力的数字产业集群。"在此背景下，掌握办公软件的高级应用技能，对于培养新时代高素质人才、推动经济社会发展具有重要意义。

本教材紧密围绕党的二十大报告关于科技、创新的精神，旨在培养既具备深厚专业知识底蕴，又掌握办公软件应用技能的创新型人才。我们深知，办公软件不仅是日常工作的得力助手，更是连接知识与实践、激发创新思维的重要平台。因此，本教材在全面介绍 Office 2019 系列软件高级应用知识和技能的基础上，注重思政教育的深度融入，力求通过办公软件的学习，引导学生树立正确的科技创新价值观，为培养担当民族复兴大任的时代新人贡献力量。

本教材涵盖 Windows 10 操作系统的使用，Office 2019 常用组件的介绍，Word 2019、Excel 2019 和 PowerPoint 2019 的高级应用，Office 2019 文档安全，VBA 宏及其应用，计算机网络与人工智能应用等多个方面。在编写过程中，我们充分结合了新时代大学生的实际需求，力求做到内容全面、结构严谨、语言生动易懂。

本教材注重以下几个方面。

一是强化"科技创新是国家发展的核心动力"的理念。通过介绍办公软件在各行各业中的广泛应用和重要作用，引导学生深刻认识科技创新的重要性，激发学生的创新热情和报国志向。

二是融入社会主义核心价值观和党的二十大报告关于科技、创新的精神。在介绍办公软件应用的过程中，注重培养学生的创新意识、探索精神和团队协作能力，以社会主义核心价值观为引领，帮助学生树立正确的世界观、人生观和价值观，鼓励学生敢于创新、勇于担当，为科技进步、国家发展和人类社会进步贡献自己的力量。

三是关注信息技术伦理、法律与创新。在介绍 Office 2019 文档安全和计算机网络与人工智能应用时，注重培养学生的信息安全意识、法律意识和创新思维，引导学生遵守信息伦理，维护网络安全和信息安全，同时鼓励学生在合法合规的前提下积极探索新技术、新方法的应用。

本教材由浙江工业大学之江学院资深教师团队精心编写，由杜丰、李勇、赵建峰主编，王定国、桂婷参与了教材的编写，由杜丰统稿，力求为广大学生提供一本既实用又富有思政内涵、紧跟时代步伐的办公软件教材。

  由于水平所限，书中难免存在不足之处，敬请广大读者批评指正。我们期待本教材能为培养新时代高素质人才、推动科技创新和国家发展贡献一份力量。

编 者

2024 年 12 月于杭州

目 录

第 1 章　Windows 10 操作系统 ··· 1

1.1　Windows 10 基础 ··· 1
  1.1.1　Windows 10 的由来 ··· 1
  1.1.2　Windows 10 的版本 ··· 2

1.2　Windows 10 桌面管理 ·· 3
  1.2.1　桌面及操作 ··· 3
  1.2.2　"开始"菜单 ··· 4
  1.2.3　任务栏 ·· 4

1.3　文件夹及文件管理 ·· 5
  1.3.1　文件夹和文件的浏览 ·· 5
  1.3.2　文件夹和文件的管理 ·· 7

1.4　控制面板的使用 ··· 9
  1.4.1　外观和个性化 ··· 9
  1.4.2　时钟和区域 ··· 10

1.5　习题 ·· 11

第 2 章　Office 2019 简介 ·· 13

2.1　了解 Office 2019 ··· 13

2.2　Office 2019 常用组件的界面 ·· 15
  2.2.1　"文件"选项卡 ··· 15
  2.2.2　快速访问工具栏 ··· 16
  2.2.3　功能区和选项卡 ··· 17
  2.2.4　扩展按钮 ·· 18
  2.2.5　状态栏和视图栏 ··· 18

2.3　Office 2019 常用组件的共性操作 ··· 19
  2.3.1　屏幕截图 ·· 19
  2.3.2　图形元素设置 ··· 19
  2.3.3　图形元素样式设置 ··· 20
  2.3.4　图形元素边框设置 ··· 21
  2.3.5　图形元素填充设置 ··· 22
  2.3.6　图形元素效果设置 ··· 22
  2.3.7　使用帮助 ·· 23

2.4 习题 24

第3章 Word 2019 高级应用 25

3.1 Word 创建电子文档 25
3.1.1 Word 2019 操作界面 25
3.1.2 Word 文档基本操作 27
3.1.3 文档编辑 29
3.1.4 文稿修饰 33
3.1.5 使用表格 38
3.1.6 图文混排处理 46
3.1.7 打印电子文档 53

3.2 样式和格式 54
3.2.1 使用样式 54
3.2.2 格式化多级标题 57
3.2.3 项目符号和编号 59

3.3 长文档处理 60
3.3.1 文档视图 60
3.3.2 分隔设置 63

3.4 域的使用 64
3.4.1 域 64
3.4.2 邮件合并 66
3.4.3 注释文档 68
3.4.4 目录和索引 71

3.5 版面设计 77
3.5.1 页面设置 77
3.5.2 页眉和页脚 78
3.5.3 文档分栏 81

3.6 文档审阅 82
3.6.1 批注操作 82
3.6.2 使用修订 83

3.7 模板 84
3.7.1 文档与模板 84
3.7.2 模板的应用 85

3.8 习题 86

第4章 Excel 2019 高级应用 88

4.1 创建电子表格 88
4.1.1 Excel 2019 概述 88
4.1.2 表格数据的输入和编辑 89
4.1.3 自定义列表输入 93

目录

	4.1.4 工作表操作	95
4.2	工作表格式化	99
	4.2.1 单元格的格式设置	99
	4.2.2 自动套用格式	101
	4.2.3 使用样式	102
	4.2.4 套用表格格式	103
4.3	公式和函数	103
	4.3.1 公式概述	104
	4.3.2 常用函数	107
	4.3.3 数组公式	111
4.4	数据分析与管理	112
	4.4.1 条件格式	112
	4.4.2 数据清单	114
	4.4.3 排序	115
	4.4.4 分类汇总	116
	4.4.5 数据筛选	118
	4.4.6 图表	119
	4.4.7 迷你图的使用	123
	4.4.8 数据透视表和数据透视图	125
	4.4.9 外部数据的导入	128
	4.4.10 打印	129
4.5	习题	130

第5章 PowerPoint 2019 高级应用 132

5.1	演示文稿的制作	132
	5.1.1 PowerPoint 2019 操作界面和视图	132
	5.1.2 创建演示文稿	134
	5.1.3 编辑文本	142
	5.1.4 编辑图形元素	143
	5.1.5 插入多媒体元素	147
5.2	布局和美化	150
	5.2.1 设置幻灯片页面	150
	5.2.2 添加页眉和页脚	150
	5.2.3 幻灯片背景	151
	5.2.4 幻灯片主题	152
	5.2.5 幻灯片母版和模板	154
5.3	设置动画	156
	5.3.1 自定义动画	156
	5.3.2 应用动画刷复制动画	158

　　5.3.3　动作按钮和超链接 159
5.4　演示文稿放映 160
　　5.4.1　幻灯片切换 160
　　5.4.2　放映设置和放映幻灯片 161
　　5.4.3　演示文稿输出 164
5.5　习题 168

第 6 章　Office 2019 文档安全 170
6.1　文档安全权限设置 170
6.2　Office 2019 文档保护 171
　　6.2.1　Word 文档保护 171
　　6.2.2　Excel 文档保护 174
6.3　其他文档安全措施 176
6.4　习题 177

第 7 章　VBA 宏及其应用 178
7.1　宏的基本概念 178
7.2　VBA 基础 178
　　7.2.1　VBA 语法基础 178
　　7.2.2　常用 Office 对象 186
7.3　宏的制作和应用 190
　　7.3.1　设置 Word 文本格式 190
　　7.3.2　VBA 在 Excel 中的应用 192
7.4　宏安全性 198
　　7.4.1　宏安全性设置 198
　　7.4.2　宏病毒 199
7.5　习题 200

第 8 章　计算机网络与人工智能应用 201
8.1　计算机网络概述 201
8.2　Internet 服务和应用 204
8.3　人工智能的应用 212
　　8.3.1　人工智能在办公软件中的应用 212
　　8.3.2　在 Word 中使用 Copilot 213
　　8.3.3　在 Excel 中使用 Copilot 214
　　8.3.4　在 PowerPoint 中使用 Copilot 215
8.4　习题 216

第1章　Windows 10 操作系统

Windows 10 是微软公司推出的新一代操作系统，因其具有界面友好、多媒体功能强大、网络功能丰富、新型硬件支持众多、安全性能较高、账户管理和使用方便、稳定性极高等特点而广受青睐。本章将以 Windows 10 操作系统为背景，介绍计算机文件管理、系统管理等应用。

1.1　Windows 10 基础

1.1.1　Windows 10 的由来

操作系统发展快速，更新换代也很频繁。以下对 Windows 的版本号进行了整理，如表 1-1 所示。

表 1-1　Windows 的版本号

基于 DOS 的 Windows 版本	核心版本号	基于 NT 的 Windows 版本	核心版本号
Windows 1	1.0	Windows NT 3.5	3.5
Windows 2	2.0	Windows NT 4	4.0
Windows 3	3.0	Windows 2000	5.0
Windows 95	4.0	Windows XP	5.1
Windows 98	4.0.1998	Windows Vista	6.0
Windows 98 SE	4.0.2222	Windows 7	6.1
Windows Me	4.90.3000	Windows 10	10.0

由此可见，目前，Windows 10 操作系统的核心版本号是 10.0，用户可以通过 CMD 命令来查看或验证操作系统的版本号，具体方法如下。

（1）打开"开始"菜单，选择"运行…"选项，在弹出的"运行"对话框中输入"cmd"，如图 1-1 所示。

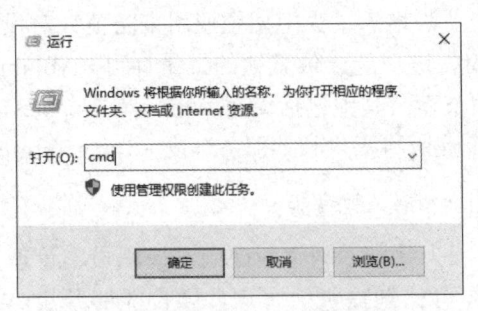

图 1-1　"运行"对话框

（2）单击"确定"按钮后，打开命令行窗口，即可查看系统核心版本号，如图 1-2 所示。

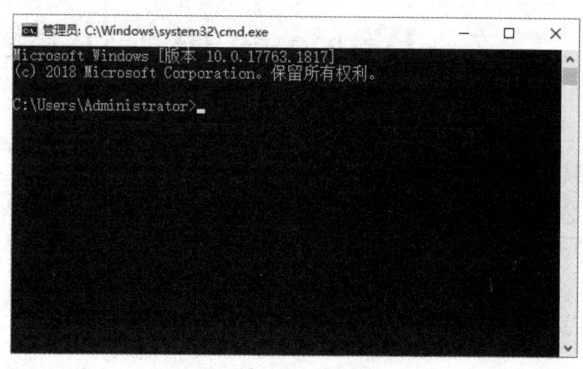

图 1-2　命令行窗口

1.1.2　Windows 10 的版本

Windows 10 包含 4 个版本，分别为 Windows 10 Home（家庭版）、Windows 10 Professional（专业版）、Windows 10 Enterprise（企业版）和 Windows 10 Education（教育版）。下面对各种版本作简要介绍。

1．Windows 10 Home（家庭版）

面向使用 PC、平板电脑和二合一设备的消费者。它拥有 Windows10 的主要功能：Cortana 语音助手（选定市场）、Edge 浏览器、面向触控屏设备的 Continuum 平板电脑模式、Windows Hello（脸部识别、虹膜、指纹登录）、串流 Xbox One（49）游戏能力、微软开发的通用 Windows 应用（Photos、Maps、Mail、Calendar、Music 和 Video）。

2．Windows 10 Professional（专业版）

面向使用 PC、平板电脑和二合一设备的企业用户。除具有 Windows 10 家庭版的功能外，它还可以让用户管理设备和应用，保护敏感的企业数据，支持远程和移动办公，使用云计算技术。另外，它还具有 Windows Update for Business 功能，微软承诺该功能可以降低管理成本、控制更新部署，让用户更快地获得安全补丁软件。

3．Windows 10 Enterprise（企业版）

以专业版为基础，企业版增添了大中型企业用来防范针对设备、身份、应用和敏感企业信息的现代安全威胁的先进功能，供微软的批量许可（Volume Licensing）客户使用，用户能选择部署新技术的节奏，其中包括使用 Windows Update for Business 的选项。作为部署选项，Windows 10 企业版将提供长期服务分支（Long Term Service Branch）。

4．Windows 10 Education（教育版）

以 Windows 10 企业版为基础，教育版面向学校职员、管理人员、教师和学生。它通过面向教育机构的批量许可计划提供给客户，学校能够升级 Windows 10（家庭版）和 Windows 10（专业版）设备。

1.2　Windows 10 桌面管理

1.2.1　桌面及操作

当 Windows 10 操作系统启动以后，首先看到的是桌面背景、桌面图标和任务栏三部分，如图 1-3 所示。用户使用计算机的各种操作都是从桌面开始的。

图 1-3　Windows 10 桌面

1．桌面背景

桌面背景是指 Windows 10 桌面的背景图案，也称为桌布或墙纸，用户可以根据自己的喜好更改桌面的背景图案。

2．桌面图标

桌面上有许多图标，其中一些是 Windows 的系统图标，如计算机、回收站等；其他的图标则是用户根据需要添加的，如各种应用程序的快捷图标等。

3．使用桌面小工具

首先需安装 Gadgets Revived，然后在桌面上按鼠标右键，在弹出的菜单中选择"小工具"选项，打开"桌面小工具"对话框，如图 1-4 所示。

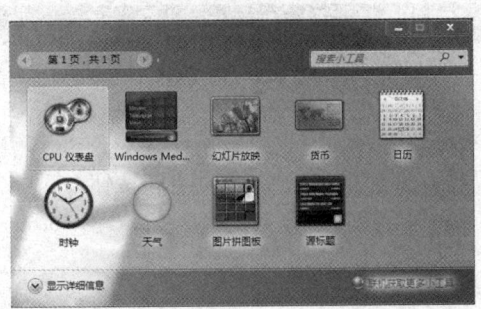

图 1-4　"桌面小工具"对话框

双击其中的图标，即可将 Windows 10 小工具添加到桌面。

1.2.2 "开始"菜单

"开始"菜单是 Windows 10 系统中最常用的组件之一，是启动程序的快捷通道。"开始"菜单几乎包含了计算机中所有的应用程序。Windows 10 的"开始"菜单通常由"常用程序"列表、"所有程序"列表、"启动"菜单、"搜索"框和"关闭选项"按钮区组成。

1. "常用程序"列表

在"常用程序"列表中默认只放 10 个程序的快捷选项，用户可以通过它快速打开相应的应用程序。随着计算机使用时间的增加，一些程序的使用频度高，在该列表中会列出 10 个最常用的程序。用户也可以根据需要向该列表添加项目。

2. "所有程序"列表

打开"开始"菜单，将鼠标指针移到"所有程序"选项上即可显示"所有程序"的子菜单。用户在"所有程序"列表中可以找到系统中安装的所有应用程序。

3. "启动"菜单

在"启动"菜单中列出了几个特殊的链接，如"文档""计算机""控制面板"等，使用该菜单可以快速打开其中的链接。

4. "搜索"框

当用户找不到需要的文件或文件夹时，使用搜索功能可以得到帮助。

5. "关闭选项"按钮区

"关闭选项"按钮区中包含关闭按钮和"关闭选项"按钮，单击"关闭选项"按钮即可弹出"关闭选项"列表。

1.2.3 任务栏

任务栏位于桌面最下方，从左向右主要由"开始"按钮、程序按钮区、通知区域和"显示桌面"按钮等 4 部分组成，如图 1-5 所示。下面介绍后面 3 项。

图 1-5 任务栏

1. 程序按钮区

程序按钮区主要放置已打开窗口最小化后的图标按钮，单击这些按钮就可以实现不同窗口之间的切换。

2. 通知区域

通知区域位于任务栏的右侧，除了系统时钟、音量、网络和操作控制中心等一系列图标按钮,还包括正在运行的程序图标按钮,如 QQ 图标。

3. "显示桌面"按钮

位于最右侧的是"显示桌面"按钮,其作用是可以快速显示桌面。单击该按钮可以将所有已打开的窗口最小化到程序按钮区中,如要恢复显示已打开的窗口,只需再次单击"显示桌面"按钮。

1.3 文件夹及文件管理

1.3.1 文件夹和文件的浏览

查看或浏览文件夹和文件是使用最多的操作之一,用户可以通过"此电脑"或"资源管理器"来浏览文件夹和文件。

1. 此电脑

双击桌面上的计算机图标或者单击"开始"菜单中的"此电脑"按钮,随之打开"此电脑"窗口,如图 1-6 所示,在窗口工作区中列出了本机上的所有逻辑硬盘。用户还可以通过"组织"→"布局"来修改内容的显示方式。

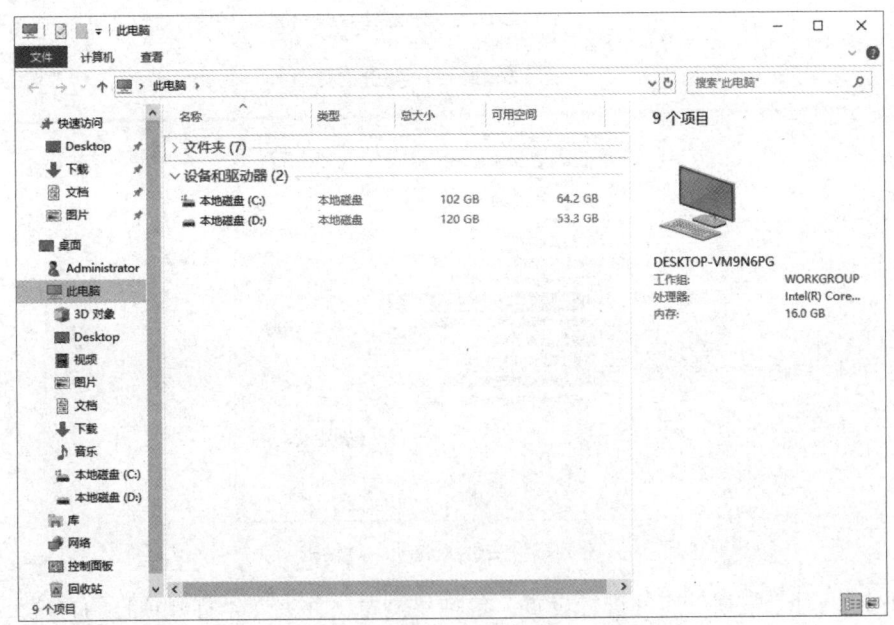

图 1-6 "此电脑"窗口

单击左边的"库"目录,即为"资源管理器"窗口。

2. 资源管理器

启动"资源管理器"的方法很多,如单击"任务栏程序"按钮区中的"资源管理器"按钮、选择"开始"菜单→"所有程序"→"附件"中的"Windows 资源管理器"选项或者右击"开始"菜单,在弹出的快捷菜单中选择"打开 Windows 资源管理器"命令。

3. 文件夹和文件的浏览

双击文件夹,就可以打开文件或下一级文件夹;也可以在需要打开的文件夹上单击鼠标右键,在弹出的快捷菜单中选择"打开"菜单命令。

在资源管理器中,可以通过缩略图、平铺、列表、详细信息等多种显示方式查看文件和文件夹。单击菜单栏中的"查看"菜单或者选择工具栏上的"查看"图标,在缩略图、平铺、图标、列表、详细信息中选择一种显示方式查看。要改变排序方式,可以通过右击,执行"查看"→"排列方式"命令,然后从下拉菜单中选择满足需要的排列方式,可选的排列方式有名称、大小、类型、修改日期、递增、递减等。

4. 文件夹选项

设置文件夹选项,可以指定文件夹的工作方式及内容的显示方式。要更改文件夹选项设置,可以在"计算机"窗口的工具栏中,执行"工具"→"文件夹选项"命令,也可以选择"组织"→"文件夹和搜索选项",打开"文件夹选项"对话框,包括"常规""查看""搜索"3个选项卡,如图1-7所示。

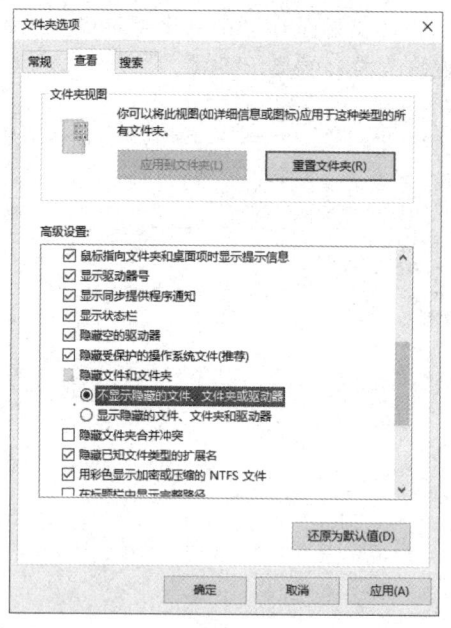

图1-7 "文件夹选项"对话框

用户可以对"常规"属性进行设置,包括"浏览文件夹""打开项目的方式""导航窗格"。在"搜索"选项卡中,用户可以设置搜索内容、搜索方式和在搜索没有索引的位置时的操作。

默认情况下,某些文件和文件夹被赋予"隐藏"属性,它不显示常见文件类型的文件扩展名(如".txt"".docx"等),但可以通过选项设置来显示这些内容。

在"查看"选项卡"高级设置"中的"隐藏文件和文件夹"下面,选中"显示隐藏的文件、文件夹和驱动器",然后单击"确定"按钮即可显示隐藏的文件和文件夹。

在"查看"选项卡"高级设置"中去掉"隐藏已知文件类型的扩展名"前面的"√",就会显示所有文件的扩展名。

1.3.2 文件夹和文件的管理

1. 创建

新建文件或文件夹的方法有很多:右击文件夹窗口或桌面上的空白区域,在弹出的快捷菜单中执行"新建"命令,然后选择"文件夹"选项或相应的文件类型,输入新文件夹或文件的名称,这样就建立了内容为空的文件夹或文件。

2. 查找

Windows 提供了多种查找文件或文件夹的方法,可以通过以下方式打开"搜索"窗口。
(1)执行任务栏中的"开始"→"搜索"命令。
(2)在桌面或者任意文件夹上按 F3 键。
(3)打开"计算机",使用窗口最上面的搜索功能。

打开"搜索"窗口后,选择搜索位置,然后在输入框中输入文件或文件夹的全名或部分名称(可以使用通配符"*"和"?"),或者输入文件或文件夹中所包含的词或短语,即可进行搜索,也可以添加大小、修改时间等选项来缩小搜索范围。

3. 选定

可以通过下列方法选定文件或文件夹。
(1)选择一个文件或文件夹:直接单击。
(2)选择连续的一组文件或文件夹:先单击第一个文件或文件夹,然后按住 Shift 键的同时,单击最后一个文件或文件夹。
(3)选择不连续的文件或文件夹:按住 Ctrl 键的同时单击所需的各项。
(4)选择当前文件夹下的所有内容,可以执行"编辑"→"全选"命令或者按 Ctrl+A 组合键。

4. 移动

首先选定要移动的文件或文件夹,然后可以按照以下方法之一操作。
(1)在同一磁盘上移动:直接拖动选定内容到目标位置。
(2)在不同盘之间移动:在拖动时按住 Shift 键,移动选定内容到目标位置。
(3)使用"剪切"和"粘贴"命令。

5. 复制

首先选定要复制的文件或文件夹,然后可以按照以下方法之一操作。
(1)在同一磁盘上复制:按住 Ctrl 键直接拖动选定内容到目标位置。
(2)在不同盘之间复制:直接拖动选定内容到目标位置。
(3)使用"复制"和"粘贴"命令。

6. 删除

首先选定要删除的文件或文件夹，然后可以按照以下方法之一操作。

（1）单击"编辑"→"删除"命令，或者单击鼠标右键，在弹出的快捷菜单中执行"删除"命令，或直接按 Delete 键。

（2）直接拖动项目到"回收站"。需要注意的是，这样删除的文件或文件夹在"回收站"里暂存着，还可以通过"还原"操作恢复；如果要永久删除文件或文件夹，则需在执行上述操作时按住 Shift 键。

7. 重命名

文件或文件夹的重命名可以按照以下方式之一操作。

（1）单击要重命名的文件或文件夹，再执行"文件"→"重命名"命令。

（2）右击文件或文件夹，在弹出的快捷菜单中执行"重命名"命令。

（3）按 F2 键。

（4）两次单击（不是双击）要重命名的文件或文件夹，然后输入新的名称，按回车键完成重命名。

8. 属性查看与设置

在 Windows 中，文件或文件夹的属性一般有 4 种：只读、隐藏、系统和存档。要查看文件或文件夹的详细属性，首先选定需要查看属性的文件或文件夹，然后执行"文件"→"属性"命令，或者右击文件或文件夹，在弹出的快捷菜单中选择"属性"命令，打开相关属性对话框，如图 1-8 所示。

图 1-8 "Word 属性"对话框

在属性对话框的"常规"选项卡中显示了文件的大小、位置、类型、占用空间等。在该对话框的底部有 2 个复选框:"只读"和"隐藏",用户可以选定不同的复选框以修改文件的属性。

1.4 控制面板的使用

"控制面板"是专门用于 Windows 外观和系统设置的工具,可用来修改系统设置。Windows 10 的"控制面板"提供类别、大图标和小图标等 3 种查看方式,默认按类别进行查看。

打开"开始"菜单,选择"控制面板"项目,即可打开"控制面板"窗口,如图 1-9 所示。

图 1-9 "控制面板"窗口

1.4.1 外观和个性化

外观和个性化设置,主要是对桌面的整体外观,包括主题、背景、显示、桌面小工具等进行设置,更好地体现用户的个性和爱好。

1. 个性化

个性化设置影响桌面的整体外观,包括主题、背景、屏幕保护程序、图标、窗口颜色、鼠标指针和声音等。Windows 10 提供了 Aero 主题,默认一般为 7 个,可以进行联机下载。

(1) 主题。

桌面主题是计算机上的图片、颜色和声音的组合。下面介绍主题的应用、更改、共享和删除操作。

① 应用。用户应用主题，只需要进入"控制面板"→"外观和个性化"→"更改主题"，在"Aero 主题"列表框中选择新的主题，可以立即更改桌面背景、窗口颜色、声音和屏幕保护程序。

② 更改。当用户对系统所提供主题的某些部分不满意时，可以在"个性化"窗口中更改主题的每一个部分，包括"桌面背景""窗口边框颜色""声音""屏幕保护程序"，所做的更改将以"未保存的主题"显示在"我的主题"区域中，同时应用于桌面显示。如果用户对自己更改的主题满意，可以输入主题名称对其进行保存。

③ 共享和删除。用户可以将喜欢的主题与他人进行共享。单击主题应用于桌面，然后右击主题，在弹出的快捷菜单中选择"保存主题并应用于共享"命令，然后输入主题的名称，单击"保存"按钮即可。对不常使用或不满意的主题，用户只要右击主题，在弹出的快捷菜单中选择"删除主题"命令即可。

（2）桌面背景。

桌面背景也称壁纸，就是用户打开计算机进入 Windows 10 操作系统后所出现的桌面背景颜色或图片，用户可以选择单一的颜色、系统提供的图片或其他图文文件作为桌面背景。

用户可以通过"个性化"窗口设置桌面背景。在"个性化"窗口中，选择"桌面背景"选项，在打开的窗口中选择一张图片即可；用户也可以选择自己计算机上的图片，然后单击鼠标右键，在弹出的快捷菜单中选择"设置为桌面背景"命令。

用户还可以通过"个性化"窗口，对桌面的屏幕保护程序、图标、窗口颜色、鼠标指针和声音等进行设置。

2．显示

在"外观和个性化"选项中，显示的设置主要包括屏幕分辨率和刷新率、文本的放大与缩小等。

对屏幕分辨率的设置有两种方式。

（1）在桌面空白处单击鼠标右键，在弹出的快捷菜单中选择"屏幕分辨率"命令就可以进行设置。

（2）依次通过"控制面板"→"外观和个性化"→"调整屏幕分辨率"进行设置。

另外，还可以对屏幕刷新率进行设置。刷新率表示屏幕的图像每秒钟在屏幕上刷新的次数，刷新率越高，屏幕上图像的闪烁感就越小。刷新率的设置：打开"屏幕分辨率"对话框，单击"高级设置"按钮，在打开的"高级设置"对话框中，选择"监视器"选项，进行更改。

1.4.2 时钟和区域

通过"控制面板"中的"时钟和区域"选项可以更改 Windows 用来显示日期、时间、货币、数字和带小数点数字的格式等。

在"控制面板"中，单击"时钟和区域"按钮打开"时钟和区域"对话框，在该对话框中主要可完成对"日期和时间"和"区域"的设置。

1. 数字、日期和时间的设置

"区域"选项包括对日期和时间格式的更改。选择"更改日期、时间或数字格式"选项，可以对日期和格式进行更改，单击"其他设置"，可以打开"自定义格式"对话框，如图 1-10 所示。

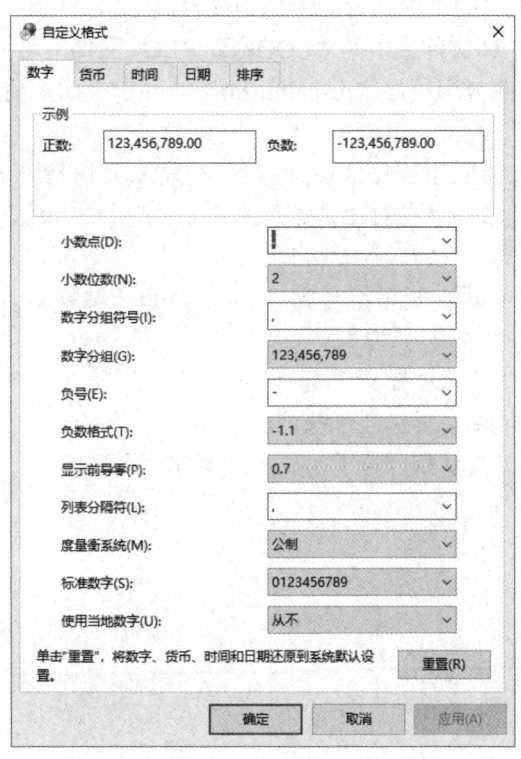

图 1-10 "自定义格式"对话框

2. 调整日期和时间

在计算机系统中，默认的日期、时间是根据计算机中 BIOS 的设置得到的。有些计算机因为 BIOS 电池掉电等而显示错误的日期和时间，此时用户可以调整日期、时间和区域。

在"时钟和区域"对话框中，选择"日期和时间"选项，可以设置日期和时间、更改时区、附加时钟和同步"Internet 时间"，但必须在计算机与 Internet 连接时才能同步。

1.5 习题

（1）文件操作。

① 依次创建"D:\FileTest""D:\FileTest\A""D:\FileTest\B""D:\FileTest\B\BBB""D:\FileTest\C""D:\FileTest\C\CCC"等文件夹；创建"D:\FileTest\PAPER.DOCX""D:\FileTest\C\ LOOK.DOCX"等文件。当前文件夹为"D:\FileTest"。

② 在当前文件夹下新建文件夹"MUSIC"；在当前文件夹下的 A 文件夹中新建文件夹"SOFT"。

③ 将当前文件夹下的 B 文件夹复制到当前文件夹下的 A 文件夹中；将当前文件夹下的 B 文件夹中的"BBB"文件夹复制到当前文件夹。

④ 删除当前文件夹中的"PAPER.DOCX"文件。

⑤ 将当前文件夹下 C 文件夹中的"LOOK.DOCX"文件改名为"SEE.DOCX"。

（2）查找系统提供的应用程序"mspaint.exe"，并在桌面上建立其快捷方式，快捷方式名为"我的画图程序"。

（3）查找系统提供的应用程序"Calc.exe"，建立其快捷方式并添加到"开始"→"程序"项中，快捷方式名为"我的计算器"。

（4）设置短日期格式为"yyyy-MM-dd"。

（5）设置系统货币格式：货币符号为"$"，货币正数格式为"1.1$"，货币负数格式为"−1.1$"，小数点后位数为"3"。

（6）如何设置显示或隐藏已知文件类型的扩展名？

（7）外观和个性化环境设置包含哪些功能？如何应用 Aero 主题？

（8）如何使用截图工具捕获屏幕上对象的屏幕快照和截图？

第 2 章　Office 2019 简介

Office 2019 是微软公司在 Office 2016 的基础上研发的新一代办公软件。相比之前的几个版本，其界面更简洁、功能更完善、文件更安全，还具有无缝高效的沟通协作功能。本章主要对其功能进行概述，介绍常用组件的共性操作。

2.1 了解 Office 2019

Office 2019 包含的应用组件很多，主要有 Word 2019、Excel 2019、PowerPoint 2019、Access 2019、Outlook 2019、OneNote 2019、Publisher 2019、InfoPath 2019 等，而 Word、Excel、PowerPoint 又被视为是其中最常用的组件。

1. Word 2019

Word 是 Office 的重要组件之一，主要用于创建和编辑各类文档，方便用户进行文字编辑、图表制作、文档排版等，并提供了丰富的审阅、批注和比较功能。

在 Word 2019 中，微软增强了导航功能，使用新增的"导航"窗格和搜索功能可以轻松驾驭长文档的编辑和阅读。在"导航"窗格中，Word 会列出应用了标题样式的文本，在这里无须通过复制和粘贴，直接通过拖放各项标题即可轻松地重新组织文档，如图 2-1 所示。除此以外，还可在搜索框中进行实时查找，包含所键入关键词的章节的标题会高亮显示。

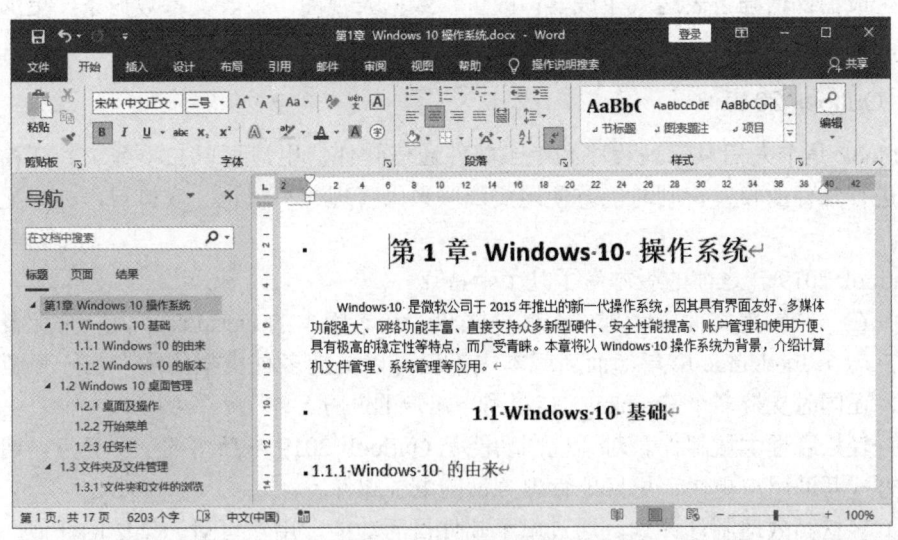

图 2-1　Word 2019 的"导航"窗格

2. Excel 2019

Excel 也是 Office 中应用最广泛的组件之一，它主要用于电子表格的制作和对各种数据的组织、计算和分析等，并能方便地输出各种复杂的图表和数据透视表。

在 Excel 2019 中，新增了迷你图和切片器等功能，可根据用户选择的数据直接在单元格内画出折线图、柱状图等，有助于用户了解数据中的模式或趋势，如图 2-2 所示为单元格内生成迷你图的示例。

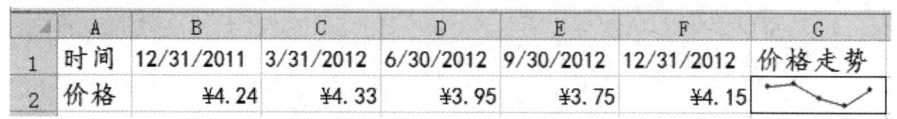

图 2-2 Excel 2019 中迷你图示例

3. PowerPoint 2019

PowerPoint 是一个功能非常强大的演示文稿制作软件，使用它可以方便地创作出包含文本、图表、剪贴画和其他艺术效果的幻灯片，广泛应用于会议、教学、演讲、产品演示等。

PowerPoint 2019 除了新增的许多幻灯片切换、对象动画和图片处理特效，还增加了更多的视频功能，能直接在其中设定或调节视频的开始和终止时间，并能将视频嵌入 PowerPoint 文件中。

4. Access 2019

Access 是一款关联式数据库管理系统，内置了 ACE（Access Connectivity Engine）连接引擎，能够存取 Access/Jet、Microsoft SQL Server、Oracle 及任何 ODBC 驱动的数据库的数据，利用它可以进行简单数据库应用软件的开发。

Access 2019 比以前的版本更具优势：入门更简单、更轻松；包含了具有智能感知功能的宏生成器；增强了表达式生成器；改进了数据表视图；报表支持数据条，更加方便跟踪趋势；还可在 Web 上共享数据库等功能。

5. Outlook 2019

Outlook 是个人信息管理程序和电子邮件通信软件，用户可以在不登录到邮箱网站的情况下进行邮件的收发，同时能方便地实现联系人管理、写日记、安排日程、分配任务等功能。

Outlook 2019 较之前的版本有了几个新特点。

（1）在一个配置文件中管理多个邮件账户。在老版本的 Outlook 中，一个配置文件中只能建立一个 Exchange 用户，而新版本中不仅可以支持多种类型的账户在一个配置文件中并存，还同时支持多个 Exchange 邮箱用户账户的并存。

（2）轻松管理大量邮件。对话视图功能是 Outlook 2019 中新增的一个亮点，通过不同的排序方式帮助用户更快、更好地管理大量的电子邮件。

（3）轻松高效地制订计划。通过电子邮件日历功能，用户可对一年中的任何一天做一个详细的工作计划安排表，更为出色的是，这个功能甚至可以精确到每小时。

（4）通过临时通话使沟通更直接。将 Office Communicator 与 Outlook 2019 结合使用，可以看到 Communicator 联系人名单，将鼠标指针悬停在联系人姓名上，能够查看到他们是否空闲，然后直接通过即时消息、语音呼叫或视频方便地启动会话。

6．OneNote 2019

OneNote 最早集成于 Office 2003，它是一种数字笔记本，为用户提供了一个收集笔记和信息的环境。OneNote 提供了强大的搜索功能和易用的共享笔记本，其中的搜索功能使用户可以迅速找到所需内容，而共享笔记本使用户可以更加有效地管理信息超载和协同工作。

OneNote 2019 在以前版本的基础上进行了许多优化，更加强调网络连接，以方便和提高效率为目标，使用户使用起来更加轻松。

7．Publisher 2019

Publisher 是一款用于创建出版物的应用软件，可以创建、设计和发布专业的营销与通信材料，提供了比 Word 更强大的页面元素控制功能，但比起专业的页面布局软件还是略逊一筹，因此常被认为是一款入门级的桌面出版应用软件。

Publisher 2019 相比旧版本改善了桌面发布体验，并提高了结果的可预知性，主要的新特性包括：有助于提高打印效率的更佳打印体验、新的对象对齐技术、新的照片放置和操作工具、内容的构建基块及精美的版式选项等。

8．InfoPath 2019

InfoPath 是一款用于创建和部署电子表单的工具，可高效可靠地收集信息。InfoPath 集成了许多界面控件，如 Date Picker、文本框、可选节、重复节等。同时，InfoPath 提供了很多表格的页面设计工具，IT 开发人员可以为每个控件设置相应的数据有效性规则或数学公式，为企业开发表单收集系统提供了极大的方便。InfoPath 文件的扩展名是".xml"，可见 InfoPath 是基于 XML 技术的，是一个数据存储的中间层技术。

InfoPath 2019 提供了众多新特性和功能，如简化了工作流，改进了设计和布局，与 SharePoint 进行了更深入的集成，为表单提供了增强的功能和控件支持等。

2.2 Office 2019 常用组件的界面

2.2.1 "文件"选项卡

在 Office 2019 中，各组件的"文件"选项卡取代了 Office 2007 中的按钮及更早版本中的"文件"菜单。图 2-3 所示的是 Word 2019 的"文件"选项卡，"文件"选项卡位于 Office 2019 程序左上角，单击该选项卡可进入 Backstage 视图（后台视图），在这里可以管理文件及其相关数据，包括创建、保存、检查隐藏的元数据或个人信息及设置选项等。简而言之，可通过该视图对文件执行所有无法在文件内部完成的操作。

图 2-3　Word 2019 的"文件"选项卡

单击"文件"选项卡后进入的 Backstage 视图中会显示许多基本命令，它们与单击 Office 2007 中的按钮及早期版本的"文件"菜单后显示的命令相同，如"打开""保存""打印"等。Word 2019 的 Backstage 视图如图 2-4 所示。在 Backstage 视图中，根据用户执行的不同命令，它会切换不同的交互方式来突出显示某些命令。例如，当文档的权限设置可能限制编辑功能时，执行"信息"选项卡上的"权限"命令会以红色突出显示。若要从 Backstage 视图返回到文档，可再次单击"开始"选项卡或者按键盘上的 Esc 键。

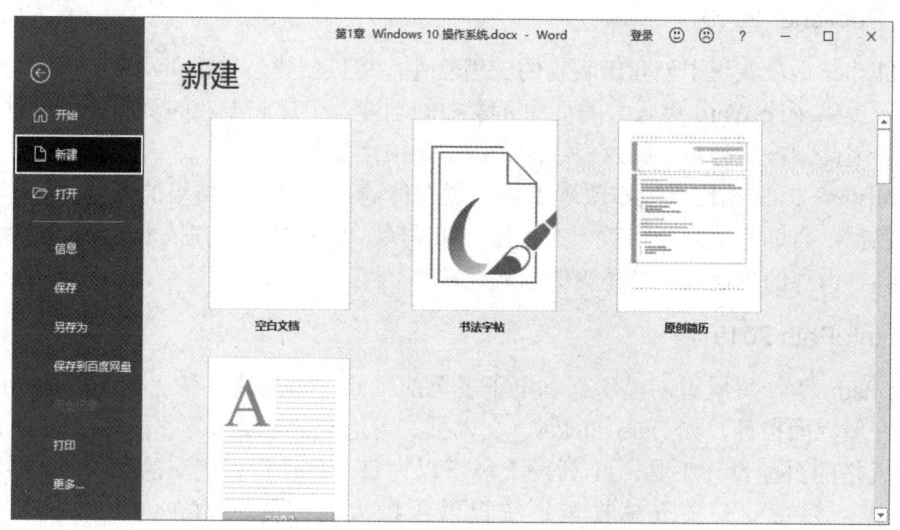

图 2-4　Word 2019 的 Backstage 视图

2.2.2　快速访问工具栏

快速访问工具栏是一个可自定义的工具栏，用于放置常用的命令，使用户可以快速完成相关操作。通常情况下，它位于 Office 应用程序窗口的左上角。图 2-5 所示是 Word 2019 的快速访问工具栏。

图 2-5　Word 2019 的快速访问工具栏

在默认情况下，快速访问工具栏只包含少数几个命令，如"保存""撤销""重复"等。不过，用户可以根据需要添加多个自定义命令，添加的方法是：单击快速访问工具栏右边的下拉按钮（见图 2-5 中的箭头），在弹出的下拉列表中选择需要的命令选项，如图 2-6 所示，如需选择更多的命令选项，还可以选择列表中的"其他命令"选项，然后在弹出的"选项"对话框中做进一步设置。

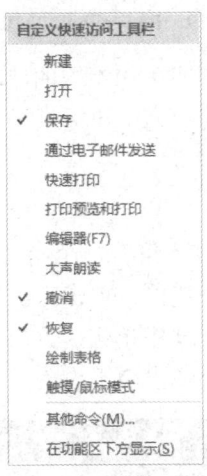

图 2-6　自定义快速访问工具栏

2.2.3　功能区和选项卡

功能区和选项卡是包含和被包含的关系，Office 2019 将常用的命令功能以选项卡的形式进行组织，形成了新的功能区用户界面，相当于 Office 2003 及更早版本中的菜单和工具栏。在每一个选项卡里，各种命令又被划分到不同的组中，这种设计方式使用户在使用时更加方便快捷，如图 2-7 所示，自上而下分别是 Word 2019、Excel 2019、PowerPoint 2019 "开始"选项卡的功能区。微软将这种设计界面称为 Ribbon UI，并将这种风格应用到了微软的许多软件工具中，如画图、写字板等。

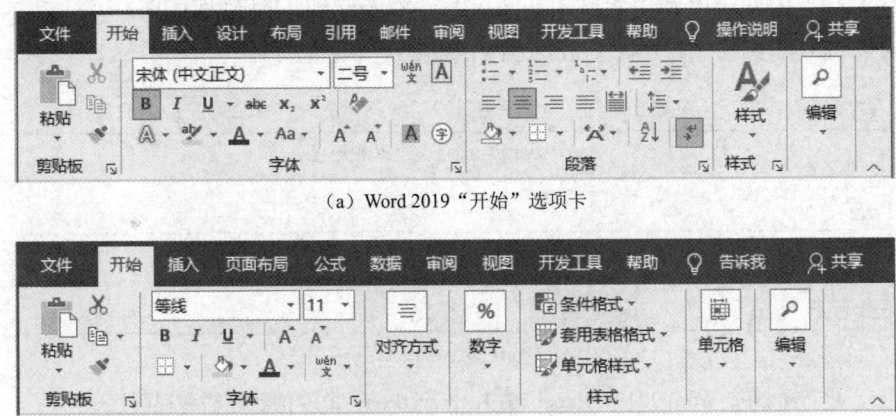

(a) Word 2019 "开始"选项卡

(b) Excel 2019 "开始"选项卡

图 2-7　Word 2019、Excel 2019、PowerPoint 2019 "开始"选项卡功能区

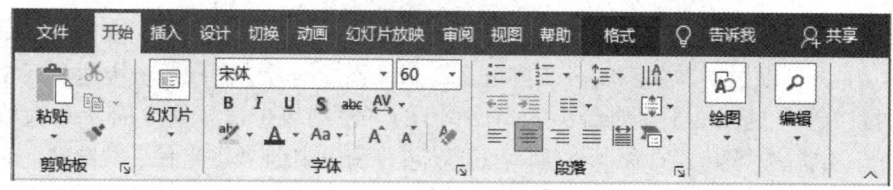

（c）PowerPoint 2019 "开始"选项卡

图 2-7　Word 2019、Excel 2019、PowerPoint 2019 "开始"选项卡功能区（续）

在功能区中单击选项卡的名称，即可在不同的选项卡之间进行切换，每个选项卡下面都有许多自适应窗口大小的组，在其中为用户提供了许多常用的命令按钮或列表框。

2.2.4　扩展按钮

在某些功能组中，经常能看到右下角有一个向右下方的小箭头图标，该箭头称为扩展按钮，它为该组提供了更多的命令选项，单击它，通常会弹出一个带有更多命令的对话框或者任务窗格。例如，在 Word 2019 中单击"开始"选项卡功能区的"字体"功能组中右下角的扩展按钮（见图 2-8），就会弹出用于设置字体格式的"字体"对话框。

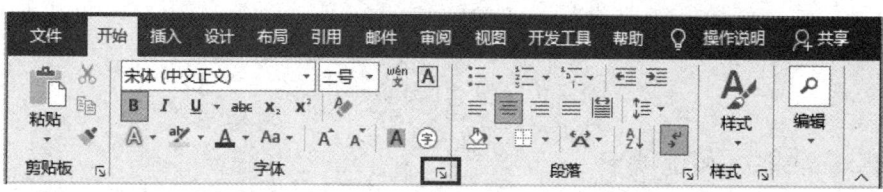

图 2-8　"字体"功能组右下角扩展按钮

2.2.5　状态栏和视图栏

在 Office 2019 的各个组件的界面中，除了功能区和编辑区，还有状态栏和视图栏。状态栏位于操作界面的最下方，主要用于显示与当前工作状态有关的信息；视图栏则位于状态栏的右侧，它可以切换文件的视图方式及设置窗口显示的比例。因为 Office 中各个组件的功能不同，因此它们的状态栏和功能也有一定的区别，如图 2-9 所示从上往下依次为 Word 2019、Excel 2019 和 PowerPoint 2019 的状态栏和视图栏。

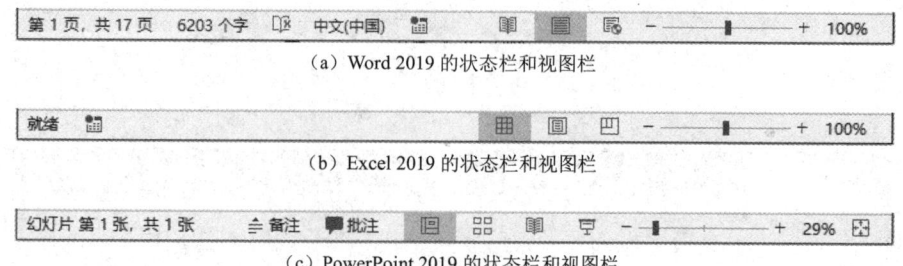

图 2-9　Word 2019、Excel 2019、PowerPoint 2019 的状态栏和视图栏

2.3 Office 2019 常用组件的共性操作

Office 2019 常用组件具有众多的共性操作，如组件的启动和退出、窗口的基本操作（如打开、关闭、最小化、最大化等）、文件的基本操作和管理（如文件的保存和关闭等），下面主要介绍属于 Office 2019 的新功能且又是 Office 常用组件共性操作的内容。

2.3.1 屏幕截图

Word、Excel、PowerPoint 和 Outlook 中都提供了屏幕截图功能，使用此功能可以在不退出正在使用程序的情况下捕获已打开的全部或部分窗口，并以图片的形式插入 Office 文件中。

"屏幕截图"按钮位于 Office 组件"插入"选项卡的"插图"组中，单击"屏幕截图"按钮时，可以插入整个程序窗口，也可以使用"屏幕剪辑"工具选择窗口的一部分。打开的程序窗口会以缩略图的形式显示在"可用的视窗"库中，将鼠标指针悬停在缩略图上时，会弹出工具提示，其中显示了程序名称和文档标题，如图 2-10 所示是在 Word 中插入屏幕截图的一个范例。如果只要截取窗口的一部分，则可以执行"可用视窗"下的"屏幕剪辑"命令，当鼠标指针变成十字时，按住鼠标左键选择要捕获的屏幕区域即可。

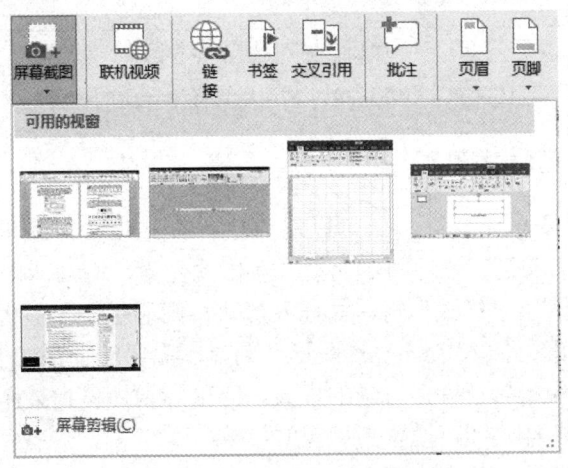

图 2-10　在 Word 中插入屏幕截图

2.3.2 图形元素设置

Office 2019 提供了大量的图形元素，包括各种形状、图片、表格、文本框和艺术字等。Office 常用组件的图形元素有相同类型的，也有不同类型的。在 Word 中，各图形元素主要被整合在"表格"和"插图"组中；Excel 则主要将它们整合在"表格""插图""图表""迷你图"组中；而 PowerPoint 则主要在"表格""图像""插图"组中，如图 2-11 所示。此外，在各组件"插入"选项卡的"文本"组中，还包含"文本框"和"艺术字"等图形元素。

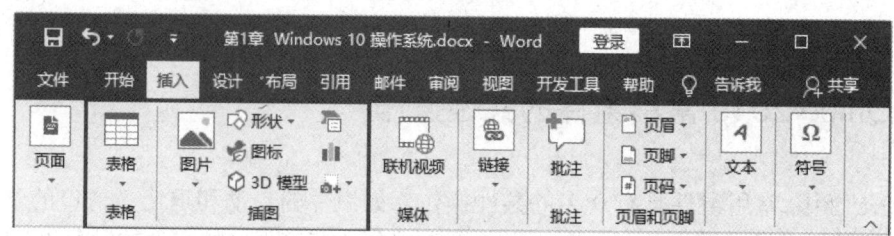

(a) Word 2019 图形元素组件

(b) Excel 2019 图形元素组件

(c) PowerPoint 2019 图形元素组件

图 2-11　Office 2019 常用组件图形元素的种类

2.3.3　图形元素样式设置

在文件中建立了图形元素后，便可以对其进行样式设置。这里以 Word 为例进行介绍。在 Word 文档中插入任意一种图形元素，双击此元素，则功能区会切换到对应的"格式"选项卡，其中包含了"样式"组，如插入形状，则显示为"形状样式"；插入图片，则显示为"图片样式"；插入 SmartArt 图形，则显示为"SmartArt 样式"，如图 2-12 所示。在其中的列表框中包含了许多可选的样式，当鼠标指针移到某样式上时，图形元素会实时显示此效果，单击样式即可设置为相应的效果。

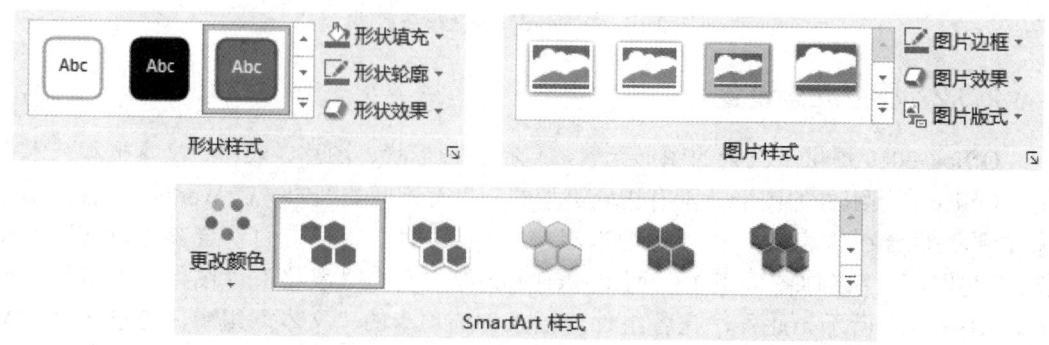

图 2-12　图形元素"格式"选项卡的样式组

2.3.4 图形元素边框设置

Office 图形元素的边框设置主要包含边框的颜色、轮廓、粗细和虚线等。下面以形状为例介绍具体的设置方法。

（1）设置边框颜色和轮廓。在"绘图工具—格式"选项卡的"形状样式"组中单击"形状轮廓"按钮右侧的下拉按钮，在弹出的"主题颜色"框中选择所需的颜色或设置是否保留轮廓，如图 2-13 所示。

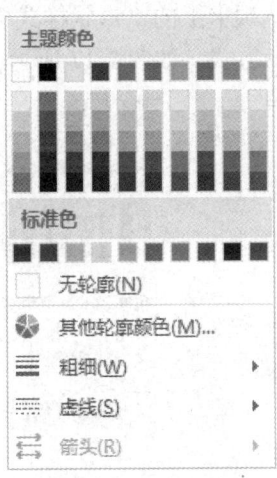

图 2-13　形状轮廓设置

（2）设置边框粗细和虚实。在"绘图工具—格式"选项卡的"形状样式"组中单击"形状轮廓"按钮右侧的下拉按钮，在弹出的"主题颜色"框中选择"粗细"或"虚线"选项，然后在弹出的子菜单中选择相应的线条粗细和线型，分别如图 2-14 和图 2-15 所示。

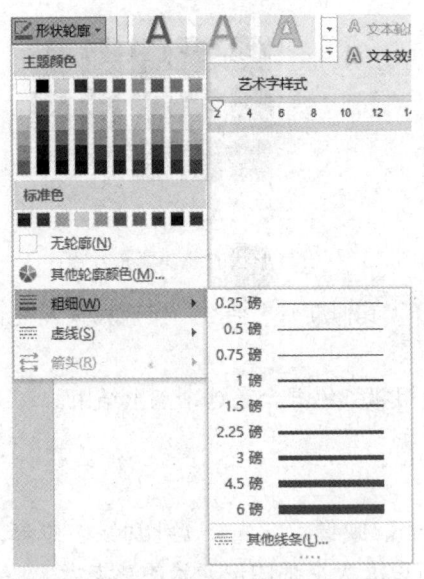　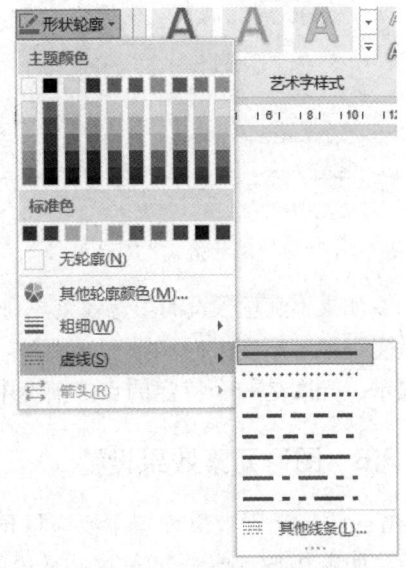

图 2-14　设置形状轮廓线条粗细　　　　图 2-15　设置形状轮廓的线型

2.3.5 图形元素填充设置

在 Office 中除图片之外，其他的图形元素，如形状、文本框、艺术字和 SmartArt 图形等都可以设置填充效果，并且 Office 提供了非常丰富的填充方式，包括纯色填充、渐变填充、图片或纹理填充和图案填充等，如图 2-16 所示。

下面以形状的"渐变填充"为例，介绍其操作方法。

（1）选择要应用渐变填充的形状。

（2）在"绘图工具—格式"选项卡上的"形状样式"组中，单击"形状填充"按钮，指向"渐变"，然后选择一种渐变方式，如图 2-17 所示。

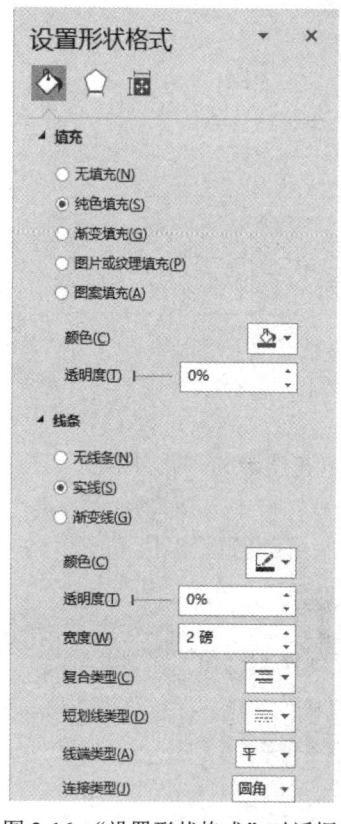
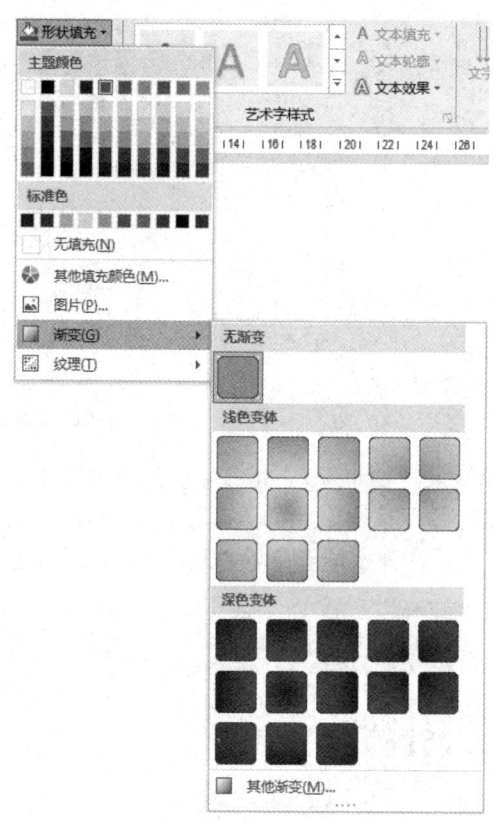

图 2-16　"设置形状格式"对话框　　　　图 2-17　设置形状的渐变填充方式

（3）如果不满意预设的填充效果，则可以选择"其他渐变"命令，然后根据需要设置相关的渐变类型、渐变方向和渐变光圈等。

提示：光圈是一个特定的点，渐变中的两种相邻颜色混合在这个点上结束。

2.3.6 图形元素效果设置

Office 图形元素效果设置主要包括预设、阴影、映像、发光、柔化边缘、棱台、三维旋转等，如图 2-18 所示，通过这些效果的设置可以大大增强图形元素的感染力。

第 2 章　Office 2019 简介　　23

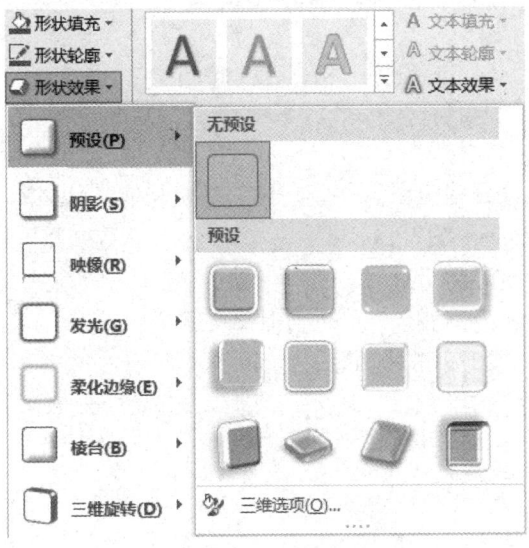

图 2-18　形状效果设置

2.3.7　使用帮助

Office 2019 提供了丰富而强大的帮助功能，其帮助内容除了随安装程序附带的资源，还包括 office.com 网站提供的各种资源，甚至还包括来自互联网的内容。本机自带的帮助文件主要是一些说明文档，用于介绍各种术语和解释相关名词，以及介绍各种操作的步骤、方法和注意事项。office.com 网站提供的帮助，除了介绍 Office 相关组件的操作和使用方法，还提供了许多可下载的模板、各种组件的培训教程及视频演示。

在 Office 2019 中，使用帮助功能可用两种方法：一种是在"文件"选项卡中选择"帮助"选项，然后单击"Microsoft Office 帮助"按钮；另一种是直接在键盘上按下 F1 功能键。两种方法均会打开"帮助"窗口。如图 2-19 所示是 Word 组件的"帮助"窗口，用户可根据窗口上列出的目录查找相应主题的帮助，也可在搜索栏中输入关键词并进行搜索，Office 会显示相关内容的帮助信息。

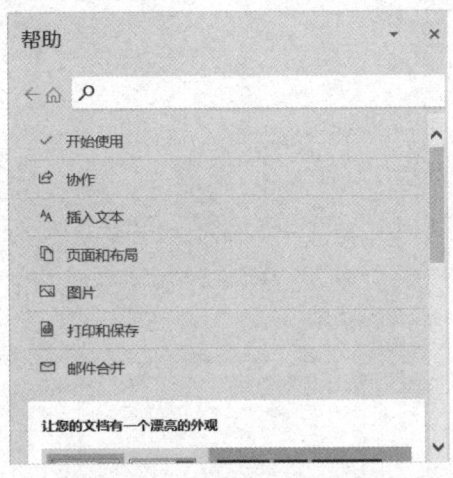

图 2-19　Word 组件的"帮助"窗口

2.4 习题

（1）Office 2019 包含哪些应用组件？它们的主要功能是什么？
（2）什么是 Backstage 视图？
（3）如何自定义快速访问工具栏？
（4）选项卡、功能区、扩展按钮之间有什么关系？
（5）如何使用 Office 2019 帮助功能？

第 3 章　Word 2019 高级应用

Word 2019 是微软公司办公集成软件 Office 2019 的常用组件之一，主要用于创建和编辑各类文档。它既支持普通的商务办公和个人文档，又可以让专业印刷、排版人员制作具有复杂版式的文档。使用 Word 可以方便地创建图文并茂、符合用户要求的各种文稿，如信函、简报、毕业论文、个人简历、商业合同等。在 Word 2019 中，更多新特性的加入，不仅使用户的办公效率得到较大提升，同时，也提供了更好的人性化功能体验。

3.1　Word 创建电子文档

3.1.1　Word 2019 操作界面

成功启动 Word 2019 后将进入其操作界面，如图 3-1 所示是一个标准的 Windows 应用程序窗口。Word 2019 的操作界面依然按照用户希望完成的任务来组织程序功能，将不同的命令集成在不同的选项卡中，并且相关联的功能按钮又分别归类于不同的组中。

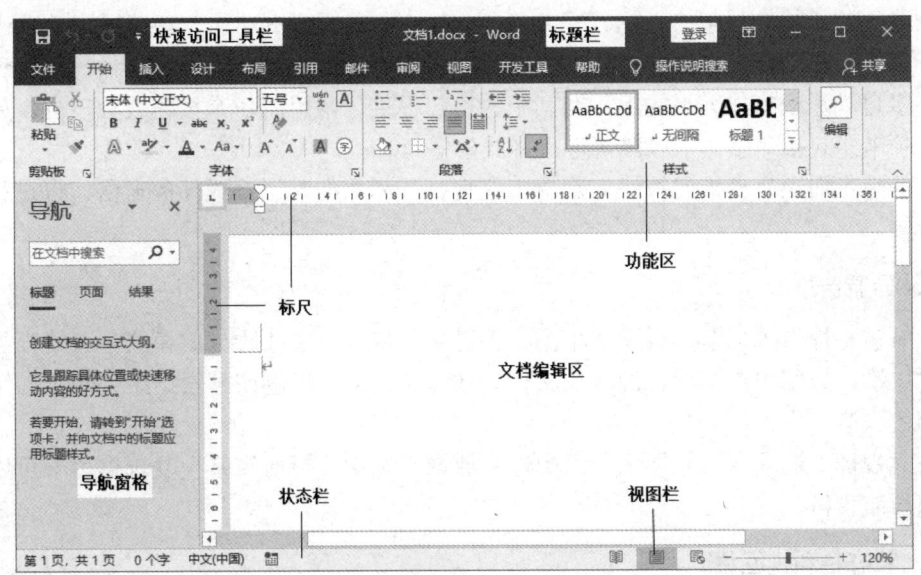

图 3-1　Word 2019 操作界面

1. 快速访问工具栏

快速访问工具栏主要用于快速执行某些常用的文档操作，它上面的工具按钮可根据需要进行添加，单击其右侧的 按钮，在弹出的下拉菜单中选择需要添加的工具即可，如图 3-2 所示。

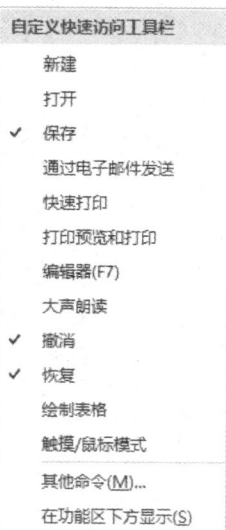

图 3-2 "自定义快速访问工具栏"下拉菜单

2．标题栏

标题栏用于显示正在编辑的文档的名称及程序名称，默认的文档名称是"文档 1""文档 2"等。

3．功能区

功能区位于标题栏下方，它几乎包含了 Word 所有的编辑功能。功能区以选项卡的形式进行组织，在功能区中，单击选项卡名称即可在不同的选项卡间进行切换，每个选项卡下有许多自动适应窗口大小的组，在其中为用户提供了常用的命令按钮或列表框。如"开始"选项卡中包括"字体""段落""样式"等组。

有的组上面还有"扩展按钮"，单击它可打开相关的对话框或任务窗格，以进行更详细的设置。

4．导航窗格

导航窗格提供了标题、页面缩略图、关键字、特定对象 4 种导航模式，可清晰显示文档结构层次，方便用户编辑、浏览长文档。通过单击文档标题或搜索结果列表可以快速定位到相关内容。

在"视图"选项卡的"显示"组中选中或取消选中"导航窗格"复选框，就可以打开或关闭导航窗格。

5．状态栏和视图栏

状态栏位于 Word 窗口的左下角。在状态栏中显示了当前文档的基本信息，如文档的页码、页数、字数、语言及校对等信息。另外，在状态栏中还可以显示一些文档的工作状态，如修订、输入模式等，用户可以通过单击这些按钮来设定相应的工作状态。

视图栏位于窗口的右下角，其左侧有 3 个图标，用于控制视图模式的切换；右侧用于调整视图的显示比例。

6．文档编辑区和标尺

文档编辑区是用来输入和编辑文本的区域。在文档编辑区有一条不停闪烁的黑色竖直短线，这就是光标，也称为"插入点"，用来控制用户输入字符的位置。

标尺位于文档窗口的左边和上方，可以用来设置段落缩进、页边距、制表位和栏宽等。可以在"视图"选项卡中选中或取消选中"标尺"前面的复选框来显示或隐藏标尺。

3.1.2　Word 文档基本操作

使用 Word 首先要掌握新建、保存、打开、关闭等基本操作。

1．创建新文档

Word 可以通过不同的方法创建各种各样的文档。

（1）创建空白文档。

当用户启动 Word 后，系统会自动创建一个基于 Normal 模板的空白文档，并以"文档 1"作为默认文件名。若用户已经打开了一个或多个文档，需要再创建一个新文档时，可以使用"文件"选项卡中的"新建"选项创建文档。打开"文件"选项卡，选择"新建"选项，如图 3-3 所示，在"新建"选项区中单击"空白文档"按钮，Word 将会新建一个空白文档。

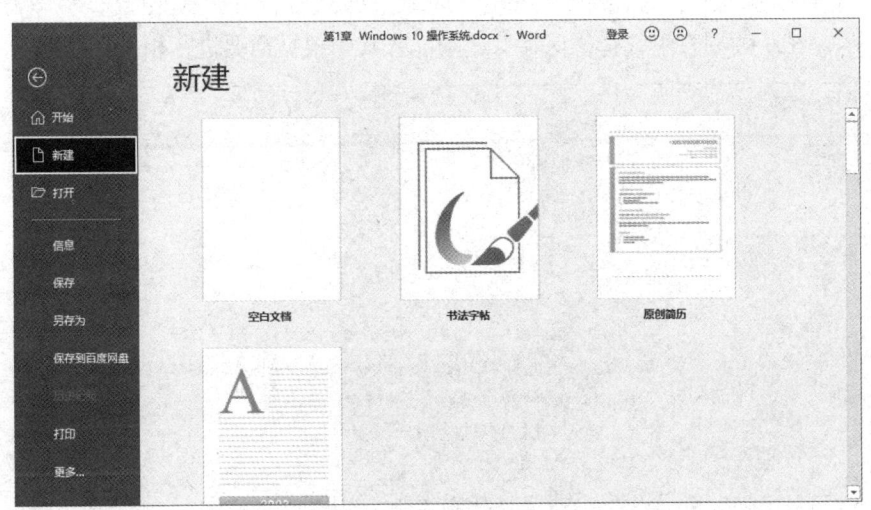

图 3-3　"新建"选项区

（2）根据模板创建新文档。

如果用户要创建的文档是一些特殊文档，如报告、法律文件、传真、个人简历等，就可以使用 Word 提供的模板功能。模板是使用 Word 编写文档过程中的一个非常重要的功能。当利用模板来新建文档时，该模板中所包含的所有文本段落的格式等版式信息都可以应用于此文档中，用户只需进行适当的修改即可。

在如图 3-3 所示的"新建"选项区中，"可用模板"列表框中显示了 Word 预设的模板，单击"样本模板"按钮（注：图 3-3 往下拉会显示），可以显示出计算机中已存在的模板样本，根据这些模板可以创建相应的特殊文档。除此之外，Office 官方网站上还提供了在线模板以供下载。在"office.com"选项区中选择相应模板或者在右侧的文本框中输入关键字进行搜索，选中相关组件后，单击"下载"按钮，系统即可下载模板，并自动应用该模板创建一个新文档。

2．保存文档

创建新文档并编辑之后，只有通过保存，该文档才能在以后被用户打开。

（1）手动保存文档。

通过单击"文件"选项卡的"保存"按钮执行文档的保存操作。对于新建文档将打开"另存为"对话框，用户可以设置文档的保存路径、名称及保存类型。若对已经保存过的文档进行保存操作，将按照原有的保存路径、名称及格式进行保存，即覆盖原文件；若进行另存为操作，则可为文档重新设置保存路径、名称及保存类型，而原文件将保持不变。

在 Word 中，默认的保存文件类型为"Word 文档（*.docx）"，在"另存为"对话框中的"保存类型"下拉列表框中还可以根据需要进行其他保存格式的选择。

（2）自动保存文档。

为了避免断电等意外事故导致文档内容的丢失，可以设定 Word 自动保存功能。可以设置 Word 按照某个固定的时间间隔自动保存文档及选择保存方式等。要启动该功能，可以选择"文件"选项卡，再选择"选项"选项，这时将打开"Word 选项"对话框，如图 3-4 所示。在左侧列表中选择"保存"选项，在其中根据需要进行相关保存选项的设置。

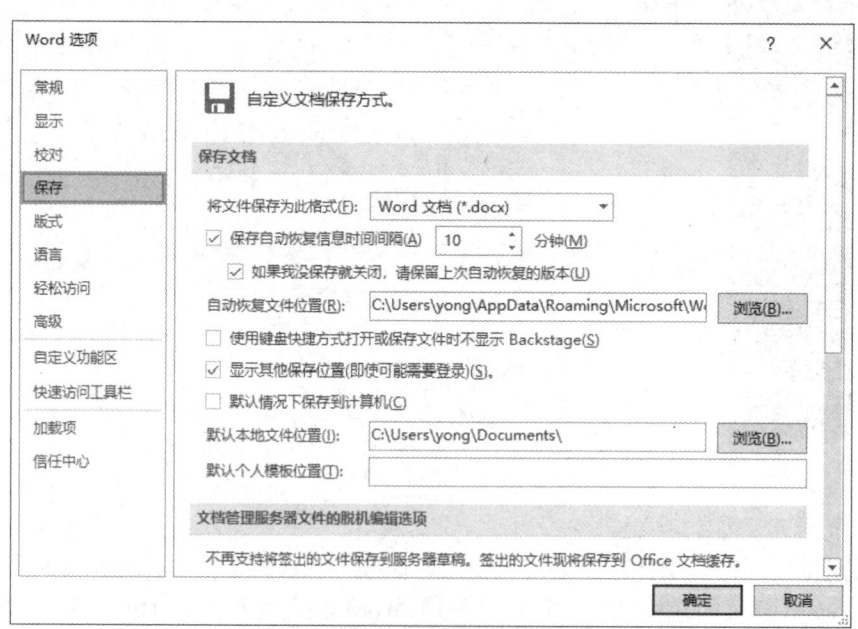

图 3-4 "Word 选项"对话框设置文档保存方式

3．打开与关闭文档

除了通过双击计算机系统中已存在的 Word 文档图标打开该文档，在 Word 应用程序中，也提供了打开已保存文档的方法。

(1) 打开文档。

选择"文件"选项卡中的"打开"选项,在打开的对话框中,找到该文档后,双击该文档或者选中该文档后单击"打开"按钮即可打开指定文档,如图 3-5 所示。

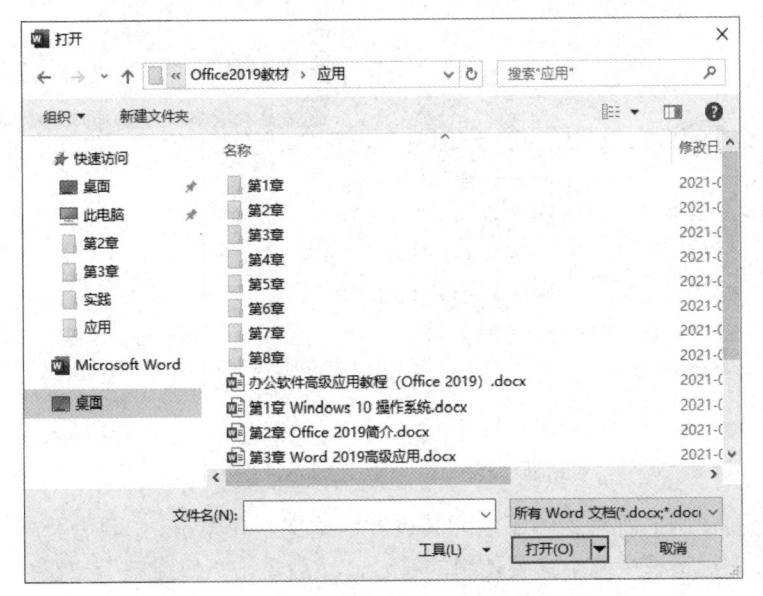

图 3-5 "打开"对话框

(2) 关闭文档。

若要结束当前文档的编辑,而又不结束 Word 应用程序的运行,可以单击"文件"选项卡中的"关闭"按钮来关闭该文档;若要关闭打开的多个文档且退出 Word 程序,可以单击"文件"选项卡中的"退出"按钮。

3.1.3 文档编辑

1. 输入文本

输入文本是文档编辑的第一步。打开文档后,在 Word 的文档编辑区中可以看到一个不停闪烁的光标,即插入点。键盘输入文本有两种模式:一是默认情况"插入"模式,即在一行中间输入的新文本会插入到原有文本中;二是"改写"模式,即新输入的文本将覆盖原有的文本,可通过按键盘上的 Insert 键或单击状态栏中的"插入/改写"按钮在两者之间进行切换。

2. 插入符号和特殊字符

很多情况下,需要在文档中插入一些符号,如$、℃、≠、★及™(商标)或®(已注册)等。插入符号的方法如下。

(1) 将光标定位到要插入符号的位置。

(2) 选择"插入"选项卡,单击"符号"组中的"符号"下拉按钮,将展开包含最近使用过的符号的下拉列表,单击"其他符号…"命令,将打开如图 3-6 所示的"符号"对话框。

（3）选择要插入的符号，单击"插入"按钮。在"符号"对话框中，选中"特殊字符"选项卡，在"字符"列表框中选择要输入的字符，单击"插入"按钮即可插入需要的特殊字符，如图 3-7 所示。

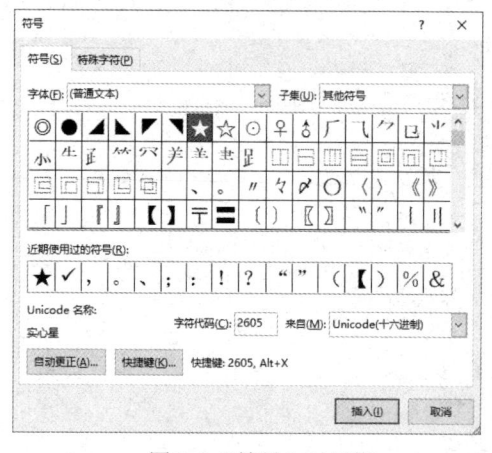

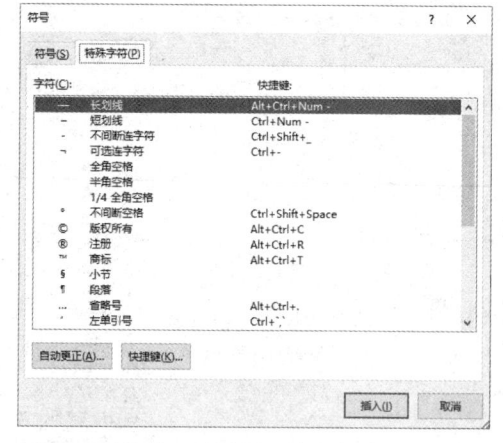

图 3-6 "符号"对话框　　　　　　　图 3-7 "符号"对话框"特殊字符"选项卡

对于经常要使用的符号，还可以为其设置快捷键。在 Word 中要为符号设置快捷键，可以在"符号"对话框中选中需要使用的符号，然后单击"快捷键"按钮，打开"自定义键盘"对话框，然后在其中进行相应的设置。

3．插入日期和时间

在 Word 中，用户可以向正在编辑的文档中插入当前日期和时间，操作步骤如下。
（1）将插入点置于要插入日期及时间的位置。
（2）选择"插入"选项卡，单击"文本"组中的"日期和时间"按钮，打开"日期和时间"对话框，如图 3-8 所示。

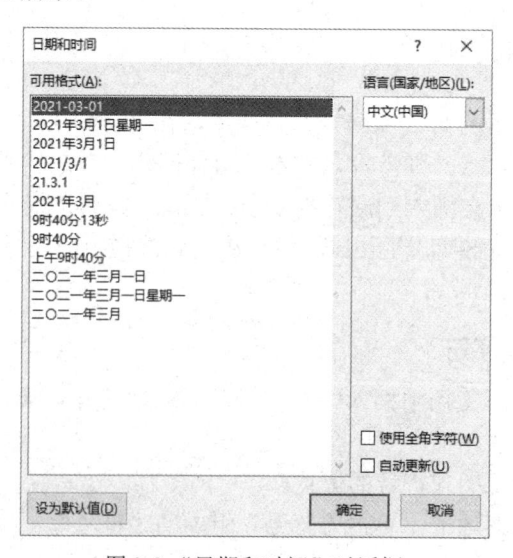

图 3-8 "日期和时间"对话框

(3)选择需要的格式,单击"确定"按钮。若选中了"自动更新"复选框,则在每次打开该文档时,Word 都会自动对插入的日期和时间进行更新,其值将与计算机系统时间保持一致。

4.拼写与语法检查

用户在编辑文档时,经常会发现某些单词或词语的下方有一条红色或绿色的波浪线,这表示该单词或词语可能存在拼写或语法错误。对于文档中由 Word 标出的拼写与语法错误,通常会显示有相应的拼写建议或语法建议。在更正拼写或语法错误时,可在波浪线上单击鼠标右键,此时将弹出拼写错误快捷菜单或语法错误快捷菜单。

用户也可以设置 Word 自动检查文档中的所有拼写和语法错误。操作方法如下。

(1)选中"审阅"选项卡,单击"校对"组中的"拼写和语法"按钮,在"校对"对话框中显示当前光标位置后查找到的第一个可能性错误,如图 3-9 所示。

图 3-9 "校对"对话框

(2)在上面文本区中的突出显示文本上直接键入修改的内容,或单击下方按钮进行相应的操作。

5.查找和替换文本

在长篇幅的文档中查找某一特定内容或在查找到特定内容后将其更改为其他内容,可以说是一项费时费力又容易出错的工作。Word 提供了强大的查找和替换功能,使用户可以非常轻松、快捷地完成这一操作。

(1)在导航窗格中进行查找。

单击"开始"选项卡"编辑"组中的"查找"按钮,将打开导航窗格。在导航窗格的搜索框中输入要查找的关键字后,系统将自动在文档中进行查找,并将找到的文本以高亮方式显示。同时,导航窗格中包含搜索文本的标题也会高亮显示,如图 3-10 所示。

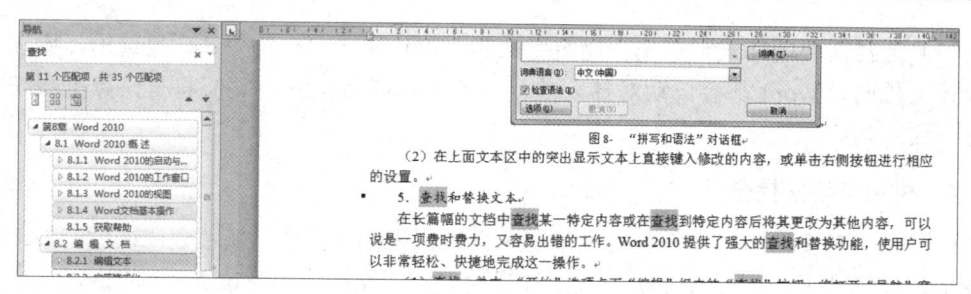

图 3-10　导航窗格的查找功能

（2）使用"查找与替换"对话框进行查找。

选择"开始"选项卡，单击"编辑"组中"查找"按钮右侧的下拉箭头，在展开的下拉列表中选择"高级查找..."选项，则会打开"查找和替换"对话框，如图 3-11 所示。在"查找内容"文本框中输入要查找的内容，单击"查找下一处"按钮，即可将光标定位在文档中的第一个查找目标处。连续单击"查找下一处"按钮，可依次查找文档中相应的内容。

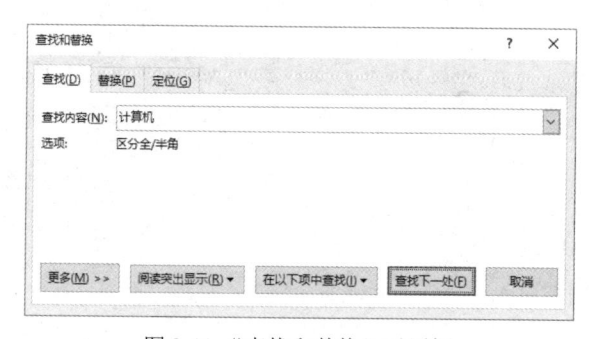

图 3-11　"查找和替换"对话框

单击"更多"按钮，将展开高级查找选项，如图 3-12 所示。在这里可以设置查找的"搜索选项"，还可以进行带格式的查找，方法为单击"格式"按钮，在弹出的子菜单中设置查找文本的格式，如字体、段落等。若要取消查找文本的格式，则单击"不限定格式"按钮。

（3）替换。

在查找文档中特定内容的同时，用户还可以对其进行统一替换。例如，将文档中的"计算机"全部替换为"computer"，其操作步骤如下。

① 选择"查找和替换"对话框中的"替换"选项卡。

② 在"查找内容"文本框中输入"计算机"，在"替换为"文本框中输入要替换的内容"computer"。

③ 单击"全部替换"按钮，即可替换文档中所有查找到的指定内容。还可以通过单击"查找下一处"按钮，待光标定位到下一处目标时，决定是否单击"替换"按钮来进行替换。

用户还可以在"替换"选项卡中单击"更多"按钮，设置带格式的替换。如将文档中的"计算机"替换为红色字体的"computer"。需要注意的是，设置格式时，要将光标定位在"替换为"文本框内，如图 3-13 所示。

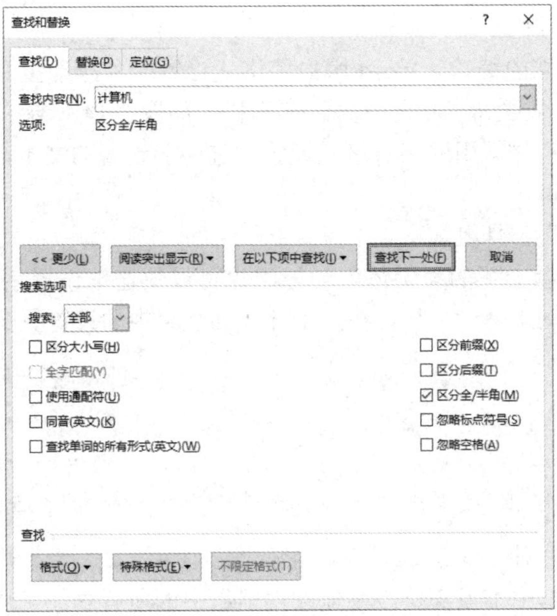

图 3-12 "查找"选项卡的高级选项

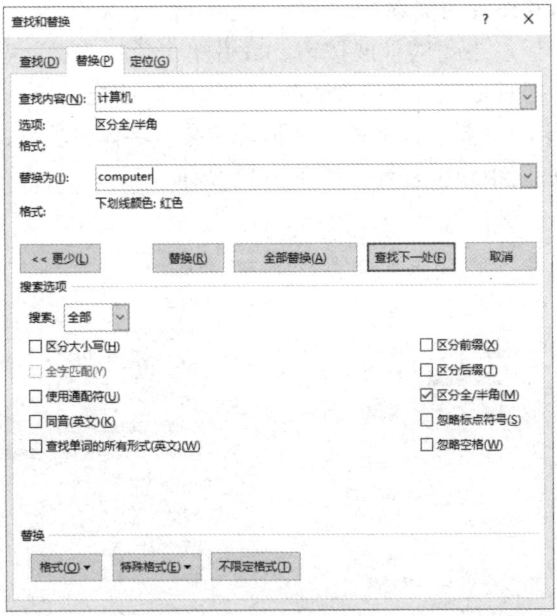

图 3-13 带格式的替换

3.1.4 文稿修饰

1. 文字格式化

在 Word 中，输入的文本格式默认为宋体、五号，西文字体为 Times New Roman 等。Word 提供了对字符进行修饰的工具，主要包括字体、字形、字号、字体颜色、下画线、加粗、斜体、字间距、文字效果等。

（1）使用浮动工具栏。

为了更加方便文档的编辑，Word增加了格式设置的"浮动工具栏"。选择需要设置格式的文本或单击鼠标右键，即会弹出此工具栏，如图3-14所示。该工具栏中包含了字体、字号、加粗、颜色等常用的字符格式设置。选中要设置的文本，在弹出的浮动工具栏中选择相应的设置即可。

（2）使用"字体"工具组。

使用"开始"选项卡下的"字体"功能组也可以快速地设置字符格式，如图3-15所示。其设置方法同浮动工具栏，只是在"字体"功能组中的设置更全面。

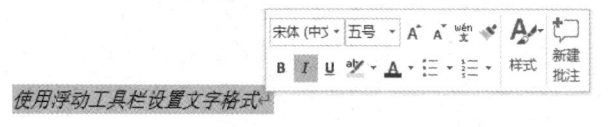

图3-14 浮动工具栏　　　　　　　　　图3-15 "字体"功能组

（3）使用"字体"对话框。

在"字体"对话框中不但支持"字体"功能组中的所有功能，还能设置一些特殊或更详细的格式，如改变字符间距和添加文字效果等，基本步骤如下。

① 选择要进行格式设置的文本。

② 单击"字体"组右下角的扩展按钮，或者单击鼠标右键，在弹出的快捷菜单中选择"字体"命令，将打开如图3-16所示的"字体"对话框。该对话框中共有两个选项卡，在"字体"选项卡中主要设置字体、字形、字号、字体颜色等；"高级"选项卡主要用于设置文本的缩放、间距和位置等，如图3-17所示。

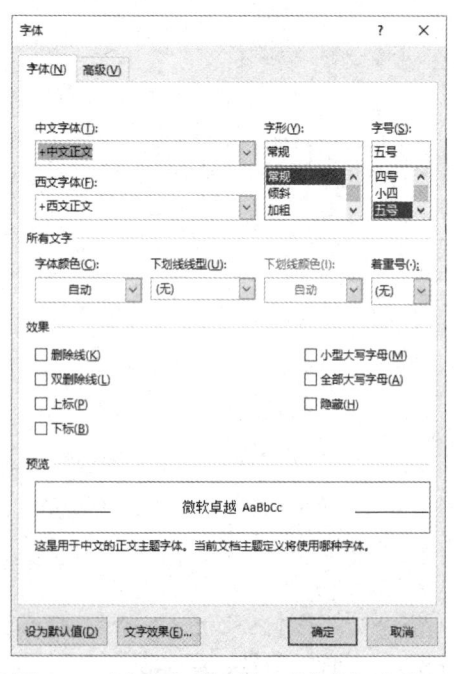

图3-16 "字体"对话框（"字体"选项卡）　　　　　　　　图3-17 "高级"选项卡

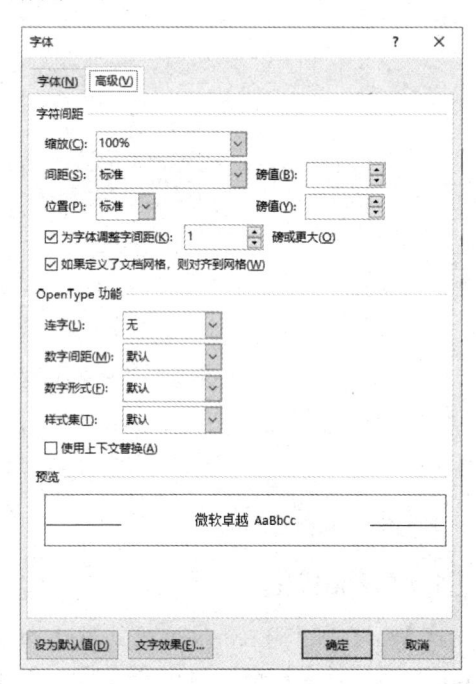

2. 段落格式化

在 Word 中，段落是指相邻两个回车符之间的内容。段落格式化主要包括对段落进行缩进方式、对齐方式、段间距和行间距等的设置。

（1）段落缩进。

段落缩进是指段落中的文字相对于页边距的距离。所谓页边距是指页面上编辑区域之外的空白空间。段落缩进的设置包括如下 4 种。

① 左缩进：段落与页面左边距的缩进量。
② 右缩进：段落与页面右边距的缩进量。
③ 首行缩进：段落中第一行的缩进量。
④ 悬挂缩进：段落中除第一行外其余行的向右缩进量。

各种缩进控制的缩进示意如图 3-18 所示。

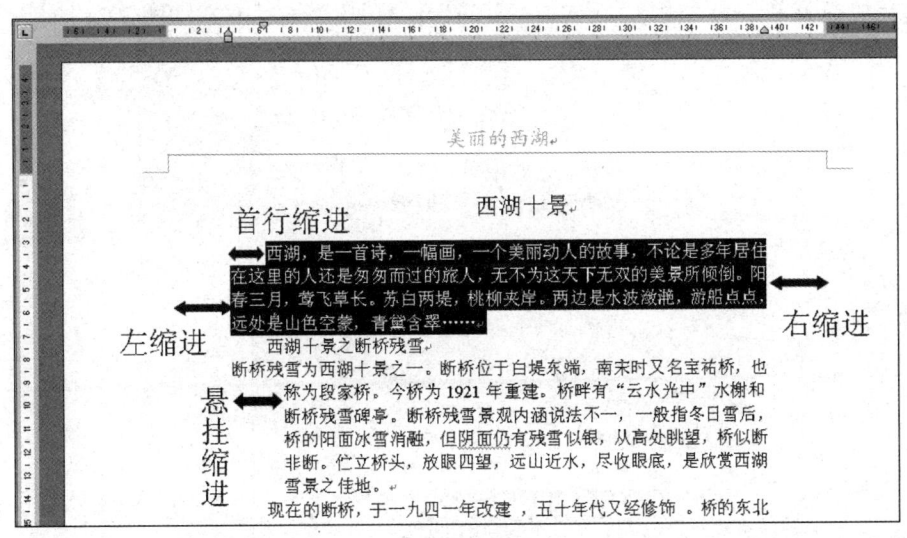

图 3-18 缩进示意

（2）段落对齐方式。

段落对齐是指文档边缘的对齐方式，Word 提供了两端对齐、居中对齐、左对齐、右对齐和分散对齐 5 种对齐方式。其中两端对齐是默认设置，除段落最后一行外，它将调整文字的水平间距，使段落两侧具有整齐的边缘；分散对齐是段落左右两边均对齐，当段落的最后一行不满一行时，将拉开字符间距使该行均匀分布。

（3）段落间距和行间距。

段落间距是指两个相邻段落之间的距离，而行间距则是段落中行与行之间的距离。其中，"行距"选项有单倍行距、1.5 倍行距、2 倍行距、最小值、固定值和多倍行距。若选择最小值、固定值或多倍行距，则应在"设置值"微调器中设置数值。设置段落间距和行间距时，可以以"行"或"磅"为单位。

（4）设置段落格式。

对段落进行格式化的方法主要有以下 3 种。

① 使用标尺。通过标尺上的滑块进行段落缩进的设置，如图 3-19 所示。

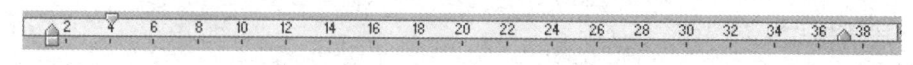

图 3-19　标尺

② 使用"段落"功能组。在"开始"选项卡的"段落"功能组中，可以对段落进行缩进、对齐、项目符号和编号等格式设置，如图 3-20 所示。

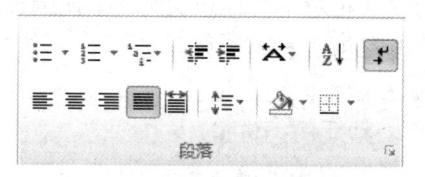

图 3-20　"段落"功能组

③ 使用"段落"对话框。单击"段落"功能组右下角的扩展按钮，或者单击鼠标右键，选择快捷菜单中的"段落"选项，可以打开"段落"对话框，如图 3-21 所示。

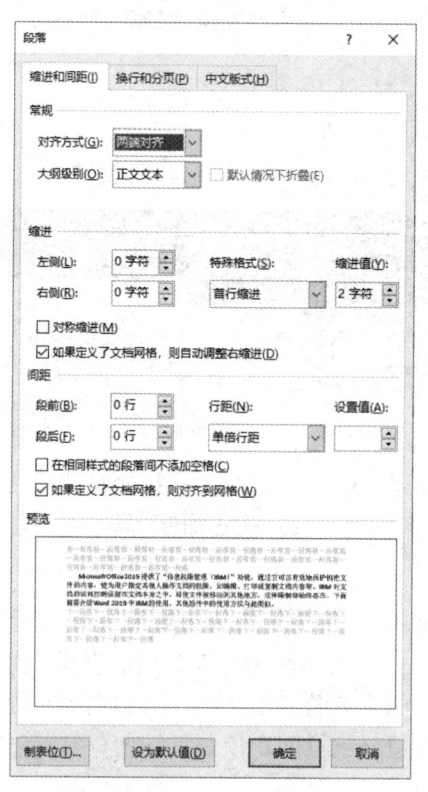

图 3-21　"段落"对话框

3．边框与底纹

在 Word 中，可以为文字、段落、页面或表格添加边框和底纹，用来强调或美化文档内容。可以通过"开始"选项卡的"字体"功能组和"段落"功能组中的相关按钮进行快速设置，或通过"边框和底纹"对话框进行详细设置。单击"开始"选项卡"段落"功能组中的"边框"按钮右侧的下拉按钮，选择下拉菜单中的"边框和底纹"命令，将打开如图 3-22 所示的"边框和底纹"对话框。

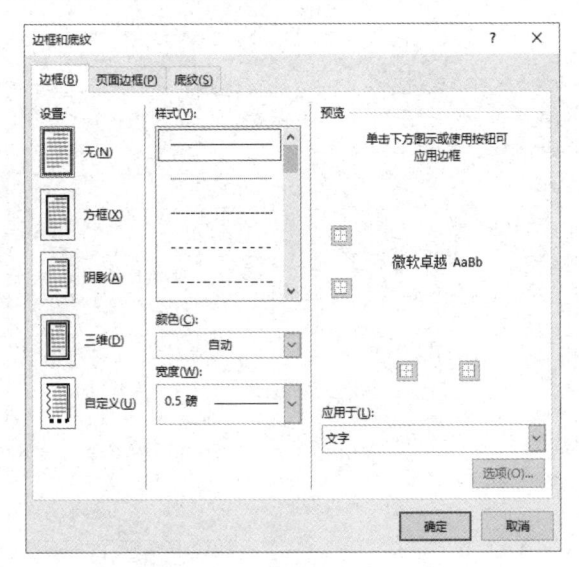

图 3-22 "边框和底纹"对话框

（1）设置边框。

用户可以在"边框"选项卡中设置边框的类型、线型、颜色和线条宽度。为文字添加边框时，应先选择文字；为段落添加边框时，应先选中段落或将光标置于该段落中，然后在"边框"选项卡的"应用于"下拉列表框中选择"文字"或"段落"选项，最后单击"确定"按钮即可。

若要取消边框，可以在"边框"选项卡的"设置"选项组中选择"无"选项，再单击"确定"按钮。

要为页面添加边框，可以选择"页面边框"选项卡，其设置基本与"边框"选项卡相同。

（2）设置底纹。

在"边框和底纹"对话框中选择"底纹"选项卡，如图 3-23 所示。在"填充"选项组中单击"无颜色"右侧的下拉按钮，将列出各种用来设置底纹的填充颜色。将光标停留在某个颜色方块上，Word 会有颜色名称的提示。单击"其他颜色"按钮，可以从弹出的"颜色"对话框中自定义 RGB 值来创建新颜色。

用户除了可以设置底纹填充颜色，还可以设置底纹图案。底纹图案是指覆盖在底纹填充颜色上的图案，它可以是一些点或一些线条，点的密度用百分比表示，如 15%、80%等。这些点或线条也可以设置相应的颜色，设置方法为在"图案"选项组中分别设置"样式"和"颜色"。

4．格式刷的使用

当需要对文档多处进行相同格式设置时，可以使用格式刷来提高效率。格式刷是一个复制格式的工具，用于复制选定对象的格式，包括字符格式和段落格式等。

格式刷的使用方法是：选择要复制格式的源文本或段落，单击"开始"选项卡中"剪贴板"功能组中的"格式刷"按钮，这时鼠标指针将带有一个刷子，用鼠标选择目标文本或段落，这样，源文本或段落的格式就被复制到了目标文本或段落上。

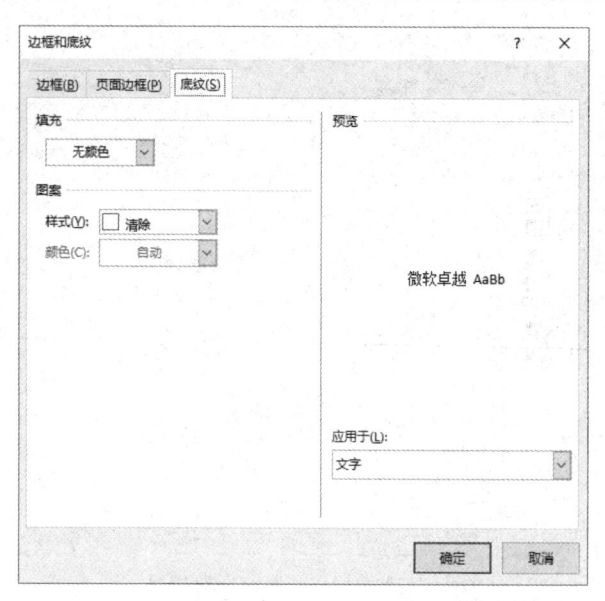

图 3-23 "底纹"选项卡

单击"格式刷"可以将格式复制一次，若需要复制该格式多次，可以双击"格式刷"。这时，每选择一次目标都会将源格式复制一次，直到再次单击"格式刷"按钮或按Esc键为止。

3.1.5　使用表格

在进行文字处理过程中，经常会用到表格，如课程表、个人简历表等。表格是由行和列组成的二维表，行和列的交叉形成单元格，用户可以在单元格中填写文字和插入图片等内容。

1．创建表格

Word提供了多种创建表格的方法，用户可以通过设置行数和列数来插入表格，或从一组预先设置好格式的表格中快速插入表格，还可以使用绘制工具直接在文档中绘制表格。

（1）使用网格创建表格。

① 将光标置于要插入表格的位置，单击"插入"选项卡下"表格"功能组中的"表格"的下拉按钮。

② 在弹出的下拉列表的网格中移动鼠标指针，选定所需要的行数、列数，单击鼠标左键即可生成一个指定行数和列数的表格，如图3-24所示。

（2）使用"插入表格"对话框创建表格。

① 将光标置于需要插入表格的位置，单击"插入"选项卡下"表格"功能组中"表格"的下拉按钮，在弹出的下拉列表中选择"插入表格"选项，弹出如图3-25所示的对话框。

② 在该对话框中输入或选择列数、行数。

③ 可以使用"'自动调整'操作"选项组中的3个选项来调整表格。

④ 单击"确定"按钮，即可在插入点插入指定格式的表格。

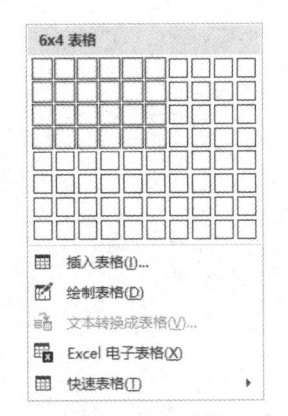

图 3-24 "插入表格"下拉列表　　　　图 3-25 "插入表格"对话框

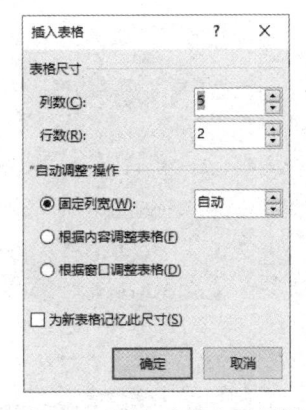

（3）绘制表格。

若要创建特殊格式的表格，可以采取手工绘制的方式，具体操作步骤如下。

① 单击"插入"选项卡下"表格"功能组中"表格"的下拉按钮，在弹出的下拉列表中选择"绘制表格"命令。

② 此时鼠标指针将会变为笔状，在文档的适当位置单击并拖动出需要的外边框大小，然后释放鼠标。

③ 移动鼠标指针到边框处，单击并拖动鼠标绘制表格内框线。反复如此逐笔绘制，即可绘制出所需的表格。

在绘制表格内部框线的过程中，Word 将自动打开"表格工具—设计"选项卡，在其中的"边框"功能组中可以设定边框线的样式、粗细、颜色等，如图 3-26 所示。若在绘制过程中发现框线画错了，还可以在"表格工具—布局"选项卡的"绘图"功能组中，单击其中的"橡皮擦"按钮进行擦除。

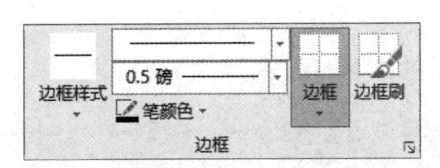

图 3-26 "边框"功能组

（4）插入"快速表格"。

Word 2019 内置了多种格式的表格，用户可以快速插入这些表格，具体步骤如下。

① 将光标置于需要插入表格的位置，单击"插入"选项卡下"表格"功能组中"表格"的下拉按钮，在弹出的下拉列表中选择"快速表格"命令，弹出如图 3-27 所示的选项列表。

② 选择所需选项，则对应表格将插入到文档中，用户可以根据自己的需要进行进一步的调整。

（5）插入 Excel 表格。

在 Word 2019 中还可以插入 Excel 表格，并且可以在其中进行比较复杂的数据运算和处理，就像在 Excel 环境中一样。具体步骤如下。

① 单击"插入"选项卡下"表格"功能组中"表格"的下拉按钮，在弹出的下拉列表中选择"Excel 电子表格"命令。

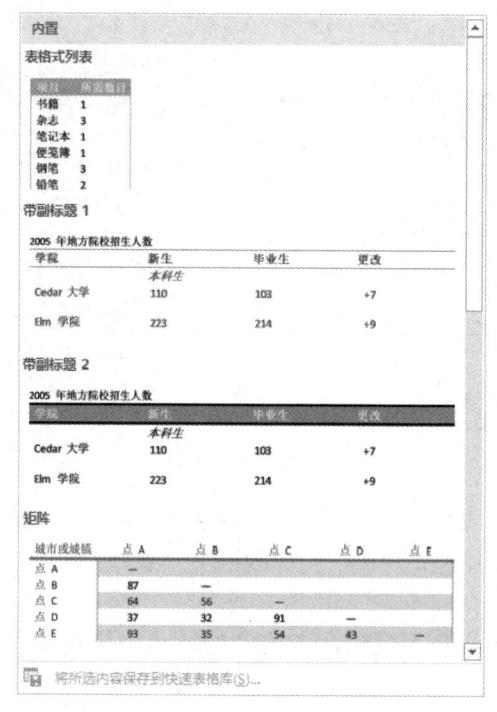

图 3-27 "快速表格"选项列表

② 此时进入 Excel 电子表格编辑状态,如图 3-28 所示。

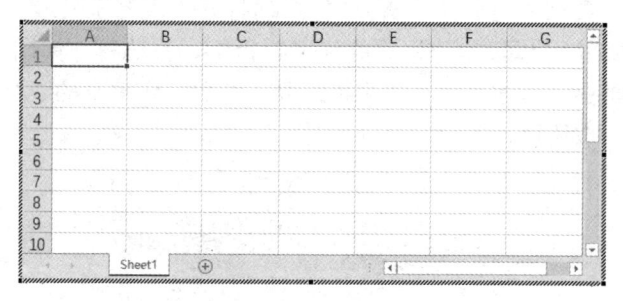

图 3-28 Excel 电子表格编辑状态

③ 编辑好表格后,单击电子表格以外的区域,就可以返回 Word 文档编辑状态,如图 3-29 所示。但要注意此时在文档中插入的表格是图片格式的,不能对其进行编辑。若要对其进行编辑,可双击表格区域切换至电子表格编辑状态。

图 3-29 Word 编辑状态下的 Excel 电子表格

2. 编辑表格中的文本

表格创建完成后，接下来就可以在表格中添加内容了。

（1）在表格中输入文本。

在表格中，单元格是处理文本的基本单位。可以在各单元格中输入文字、插入图形，也可以对其内容进行剪切和粘贴等操作。将光标移动到单元格，输入数据的方法和操作普通文档相似。光标在单元格间移动还可以使用键盘上的方向键和 Tab 键。

（2）在表格中排列文本。

设置文本在表格中的排列实质就是设定文本相对于单元格的排列方式，包括文字方向和对齐方式。

① 设置表格中的文字方向。

- 选定需要进行文本排列的单元格或整个表格。
- 单击"表格工具—布局"→"对齐方式"→"文字方向"按钮，在左侧文字方向列表中选择合适的文字方向，如图 3-30 所示。或单击鼠标右键，在弹出的快捷菜单中选择"文字方向"命令，将打开"文字方向-表格单元格"对话框，如图 3-31 所示。在其中选择合适的文字排列方式，单击"确定"按钮。

图 3-30 "对齐方式"功能组中设置文字方向 　　图 3-31 "文字方向-表格单元格"对话框

② 设置表格中文本的对齐方式。在表格中，可以实现文本在水平方向和垂直方向上的对齐。

- 选择要设置对齐方式的单元格或整个表格。
- 在"表格工具—布局"选项卡下"对齐方式"工具组的左侧对齐方式列表中选择合适的选项，如图 3-32 所示。或单击鼠标右键，在弹出的快捷菜单中选择"单元格对齐方式"命令，在弹出的子菜单中选择相应的对齐方式，如图 3-33 所示。

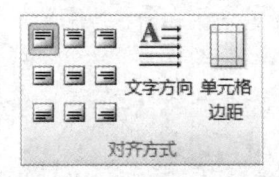

图 3-32 "对齐方式"工具组中设置对齐方式 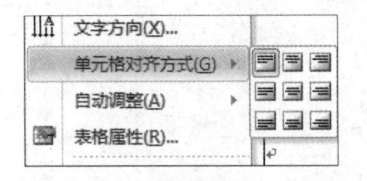　　图 3-33 "单元格对齐方式"子菜单

3. 编辑表格

（1）插入和删除行、列。

要向表格中添加行，应先在表格中选择与需要插入行的位置相邻的行（选定的行数和将要添加的行数相同），然后单击"表格工具—布局"选项卡下"行和列"工具组中"在上方插入"或"在下方插入"按钮，如图 3-34 所示。插入列的操作与插入行基本类似，用户可以在表格的任意位置插入列。

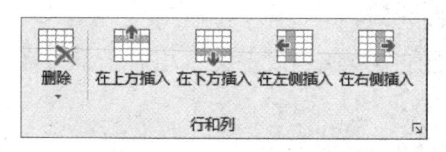

图 3-34 "行和列"工具组

要删除表格中的行，首先选定需要删除的行或将光标置于该行的任意单元格内，单击"行和列"工具组中"删除"的下拉按钮，在弹出的下拉菜单中执行"删除行"命令，即可删除该行。删除列的操作与删除行的操作类似。

（2）调整表格的列宽和行高。

在使用表格的过程中，经常需要调整表格的列宽和行高。可以单击"表格工具—布局"选项卡下的"单元格大小"工具组中的"自动调整"按钮，在弹出的子菜单中执行相应命令；也可以使用拖动鼠标的方法来调整表格的列宽和行高。

但如果表格尺寸要求比较精确，则应通过"表格属性"对话框来调整列宽和行高。将光标移动到要改变列宽或行高的任意一个单元格中，单击"表格工具—布局"选项卡下"表"工具组中的"表格属性"按钮，或单击鼠标右键，在弹出的快捷菜单中执行"表格属性"命令，即可打开该对话框。在其中的"行"和"列"选项卡中可以设置该单元格所在行列的行高和列宽，如图 3-35 所示。

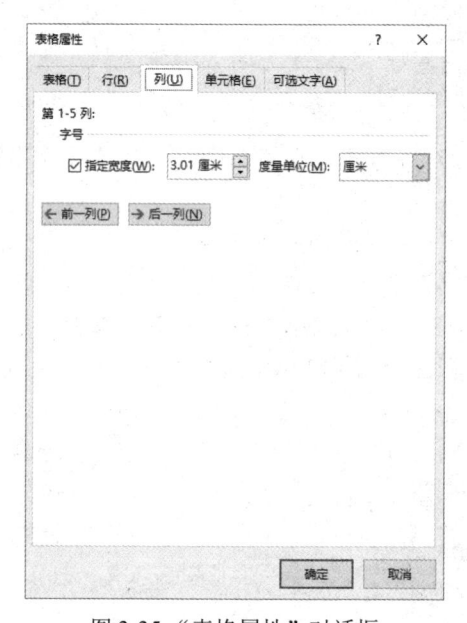

图 3-35 "表格属性"对话框

(3) 插入和删除单元格。

插入和删除单元格的操作与插入和删除行、列类似。单击某个单元格,单击"表格工具—布局"选项卡下"行和列"工具组右下角的扩展按钮,将打开"插入单元格"对话框,如图 3-36 所示。在该对话框中选择单元格的插入方式及移动补齐的设置,单击"确定"按钮,即可按选定的方式插入单元格。

要删除单元格,可以先选定单元格,然后单击"行和列"工具组中"删除"的下拉按钮,选择下拉菜单中的"删除单元格"命令,弹出"删除单元格"对话框,其中的选项设置和"插入单元格"对话框中的设置类似。

(4) 拆分和合并单元格。

选定要拆分的单元格,选择"表格工具—布局"选项卡下"合并"工具组中的"拆分单元格"按钮,或者单击鼠标右键,选择快捷菜单中的"拆分单元格"命令,将打开"拆分单元格"对话框,如图 3-37 所示。在"列数"和"行数"文本框中分别指定该单元格需要拆分的列数和行数,然后单击"确定"按钮。

图 3-36 "插入单元格"对话框   图 3-37 "拆分单元格"对话框

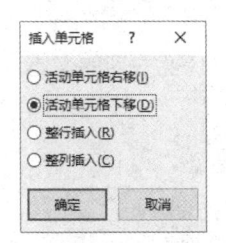

当选择多个单元格进行拆分操作时,若选中"拆分前合并单元格"复选框,则 Word 将先合并多个单元格然后再进行拆分,否则将分别拆分选中的单元格。

Word 允许将相邻的单元格合并成一个单元格。选定要合并的单元格,选择"合并"工具组中的"合并单元格"命令,或者单击鼠标右键并选择快捷菜单中的"合并单元格"命令,则选定的若干单元格就合并成了一个单元格。

(5) 绘制斜线表头。

表头一般是位于表格的第 1 行第 1 列的单元格。将光标定位到要绘制斜线表头的单元格中,选择"表格工具—设计"选项卡下"表格样式"工具组中"下框线"的下拉按钮,或单击"开始"选项卡下"段落"工具组中"下框线"的下拉按钮,在弹出的下拉列表中选择"斜下框线"或"斜上框线"命令将在表格中插入斜线表头,然后在表头中输入文字即可。

(6) 设置表格的边框和底纹。

当建立了一个表格后,Word 会自动设置表格,使用 0.5 磅的单线边框。可以使用"边框和底纹"对话框来设置表格的线型和底纹效果。

打开此对话框的一种方法是单击"表格工具—设计"选项卡下"绘图边框"工具组右下角的扩展按钮。其设置方法与为文本或段落添加边框和底纹的操作类似,只是在对话框的"应用于"下拉列表框中要选择合适的命令,如"表格"或者"单元格"。

4. 表格与文本的转换

在实际应用中,有些内容有时需要用表格来表示,有时需要用文本来表示。Word

2019 提供了表格与文本之间的相互转换功能。

（1）将表格转换为文本。

使用 Word 可以把表格的内容转换为普通的段落文本。表格中的行将对应转换后文本的段落，每一行各单元格间的内容可以选择使用段落标记、制表位、逗号或其他指定的字符分隔开。具体操作步骤如下。

① 将光标置于要转换的表格内。

② 选择"表格工具—布局"选项卡下"数据"工具组中的"转换为文本"按钮，将弹出"表格转换成文本"对话框，如图 3-38 所示。

③ 在"文字分隔符"选项组中选择要作为表格中各单元格文本间分隔符的符号，单击"确定"按钮。

（2）将文本转换为表格。

在将文本转换为表格前必须对需转换的文本进行格式化。文本中的每一段对应表格中的每一行，每一段中需要转换为列的文本间需要用统一的分隔符进行分隔。将文本转换为表格的具体步骤如下。

① 选中要转换的所有文本，如图 3-39 所示，其中转换为列的文本间分隔标记为逗号。

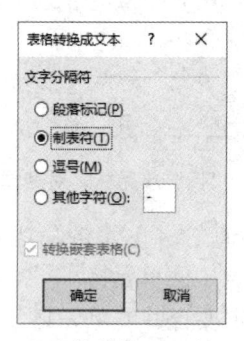

图 3-38 "表格转换成文本"对话框　　　图 3-39 要转换为表格的文本

② 选择"插入"选项卡，单击"表格"工具组中"表格"的下拉按钮，在弹出的下拉列表中选择"文本转换成表格"命令，将打开"将文字转换为表格"对话框，如图 3-40 所示。

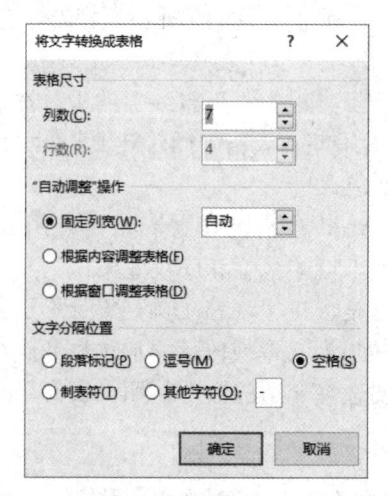

图 3-40 "将文字转换成表格"对话框

③ 在对话框中进行相应的设置后单击"确定"按钮即可,转换后的结果如图 3-41 所示。

姓名	数学	语文	英语	物理	化学	总分
李四	80	83	98	86	91	
张三	78	85	90	75	88	
王五	68	76	85	69	84	

图 3-41　将文本转换为表格后的效果

5．表格数据处理

Word 2019 还提供了对表格中的数据进行处理的功能,如表格计算(如表格中数据的加、减、乘、除等运算)、表格排序。

(1) 表格计算。

若有如图 3-41 所示学生成绩表格,要计算"总分"列,则将光标定位在要计算的单元格中,选择"表格工具—布局"选项卡,单击"数据"工具组中的"公式"按钮,弹出"公式"对话框,如图 3-42 所示。

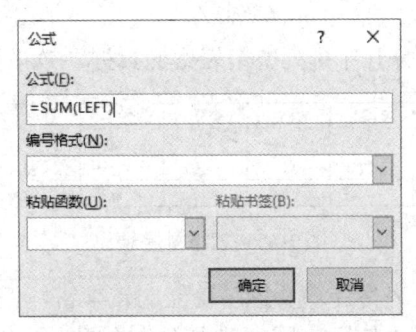

图 3-42　"公式"对话框

在"公式"对话框中已经自动输入了公式"=SUM(LEFT)",表示将对选定单元格的左侧数据进行求和,单击"确定"按钮,系统会计算结果并填入单元格中,也可以修改公式,计算特定单元格的数据之和或使用其他计算方式,操作方法类似 Excel,这里不再详述。用同样的方法计算该列其他单元格数值,结果如图 3-43 所示。

姓名	数学	语文	英语	物理	化学	总分
张三	78	85	90	75	88	416
李四	80	83	98	86	91	438
王五	68	76	85	69	84	382

图 3-43　表格计算结果

(2) 表格排序。

在 Word 中,可以按照递增或递减的顺序把表格内容按笔画、数字、拼音或日期进行排序,同时可以按照多个关键字进行排序。以如图 3-43 所示表格为例,按照"总分"列进行升序排列,具体操作步骤为:

① 将光标定位在表格中,选择"表格工具—布局"选项卡,单击"数据"工具组中的"排序"按钮,弹出"排序"对话框,如图 3-44 所示。

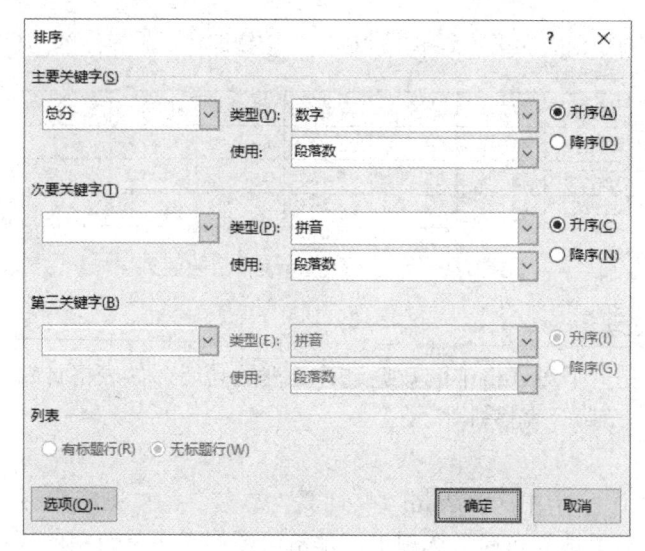

图 3-44 "排序"对话框

② 在"主要关键字"选项区中选择"总分"选项，单击"升序"单选按钮，再单击"确定"按钮。系统将按总分升序排列整个表格的数据，效果如图 3-45 所示。

姓名	数学	语文	英语	物理	化学	总分
王五	68	76	85	69	84	382
张三	78	85	90	75	88	416
李四	80	83	98	86	91	438

图 3-45 表格排序结果

虽然 Word 2019 提供的表格计算及排序功能比较丰富，但 Word 中表格数据处理的功能相比 Excel 仍不尽如人意。实际应用中基本不会单独使用 Word 进行表格数据的处理，一般的做法是先在 Excel 中完成，然后将内容以嵌入对象的形式插入到 Word 文档中来。

3.1.6 图文混排处理

图文混排是指在文档中插入图形或图片，并进行合理排版，使文章具有图文并茂的效果。除了可以向文档中插入各种图片，Word 本身也提供了绘制简单图形的工具。

1. 插入本地图片和联机图片

用户可以在 Word 文档中插入保存在计算机中的图片文件或 Word 自带的"剪辑管理器"拥有的图片。

（1）插入图片文件。

将光标定位到要插入图片的位置，选择"插入"选项卡，单击"插图"组中的"图片"按钮，选择"此设备…"命令，将弹出"插入图片"对话框，如图 3-46 所示。选择图片文件，然后单击"插入"按钮，即可将图片插入 Word 文档中。

（2）插入联机图片。

Word 2019 提供了丰富的联机图片库，用户可以直接将其中的图片插入文档中，具体步骤如下。

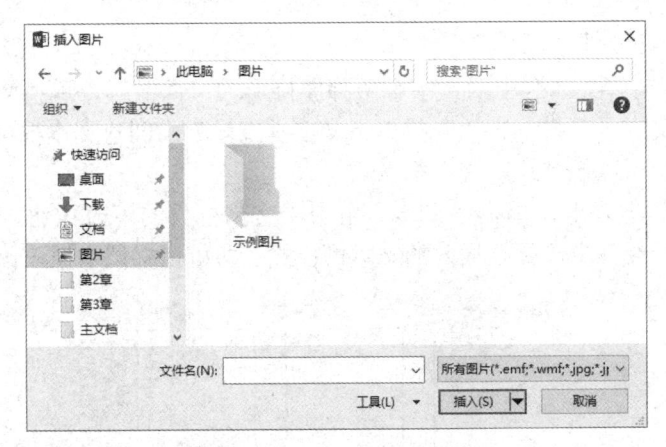

图 3-46 "插入图片"对话框

① 将光标置于需要插入联机图片的位置,选择"插入"选项卡,单击"插图"组中的"图片"按钮,选择"联机图片…"命令,将弹出"联机图片"对话框,如图 3-47 所示。

图 3-47 "联机图片"对话框

② 在搜索框中输入要搜索的图片关键字,按回车键确认。

③ 搜索完毕后,符合条件的图片显示在下方列表框中。选择合适的图片,即可将该联机图片插入文档中。

插入的联机图片与插入的外部图片一样,都可以设置图片的大小、位置以及各种样式。Word 2019 提供了丰富的编辑、美化图片的功能,如删除背景、调整大小、旋转和翻转、设置颜色、裁剪图片及设置艺术效果等。所有这些操作都可以通过"图片工具—格式"选项卡完成,或选择选定图片的快捷菜单命令"设置图片格式",在打开的"设置图片格式"对话框中对图片进行格式设置。

2. 使用文本框、艺术字和公式

(1)使用文本框。

文本框实质上是一种用来存放文本或图片的图形对象,它可以放置在页面的任意位置，其大小可以由用户指定。

① 创建文本框。文本框中的文字有两种编排形式："横排"和"竖排"。"横排"表示文本框中的文字水平排列，"竖排"指文字垂直排列。创建文本框可以通过插入特定样式的文本框，也可以通过绘制文本框完成。

选择"插入"选项卡，单击"文本"组中"文本框"的下拉按钮，将展开如图 3-48 所示的下拉列表。在其中选择要插入的文本框样式，即可在文档中插入该样式的文本框。

图 3-48 "文本框"下拉列表

选择如图 3-48 所示下拉列表中的"绘制横排文本框"或"绘制竖排文本框"命令也可创建文本框。选中这两个命令后，鼠标指针将呈十字形，在文档中需要插入文本框的位置，按住鼠标左键沿右下对角线方向拖动，将出现一个矩形框，当矩形框达到所需大小后，释放鼠标就创建了一个文本框。在文本框中输入文字即可，如图 3-49 所示。

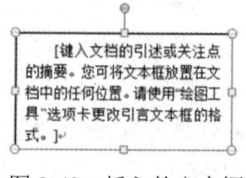

图 3-49 插入的文本框

单击"插入"选项卡下"插图"组中"形状"的下拉按钮，在展开的下拉列表中选择"文本框"或"垂直文本框"命令也可以方便地绘制文本框，操作步骤与上述方法类似。

② 调整文本框。选中文本框，通过文本框周围的控点可以调整文本框的高度、宽度

或旋转；将鼠标指针移动到文本框的边框上，当指针形状变为十字箭头时按住鼠标左键拖动即可调整文本框位置。

用户还可以调整文本框中的文字方向。双击文本框，选择"绘图工具—格式"选项卡，单击"文本"组中"文字方向"的下拉按钮，在展开的下拉列表中选择文字方向。

（2）插入艺术字。

艺术字是高度风格化、具有特殊效果的形状文字，也是一种图形对象。Word 2019 将艺术字作为文本框插入，用户可以任意编辑其中的文字。在文档中插入艺术字的操作步骤如下。

① 选择"插入"选项卡，单击"文本"组中"艺术字"的下拉按钮，将展开如图 3-50 所示的下拉列表。

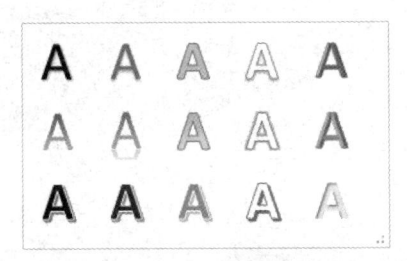

图 3-50 "艺术字"下拉列表

② 在其中单击所需的样式后，即可在文档中插入艺术字文本框。系统提示用户输入文字，如图 3-51 所示。

图 3-51 插入的艺术字文本框

③ 在文本框中输入所需的内容，然后在"绘图工具—格式"选项卡下"形状样式"或"艺术字样式"组中对其进行进一步的设置，其操作与文本框的设置一致。

（3）插入公式。

选择"插入"选项卡，单击"符号"组中"公式"的下拉按钮，即可展开如图 3-52 所示的下拉列表。从中选择所需公式类型并单击，即可在文档中插入所需公式。如果没有所需公式类型，则需要在下拉列表中选择"插入新公式"命令，即可在文档中插入"在此处键入公式"文本框，在其中直接输入相应的公式即可。

输入公式或修改公式时，选择"公式工具—设计"选项卡，在"符号"组中选择要插入的符号，如关系运算符、希腊字母等；在"结构"组中选择公式所需的各种不同的样式，如括号、分式、根式、上下标等。

3. 绘制形状

在 Word 2019 中用户可以使用"插入"选项卡下"插图"组中的"形状"工具轻松地绘制图形。

（1）选择"插入"选项卡，单击"插图"组中"形状"的下拉按钮，将弹出如图 3-53 所示的下拉列表。从中选择需要的形状选项，此时鼠标指针呈"十"字形状。

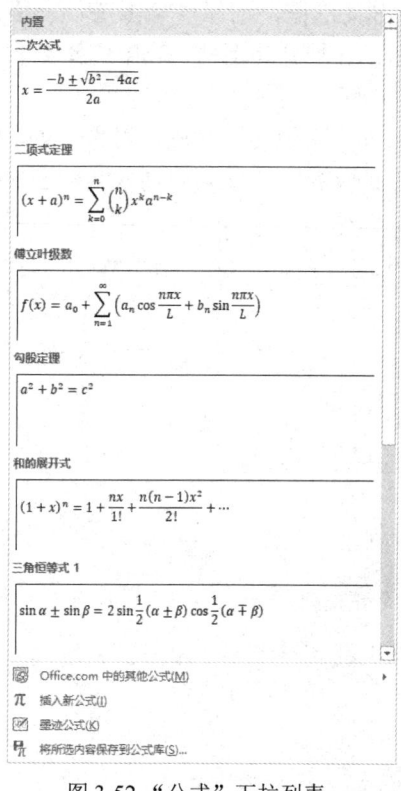

图 3-52 "公式"下拉列表　　　　图 3-53 "形状"下拉列表

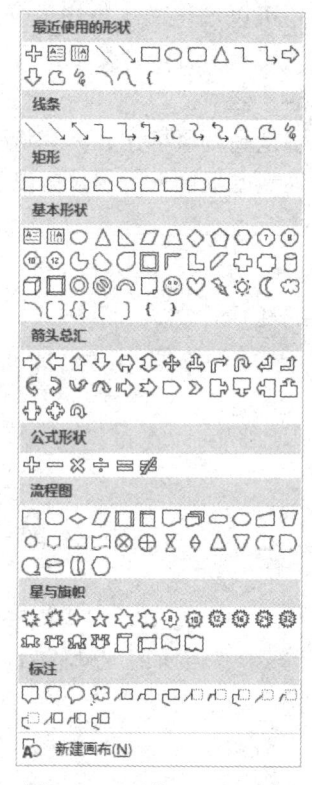

（2）将光标移动到文档中要绘制图形的位置。沿对角线方向从左上向右下方向拖动指针，直至所绘图形达到要求的大小为止。

（3）释放鼠标左键，即可完成图形的创建。

Word 会在选定的图形周围显示控制点，通过拖动这些控制点，用户可以调整图形的大小或旋转图形。利用"图形工具—格式"选项卡中的选项还可以改变所选图形的填充颜色、线条颜色、线型，还可以给图形增加阴影和三维效果，也可以执行选定图形的快捷菜单命令"设置形状格式"，在打开的"设置形状格式"对话框中对图形进行格式设置。

4．插入 SmartArt 图形

SmartArt 图形是信息的视觉表示，相对于简单的本地图片、联机图片及形状图形，它具有更高级的图形选项。使用 SmartArt 可以轻松快速地创建具有设计师水准的示意图、组织结构图、流程图以及各种图示。在文档中插入 SmartArt 图形的具体步骤如下。

（1）选择"插入"选项卡，单击"插图"组中的"SmartArt"按钮，弹出"选择 SmartArt 图形"对话框，如图 3-54 所示。

（2）在对话框左侧选择布局类型，然后在"列表"区选择合适的图形。在对话框右侧有该图形的预览样式及简要说明。

（3）单击"确定"按钮，即可在文档中插入相应图形，如图 3-55 所示。

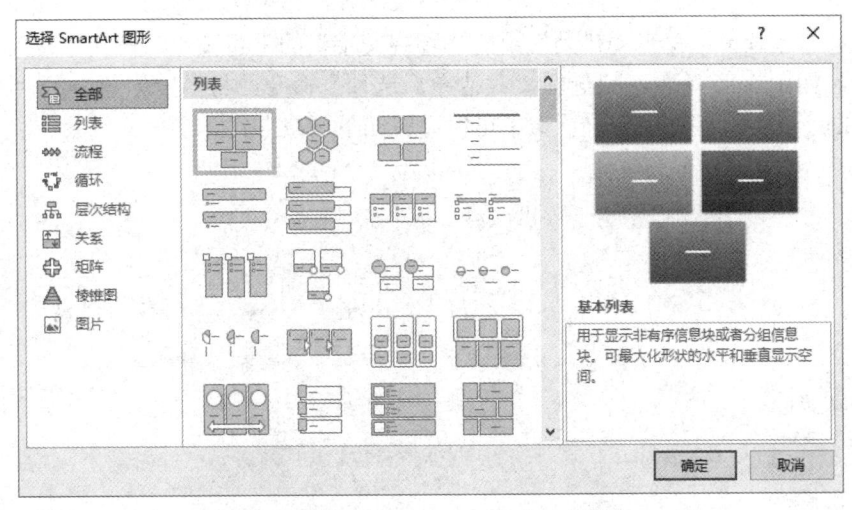

图 3-54 "选择 SmartArt 图形"对话框

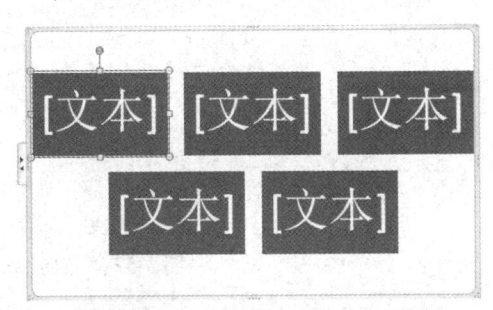

图 3-55 插入的 SmartArt 图形

（4）此时，只需在文本框或左侧提示窗口中输入文本内容即可。

插入 SmartArt 图形后，系统自动打开"SmartArt 工具—设计"选项卡和"SmartArt 工具—格式"选项卡。通过"SmartArt 工具—设计"选项卡可以快速设置 SmartArt 图形的整体样式，如更改布局、样式、颜色等。通过"SmartArt 工具—格式"选项卡可以设置 SmartArt 图形的形状、形状样式及艺术字样式等。

5．设置图文混排效果

不管是本地图片、联机图片或艺术字，还是自选图形或其他图形对象，用户都可以设置其与文字不同的混排效果。

（1）设置图片版式。

Word 2019 的图片工具中的图片版式设置功能，是将本地图片或联机图片转换为 SmartArt 图形，按照所选样式，使图片与文本结合，并可调整图形的大小。

选中图片后，选择"格式"选项卡，单击"图片样式"组中"图片版式"的下拉按钮，在弹出的下拉列表中选中预设的 SmartArt 图形样式，则所选图片就转化为 SmartArt 图形，其编辑方法与直接插入 SmartArt 图形相同。

（2）设置文字环绕方式。

对于插入的图形对象，可以设置与文本的混排方式即文字环绕方式。Word 提供了 7 种文字环绕方式，其中插入到文档中的图片默认为"嵌入型"。其设置方法为：选择该对象的"格式"选项卡,单击"排列"组的"环绕文字"的下拉按钮,在其下拉列表中选择环绕方式,如图 3-56 所示;或选择"其他布局选项"命令,将弹出如图 3-57 所示的"布局"对话框,在"文字环绕"选项卡下可以设置如下环绕方式。

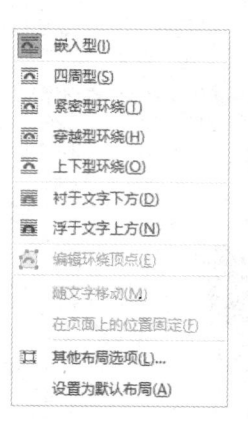

图 3-56 "环绕文字"下拉列表

图 3-57 "布局"对话框

① 嵌入型:该方式使图形对象置于文档中文本行的插入点位置,并且与文本位于同一层。

② 四周型:该方式将文字环绕在所选图形对象的矩形边界框的四周。

③ 紧密型:该方式将文字紧密环绕在图形对象自身边缘(而不是对象边界框)的周围。

④ 穿越型:选择该方式后可以选择"编辑环绕顶点"命令设置图像环绕顶点,从而使文字可以填充(穿越)图像周围的空白部分。

⑤ 上下型:该方式使得图形对象单独位于一行。

⑥ 衬于文字下方:该方式将对象置于文本层之下的层,被文字覆盖,对象在其单独的层上浮动。

⑦ 浮于文字上方:该方式将对象置于文本层之上的层,覆盖着部分文字,对象在其单独的层上浮动。

除了嵌入型方式,其他 6 种方式都可以使用鼠标拖动的方式自由移动并可设置对象的水平与垂直对齐方式。

(3)改变对象叠放次序。

如果在文档中插入了多幅图片或其他图形对象,可以将他们的文字环绕方式设为非嵌入型进行叠放,并可调整每张图片的叠放次序。

选择要设置叠放次序的对象,在对象的"格式"选项卡中单击"排版"组的"上移一层"或"下移一层"按钮,或者单击后面的下拉按钮,选择"置于顶层""浮于文字上方""置于底层""衬于文字下方"命令进行设置。

(4) 组合对象。

若用户需要将叠放好的多个图形对象组合成一个整体，防止在排版过程中某个对象被不慎移动或修改，可以使用 Word 提供的"组合"功能。

首先选定所有的对象（按住 Ctrl 键，单击每个图形对象），在对象的"格式"选项卡中单击"排列"组中"组合"的下拉按钮，在其下拉列表中选择"组合"命令，所选的多个对象就组合为一个整体。

若要分解组合的图形，可以取消组合，操作步骤为：选定图形后，在"组合"下拉列表中选择"取消组合"命令。

3.1.7 打印电子文档

完成文档编辑后，就可以使用打印机打印文档了。但是还需要做若干打印前的准备工作，如确定是否系统中已经安装了打印机，对文档进行打印预览，对打印过程进行一定的设置等。

1. 打印预览

打印文档之前，可以先使用"打印预览"功能浏览打印效果。使用该功能的方法是：选择"文件"选项卡，再选择"打印"选项，在打印选项区的右侧显示文档的打印预览，如图 3-58 所示。

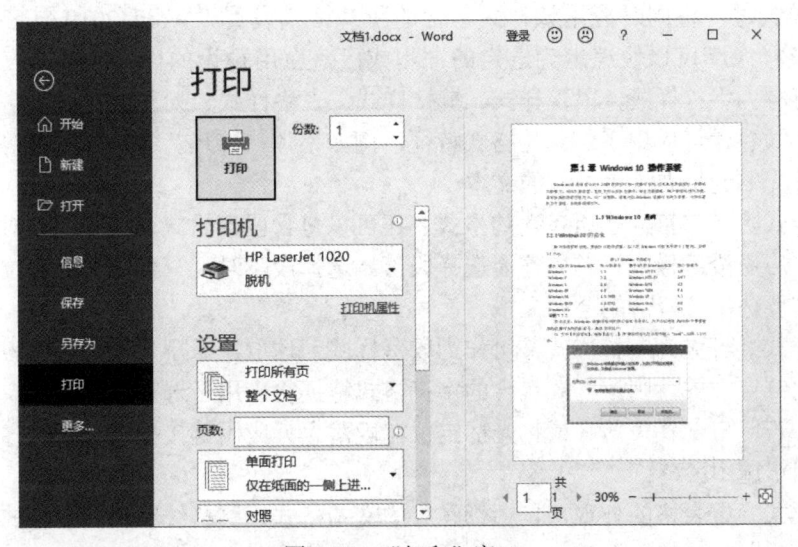

图 3-58 "打印"窗口

拖动下方的水平滑尺，可以调整当前文档的显示比例。可以通过拖动右侧滚动条或单击下方的"下一页"按钮，切换到其他页面。

2. 打印文档

单击打印选项区左上角的"打印"按钮，可以以默认设置将整个文档打印一份。若有特殊要求，可以进行自定义设置，主要设置以下几方面。

① 设置打印机：在名称下拉列表框中选取本机已经安装并连接的打印机。

② 设置打印范围：系统默认的打印范围是整个文档，还可以通过单击打印范围右侧下拉箭头选择"打印当前页面"或"打印自定义范围"选项。当选择"打印自定义范围"时，可以在下面的"页数"文本框中进行设置。例如，若要打印第 2、4、6、7、8、9、10 页，则可以在文本框中输入"2,4,6-10"（不包括双引号）。

③ 设置打印份数：在"份数"框中输入或选择要打印的份数。

设置好所有后，单击"打印"按钮，即可在指定打印机中打印出文档内容。

3.2 样式和格式

样式是 Word 中最重要的排版工具之一。运用样式能够直接将文字和段落设置成事先定义好的字体、字号及段落格式。

3.2.1 使用样式

所谓"样式"，就是应用于文档中各种元素的一套格式特征，或者说，样式是一系列预置的格式排版命令。用样式对文档进行排版，既快速又准确，而且修改起来也很方便。

1. 快速应用样式

应用样式时，将同时应用该样式包含的所有格式设置。Word 2019 自带了一个样式库，通过该样式库可以快速地为选定的文本或段落应用预设的样式。根据应用的对象不同，样式可分为字符样式、段落样式、链接样式、表格样式、列表样式。

字符样式包含可应用于文本的格式特征，例如字体、字形、字号、颜色等。应用字符样式时，首先需选择要设置格式的文本。

段落样式除了字符样式所包含的格式，还可以包含段落格式，如行距、对齐方式、段落缩进等。应用段落样式，首先需要选择段落。选择段落时，只需将光标定位在该段落上即可，不需要选中该段落的全部文本。

链接样式既可作为字符样式又可作为段落样式，这取决于用户选择的内容。若用户选择文本应用链接样式，则该样式包含的字符格式特征将应用于选择的文本上，段落格式不会被应用；若用户选择段落（或将光标定位在段落上）应用链接样式，则该样式将作为段落样式应用于选中段落。

表格样式确定表格的外观，包括标题行的文本格式、网格线以及行和列的强调文字颜色等特征。

列表样式决定列表外观，包括项目符号样式或编号方案、缩进等特征。

用户可以通过"快速样式"列表或"样式"任务窗格来设置需要的样式，具体操作步骤如下。

（1）在"快速样式"列表中设置。在"开始"选项卡的"样式"组中列出了样式库中的样式，如图 3-59 所示。单击旁边的向下滚动按钮或其他按钮，将有更多样式可供选择。将光标定位到需要应用样式的段落或选择要应用样式的内容，在"快速样式"列表中选择某样式，即可将该样式应用到选定内容。

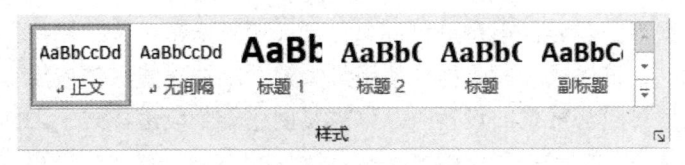

图 3-59 "样式"组中的"快速样式"列表

（2）通过"样式"任务窗格设置。选中要设置样式的内容，单击"样式"组右下角的扩展按钮，将弹出"样式"任务窗格，如图 3-60 所示，在列表中选择要设置的样式即可。

2．修改样式

如果样式库中的样式无法满足格式设置的要求，用户可以对其进行修改，具体操作步骤如下。

（1）在"样式"任务窗格中，单击所要修改的样式（如标题 1）选项右侧的下拉按钮，在弹出的下拉菜单中选择"修改"命令，将打开"修改样式"对话框，如图 3-61 所示。

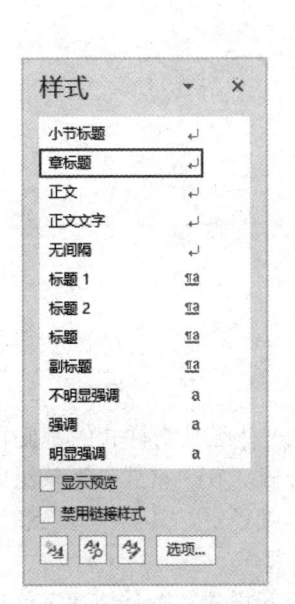

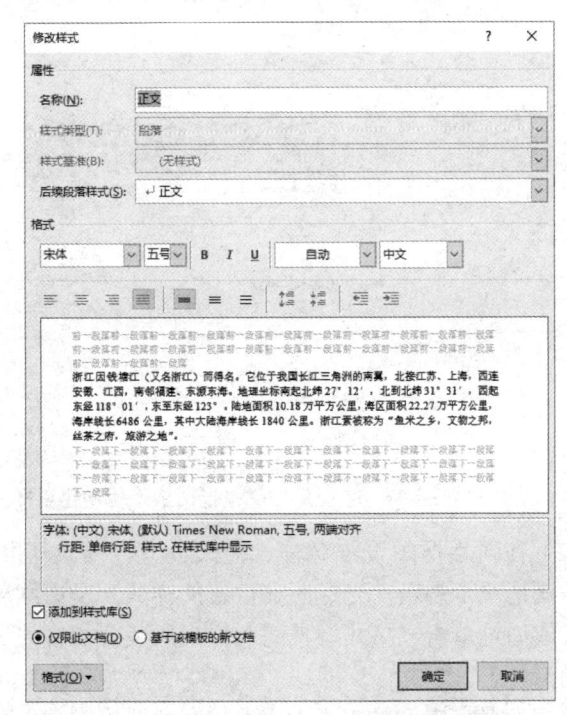

图 3-60 "样式"任务窗格　　　　图 3-61 "修改样式"对话框

（2）在"格式"选项组中进行相应格式设置，更多内容可通过单击下方的"格式"按钮，在弹出的下拉菜单中选择相应的命令，并在打开的相应格式设置对话框中进行设置。

（3）设置完毕，单击"确定"按钮，则文档中应用该样式的所有文本或段落被统一设置为修改后的格式。

3．创建新样式

Word 2019 自带的样式称之为"内置样式"，内置样式基本上可以满足大多数类型的文档格式设置。如果现有样式与所需格式设置相差很大，可以创建一个新样式，称为"自定义样式"。根据不同需要，用户可以创建段落样式、字符样式、链接样式、表格样式、列表样式。其中，字符样式和段落样式使用最频繁。字符样式只能应用于选定文本，当所需的样式设置包括对段落格式的设置时，就需要创建一个段落样式了。创建新样式的基本步骤如下。

（1）在"样式"任务窗格中单击"新建样式"按钮，将打开"根据格式化创建新样式"对话框，如图 3-62 所示。

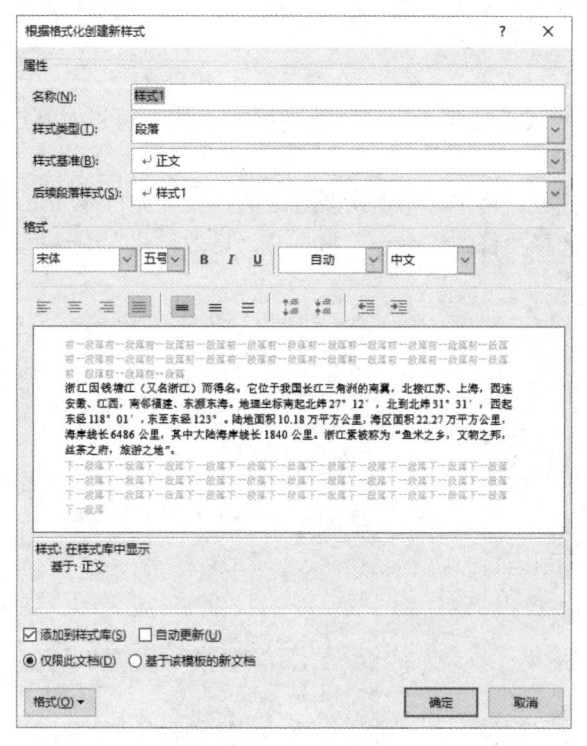

图 3-62 "根据格式化创建新样式"对话框

（2）在对话框中设置名称、样式类型、样式基准（样式基准是新样式的基础格式设置，默认情况下是当前光标所在位置的样式）及后续段落样式。在"格式"选项组中设置格式，或通过单击"格式"按钮对样式所包含的格式进行详细设置，其操作方法和修改样式相同。

（3）设置完毕，单击"确定"按钮，即可成功创建一个新样式。默认情况下创建的新样式会自动添加到"快速样式"列表和"样式"任务窗格中的样式列表中。

应用自定义样式，其方法和应用内置样式的方法相同。

4．删除样式

在 Word 中，用户可以删除样式，但不能删除内置样式。删除样式时，打开"样式"任务窗格，单击需要删除样式（如"样式 1"）旁的箭头，在弹出的菜单中选择"删除'样式 1'"命令，将打开确认删除对话框。单击对话框中的"是"按钮，即可删除该样式。

如果用户删除了某样式，文档中所有应用该样式的文本或段落将被撤销相应的格式设置。

3.2.2 格式化多级标题

一般长文档都是按照章节来组织内容的，为章节进行自动编号需要用到多级列表，而多级列表又是以样式概念为基础的。

如毕业论文中要求章节使用多级标题，即一级标题（章）使用标题1样式，编号形式为"第 X 章"；二级标题（节）使用标题2样式，编号形式为"X.Y"；三级标题（小节）使用标题3样式，编号形式为"X.Y.Z"，其中 X、Y、Z 为自动编号，如图3-63所示。

为标题设置自动编号的具体步骤如下。

（1）将文章中所有的章标题设为标题1样式，节标题设为标题2样式，小节标题设为标题3样式。

（2）将光标定位到任意标题上，选择"开始"选项卡，单击"段落"组中的"多级列表"的下拉按钮，在弹出的下拉列表中选择要设置的多级列表模式，如图3-64所示。

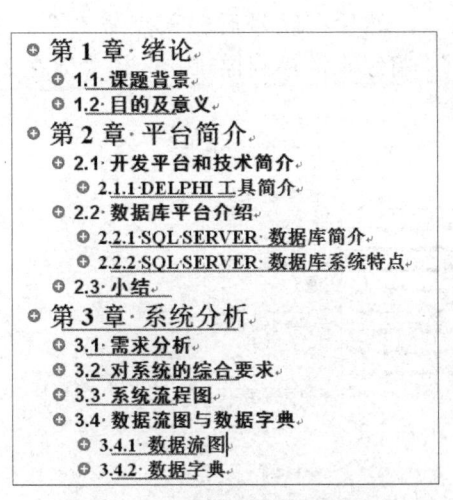

图 3-63　多级标题（大纲视图下）　　图 3-64　"多级列表"下拉列表

如果没有满足需要的多级符号，可选择"定义新的多级列表"命令，在弹出的对话框中自行设定多级列表的格式，如图3-65所示。

（3）设置一级编号。选择"单击要修改的级别"列表框中的"1"选项，在"编号格式"选项组中设定"此级别的编号样式"为"1, 2, 3, …"，在"输入编号的格式"文本框中编号"1"的两边自行输入文字，使编号格式为"第 1 章"，可以看到"1"是有灰色底纹的，是自动编号的，而"第"和"章"是普通文本。单击"更多"按钮，在右侧展开的更多选项设置中，"将级别链接到样式"选择"标题1"选项，如图3-66所示。

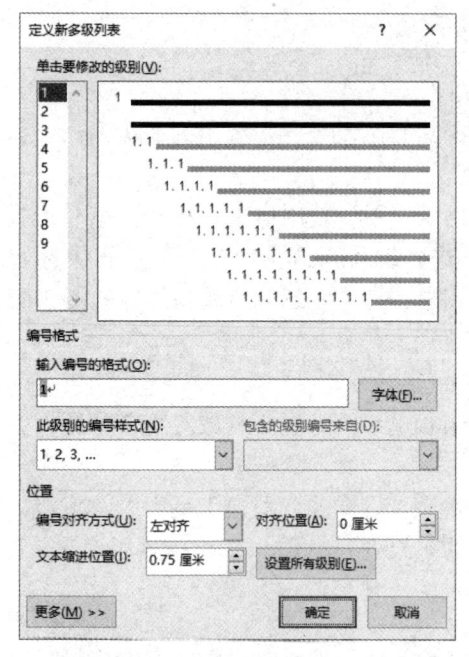

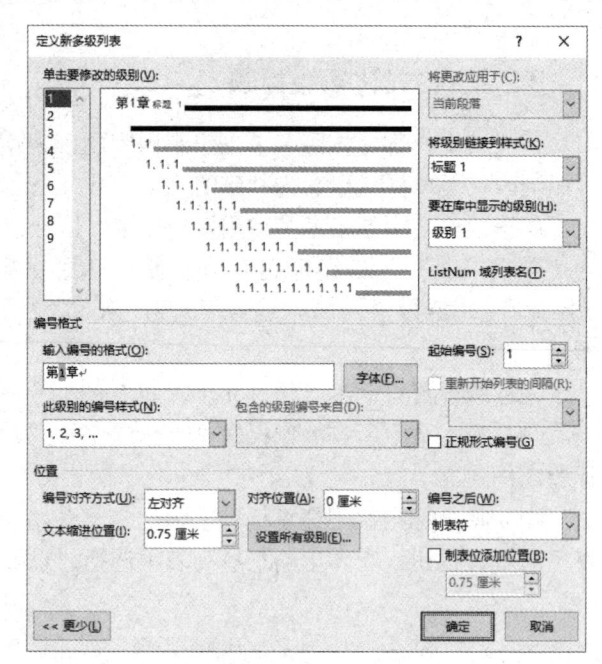

图 3-65 "定义新多级列表"对话框

图 3-66 设置一级编号

（4）设置二级编号。选择"单击要修改的级别"列表框的"2"选项，将"输入编号的格式"文本框清空，首先选择"包含的级别编号来自"为"级别1"，可以在"输入编号的格式"文本框中看到自动编号"1"，然后在编号后输入点号"."，再选择"此级别的编号样式"为"1, 2, 3, ..."，最后"将级别链接到样式"选择"标题2"，如图 3-67 所示。

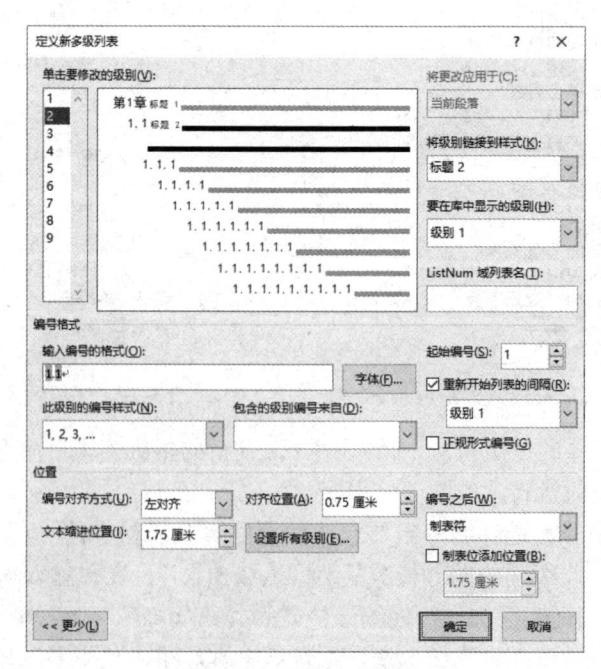

图 3-67 设置二级编号

（5）设置三级编号。方法类似，只是在设置"输入编号的格式"文本框的内容时，先设置"包含的级别编号来自"为"级别1"，然后输入"."，再选择"包含的级别编号来自"为"级别2"，输入"."，最后选择"此级别的编号样式"选项。

（6）单击"确定"按钮，即可将多级编号应用于各级标题。

设置完毕，可以看到文章的各级标题前都自动添加了编号。单击编号可以看到编号带有灰色底纹，这是一种域。在后面的操作中，如添加题注或页眉页脚，若需包含章节编号，Word 就可以自动提取了。另外，因为文中的各个层次标题都设置了自动编号，在移动、删除、添加编号项时，Word 将会自动更新编号，对长文档的编排非常有利。

3.2.3 项目符号和编号

项目符号和编号是应用于段落的一种格式，可以使相关内容醒目并且有序。用户可以在文档中添加已有的项目符号和编号，也可以自定义项目符号和编号。

1．添加项目符号和编号

在文档中选择要添加项目符号的若干个段落，单击"开始"选项卡下的"段落"组中的"项目符号"按钮，选择项目符号，如图 3-68 所示。用户在设置了项目符号的段落后按回车键开始一个新段落时，Word 会自动为新段落添加项目符号。

要为段落添加编号，需要单击"段落"组中的"编号"按钮，如图 3-69 所示，其操作和上述类似。

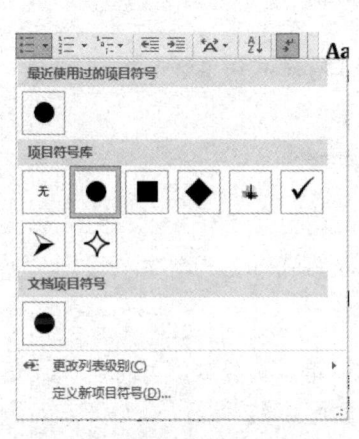

图 3-68 "项目符号"下拉列表　　　　图 3-69 "编号"下拉列表

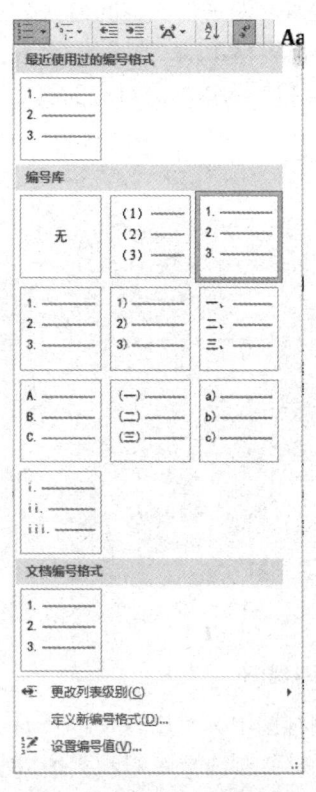

如果要结束自动创建项目符号或编号，可以选择连续按回车键两次，也可以按 Backspace 键删除刚刚创建的项目符号或编号。

2．修改项目符号和编号格式

选择要设置或修改项目符号或编号的段落，单击"段落"组中"项目符号"或"编号"的下拉按钮，在弹出的下拉列表中选择符号样式。选择"定义新项目符号"或"定义新编号格式"命令，在弹出的对话框中可分别自定义项目符号和编号的格式。

3.3　长文档处理

3.3.1　文档视图

视图是文档在计算机屏幕上的显示方式。Word 主要提供了页面视图、阅读版式视图、Web 版式视图、大纲视图、草稿视图等多种查看文档的方式，还可以根据需要为文档设置不同的显示比例。视图方式的设置可以通过"视图"选项卡或视图栏完成。

1．页面视图

页面视图是一种常用的视图，在该视图中，文档或其他对象的显示效果与打印出来的效果一致，也就是一种"所见即所得"的视图方式。页面视图与导航窗格结合使用，一般被认为是浏览、编辑长文档的最佳视图方式。

单击导航窗格中的"标题"选项卡后，就会列出文档的各级标题。单击某个标题后，Word 即可直接转到该标题对应的页面，从而实现对整个文档的快速浏览，如图 3-70 所示。

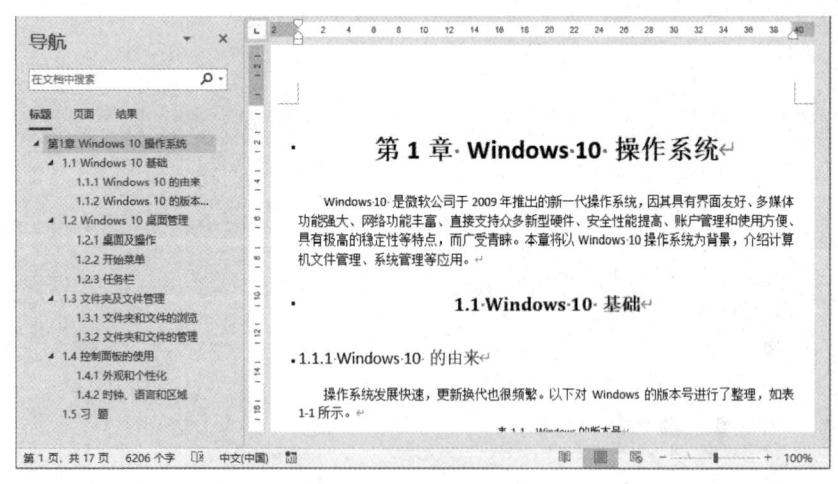

图 3-70　页面视图与导航窗格

2．大纲视图

在大纲视图中，可以方便地查看文档的结构，可以折叠或展开标题，还可以通过拖动标题来移动、复制或重新组织大段的文本内容，如图 3-71 所示。

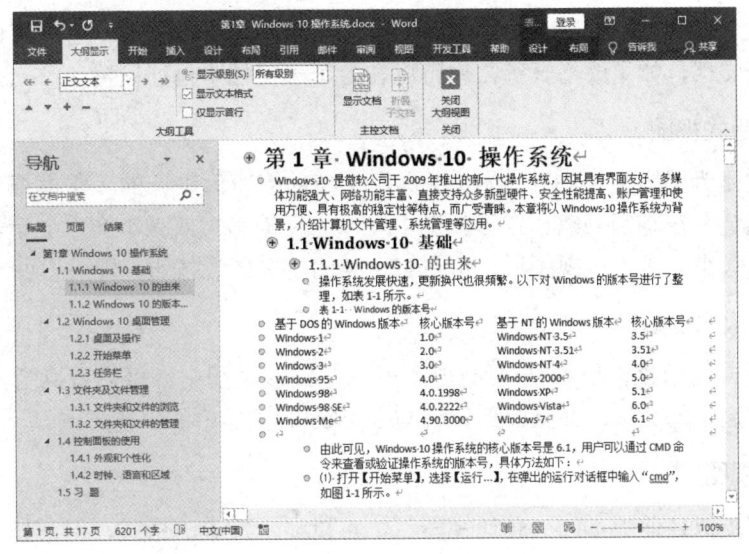

图 3-71 大纲视图

在大纲视图下还可以方便地处理主控文档。主控文档是一种出色的长文档管理模式，尤其在多人合作书写教材等长文档时更能凸显其优势。主控文档事实上是一组单独文档（或称之为子文档）的容器，可创建并管理多个子文档。例如，在编写教材的过程中，作者或多个作者上交的文档是以章为单位的，主编就可以为全书创建一个主控文档，然后将各章的文件作为子文档分别插进去。主控文档和子文档的具体操作方法如下。

（1）新建主控文档。在大纲视图下，将各章节标题设定好。

（2）将光标定位在每个章节标题下，选择"大纲"选项卡，单击"主控文档"组中的"显示文档"按钮，将在该组中展开主控文档的各个操作按钮，单击"插入"按钮，在弹出的"插入子文档"对话框中选择要插入的子文档。

（3）完成后，子文档的内容就插入主控文档中了。单击"主控文档"组中的"折叠子文档"按钮，主控文档如图 3-72 所示。单击"展开子文档"按钮，可以再次激活主控文档相关操作按钮。

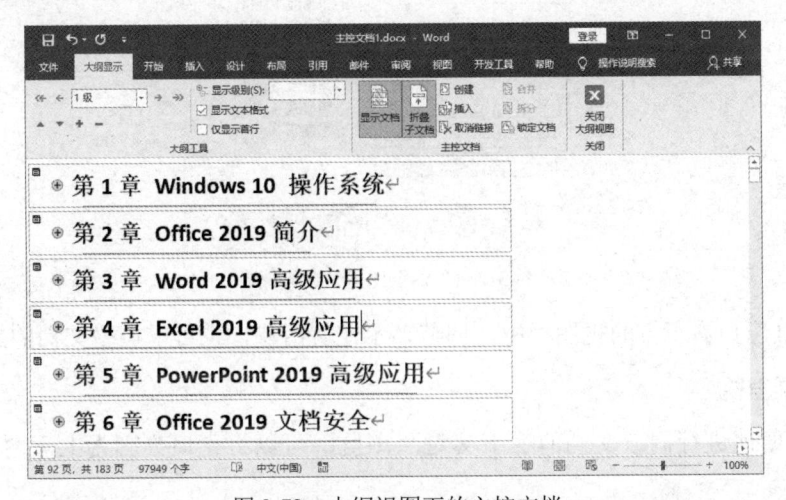

图 3-72 大纲视图下的主控文档

从图 3-72 中可以看到，主控文档保存的是对于子文档的链接。用户可以在主控文档中操作各个子文档，如更改格式等，也可以在各个子文档中自行设置。

3．阅读版式视图

阅读版式是为了方便用户在 Word 中进行文档的阅览而设计的。它模拟书本阅读的方式，让用户感觉是在翻阅书籍。在该视图中可以方便地增大或减小文本显示，而不会影响文档中的字体大小。进入该视图后，单击右上角的"关闭"按钮，即可返回之前的视图。

4．Web 版式视图

该视图是专门用来创作 Web 页的视图形式。在该视图中，可以看到背景和为适应窗口而自动换行显示的文本，并且图形位置与在 Web 浏览器中的位置一致。

5．草稿视图

草稿视图类似之前版本的"普通视图"，可以显示文本的格式，但诸如页眉和页脚、背景、图形对象及没有设置为"嵌入型"环绕方式的图片等页面设置都不会被显示。

6．调整视图显示比例

在编辑文档的过程中，默认的显示比例是 100%。如果需要调整显示比例以放大或缩小显示文档，可以选择"视图"选项卡，在"显示比例"组中单击相应按钮可进行快速设置。单击"显示比例"按钮，可以打开"显示比例"对话框，在此可以进行更多精确设置，如图 3-73 所示。

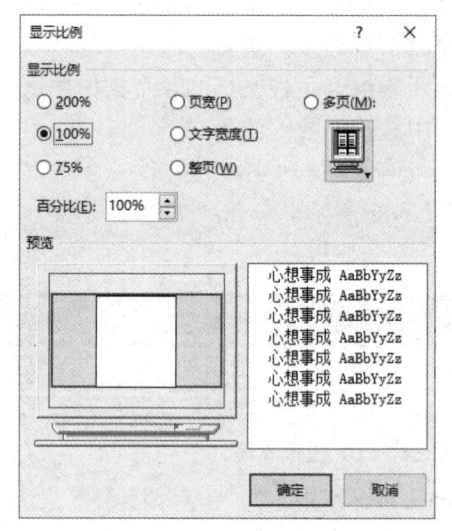

图 3-73 "显示比例"对话框

在 Word 窗口右下方的视图栏中，调节显示比例滑块，也可以调整文档的显示比例。

7．分割窗口

为了方便地进行同一文档的上下文对照浏览，可以将窗口分割为上下两个窗口，如图 3-74 所示。

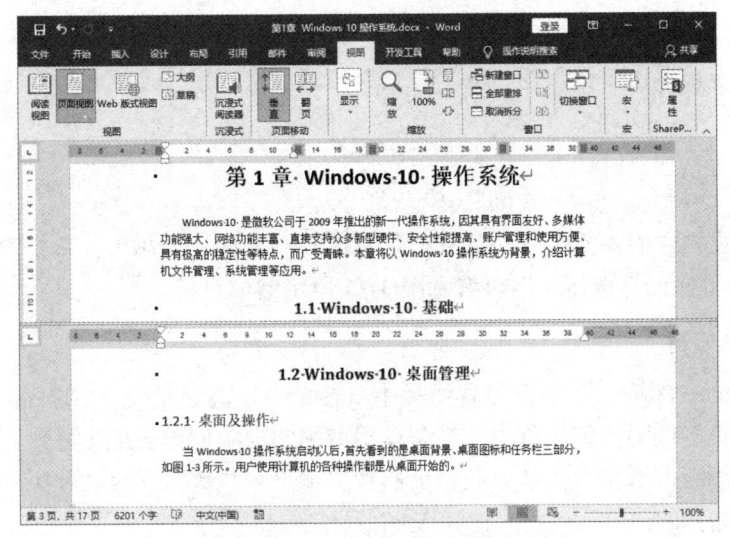

图 3-74 分割文档窗口

要分割文档窗口，可以选择"视图"选项卡下"窗口"功能组中，单击"拆分"按钮，这时在窗口中将出现一条水平的深灰色线段和一个具有上下两个箭头的光标，移动鼠标将该线段置于要分割的位置处，单击即可将其分割为上下两个窗口。

3.3.2 分隔设置

1. 分页

编辑文档时，若内容填满一页，Word 便会自动分页。但有些时候需要在特定位置强制分页，这就要用到分页符。

将光标定位于要插入分页符的位置，选择"页面布局"选项卡，单击"页面设置"组中的"分隔符"按钮，在弹出的下拉列表中选择"分页符"命令，如图 3-75 所示。

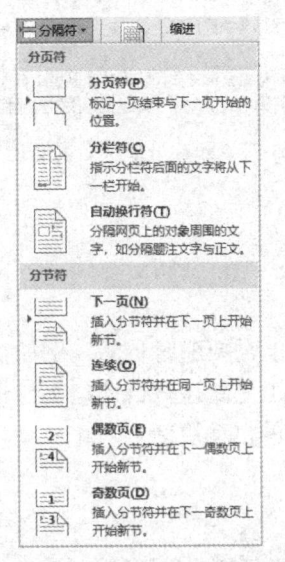

图 3-75 "分隔符"下拉列表

此时，插入点后的内容被转到下一页中并显示分页符，如图 3-76 所示。通过选择"插入"选项卡，单击"页"组中的"分页"按钮，也可以快速插入分页符。

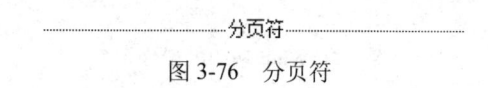

―――――――分页符―――――――

图 3-76 分页符

若用户在文档中看不到分页符标记，可以选择"开始"选项卡，单击"段落"组中的"显示/隐藏编辑标记"按钮，即可看到图 3-76 所示的分页符。

2．节和分节符

节是文档的一部分，是页面设置的最小有效单位。默认情况下，Word 将整篇文档认为是一节。在长文档的排版过程中，经常运用节来实现版面设计的多样化，如为不同的节设置不同的页边距、纸张大小和方向、页眉和页脚、分栏等页面格式和版式。节是通过插入分节符进行划分的。

将光标置于要插入分节符的位置，然后选择"页面布局"选项卡，单击"页面设置"组中的"分隔符"按钮，弹出如图 3-75 所示的下拉列表。在"分节符"选项组中选择合适的分节符类型。

（1）下一页：强制分页，新的节从下一页开始。
（2）连续：新的节从下一行开始。
（3）偶数页：强制分页，新的节从下一个偶数页开始。
（4）奇数页：强制分页，新的节从下一个奇数页开始。

如图 3-77 所示的文档就是插入了"连续"分节符后的效果。

一、格式刷的使用
　对于文档中多处相同的格式设置，可以使用格式刷。格式刷是一个复制格式的工具，用于复制选定对象的格式，包括字符格式和段落格式。
　格式刷的使用方法是：选择要复制格式的源文本或段落，单击"常用"工具栏上的"格式刷"按钮，这时鼠标指针将带有一个刷子，用鼠标选择目标文本或段落。这样，源文本或段落的格式就被复制到了目标文本或段落上。―――――――分节符(连续)―――――――
　单击"格式刷"可以将格式复制一次，若需要复制格式多次，可以双击"格式刷"。这时，每选择一次目标都会将源格式复制一次，直到再次单击"格式刷"按钮或按 Esc 键。

图 3-77 添加分节符后的文档效果

3.4 域的使用

在一些文档中，某些内容可能需要随时更新。例如，在一些每日报道型的文档中，报道日期就需要每天更新。如果手工更新这些日期，不仅烦琐而且容易遗忘，此时用户可以通过插入"Date 域"来实现日期的自动更新。

3.4.1 域

域相当于文档中可能发生变化的数据。有些域是在操作文档时用 Word 的相关命令自动插入的，如目录、索引、题注等；有些则可以在需要的地方用域命令手动插入，如显示文档信息的作者姓名、文件大小或页数等。

1．插入域

在 Word 中，用户可以在"插入"选项卡的"文本"组中，单击"文档部件"按钮，在下拉列表中单击"域"命令，在打开的"域"对话框中选择域的类别和域名插入文档中，并且可以设置域的相关格式，如图 3-78 所示。单击"确定"按钮，将在文档当前插入点插入当前日期 Date 域。当单击该部分文档时，域内容将显示有灰色底纹，如图 3-79 所示。

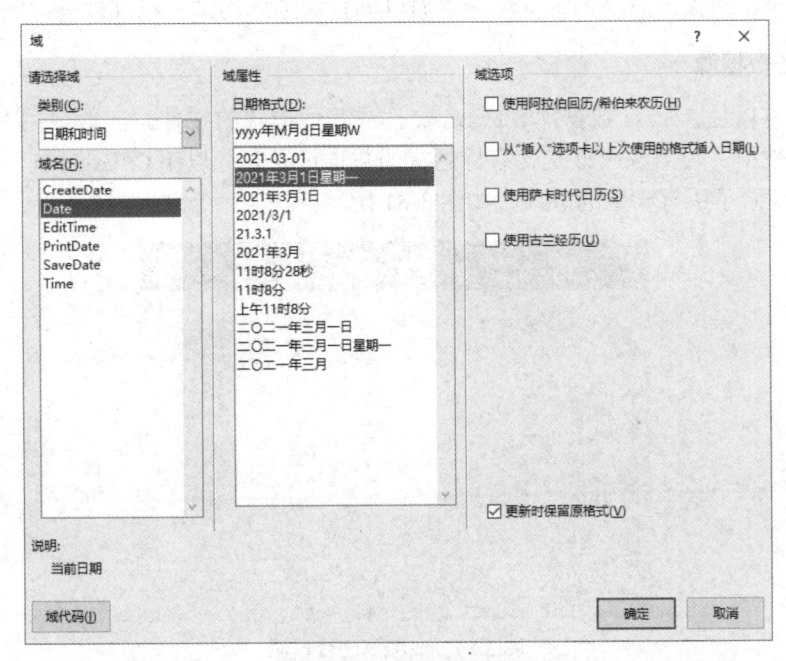

图 3-78 "域"对话框

2021 年 3 月 1 日星期一

图 3-79 Date 域

2．域结构和更新域

域类似一个公式，即"域代码"。Word 可以计算出"域结果"，并将其显示出来，这样才能保持信息的最新状态。如图 3-79 所示的就是 Date 域的域结果，右击该域后，选择快捷菜单中的"切换域代码"命令，Word 将显示出该域的域代码，如图 3-80 所示。

{ DATE \@ "yyyy'年'M'月'd'日'" * MERGEFORMAT }

图 3-80 Date 域的域代码

如果域代码中引用的数据发生了变化，可以通过"更新域"命令来更新计算出来的域结果。更新域的方法很简单，右击"域"按钮，在弹出的快捷菜单中选择"更新域"命令。

3.4.2 邮件合并

"邮件合并"最初是在批量处理"邮件文档"时提出的。具体地说就是在邮件文档（即主文档）的固定内容中，合并与发送信息相关的一组通信资料（即数据源），批量生成需要的邮件文档，从而大大提高工作的效率。

邮件合并是 Word 中域的一项重要应用，所使用的域为 MergeField 域。MergeField 域的作用是在邮件合并主文档中将数据域名显示在"《》"形的合并字符中，当主文档与所选数据源合并时，指定数据域的信息会插入在合并域中。使用邮件合并可以快速批量生成信函、工资单、通知、成绩单等文档。下面以创建成绩单为例介绍邮件合并的操作方法。

1．准备数据源

数据源可以是 Access 数据库、Excel 文件或其他形式的文件。一般使用 Excel 建立，或使用已有数据。数据源应该是含有标题行的数据记录表。以下以 Excel 文件为例，"成绩单.xlsx"记录了所有学生的成绩，如图 3-81 所示。

图 3-81　成绩单的数据源

2．创建主文档

主文档中的信息包括固定的内容以及变化的内容，一般来讲，变化的内容来源于数据源。在创建主文档时，主要设计固定的内容及样式，如图 3-82 所示。

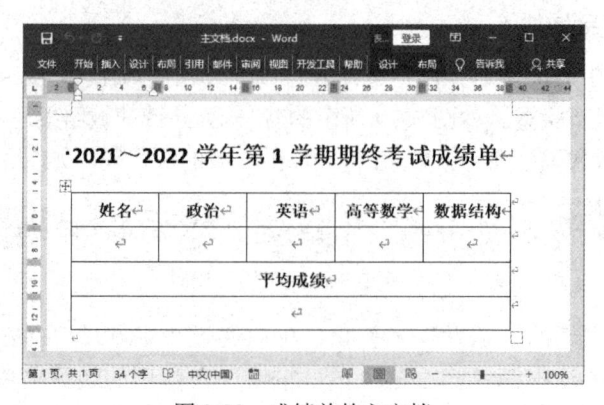

图 3-82　成绩单的主文档

3. 进行邮件合并

进行邮件合并就是将数据源中各字段的内容合并到主文档中，具体步骤如下。

（1）主文档与数据源关联。选择"邮件"选项卡，单击"开始邮件合并"组中的"选择收件人"下拉按钮，在打开的下拉列表中选择"使用现有列表"命令，将弹出"选择数据源"对话框。在该对话框中选择"成绩单.xlsx"文件，并在弹出的"选择表格"对话框中选择数据所在的工作表，如图 3-83 所示。

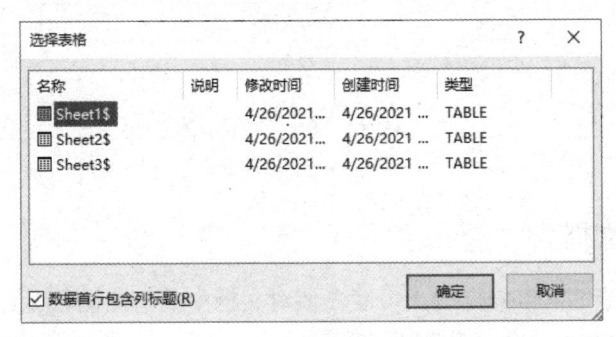

图 3-83 "选择表格"对话框

（2）插入 MergeField 域。将光标定位到成绩单主文档"姓名"下的单元格中，在"邮件"选项卡中，单击"开始邮件合并"组中"插入合并域"的下拉按钮，在弹出的下拉列表中选择"姓名"命令，"《姓名》"合并域就插入文档中。用同样的方法进行其他域的插入，最后效果如图 3-84 所示。

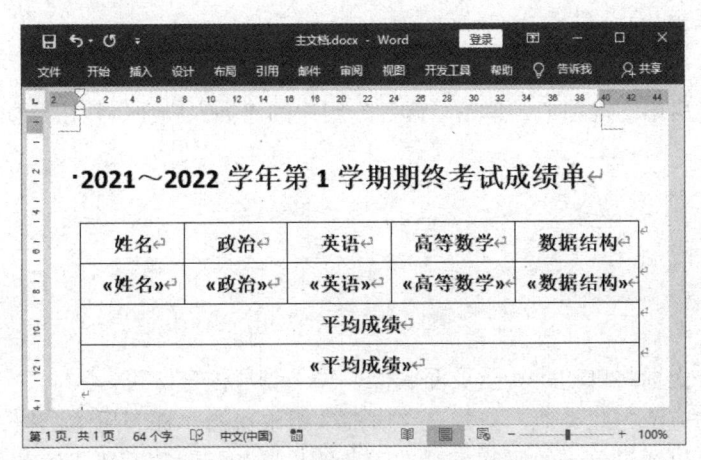

图 3-84 插入 MergeField 域后的主文档

（3）预览结果。单击"预览结果"组中的"预览结果"按钮，可预览合并情况，如图 3-85 所示。单击该组中的"上一记录"或"下一记录"按钮，可以显示数据源中各记录对应的数据。

（4）合并到新文档。对预览结果满意后，可以对主文档进行编辑或打印。单击"完成"组中"完成并合并"的下拉按钮，可进行下一步的工作。若在弹出的下拉列表中选择"编辑单个文档"选项，系统将弹出"合并到新文档"对话框，选择要合并的记录范围，将生成包含所有合并记录的新文档。

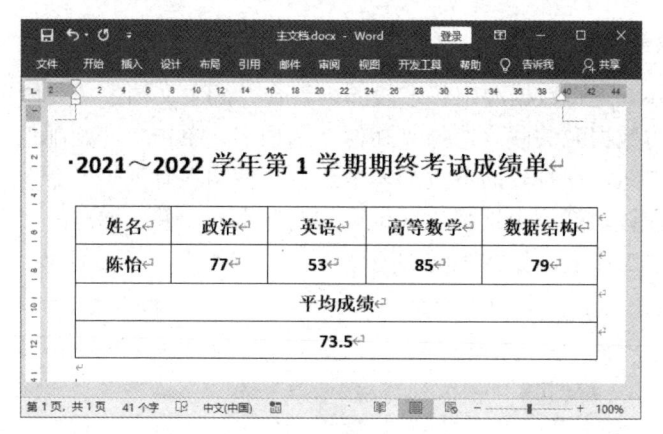

图 3-85　预览结果

3.4.3 注释文档

对文档进行了基本编辑操作后，可能还要对文档中的一些比较专业的词汇或一些引用的内容进行注解。Word 提供了创建脚注与尾注、题注、交叉引用等功能。

1. 设置脚注与尾注

脚注和尾注用于对文档中的内容进行一些补充说明。脚注通常用来对文档内容进行注释说明，一般位于文字下方或页的下方；尾注通常用来说明引用的文献，一般位于整篇文档的末尾。

插入脚注的操作步骤如下。

（1）将光标置于需要插入脚注的位置。

（2）选择"引用"选项卡，单击"脚注"组中的"插入脚注"按钮，如图 3-86 所示。

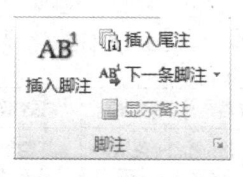

图 3-86　"脚注"组

（3）此时，光标将自动跳转至页面底部，输入脚注内容即可。

添加尾注的方法与此类似，只是在"脚注"组中单击"插入尾注"按钮。

另外，还可以通过单击"脚注"组右下角的扩展按钮，打开"脚注和尾注"对话框，如图 3-87 所示。在"位置"选项区选中"脚注"或"尾注"单选按钮，在其右边的下拉列表框中选择位置。在"格式"选项区中设置编号格式和编号方式。设置完毕，单击"确定"按钮，即可在相应位置添加一个脚注或尾注标记，在光标后面输入脚注或尾注正文即可。

2. 题注

在 Word 文档中可以对插入的对象，如图片、表格、图表、公式等进行说明。题注就是添加到这些对象或项目上的标签和编号，例如"图 1""表格 1"等。Word 将题注标签作为文本插入，但是将连续的题注编号作为域插入。在文档中可以为插入的项目手动添加题注，也可以设置在插入对象时自动添加题注。

（1）手动添加题注。

选定要为其添加题注的项目，选择"引用"选项卡，单击"题注"组中的"插入题注"按钮，将打开"题注"对话框，如图 3-88 所示。

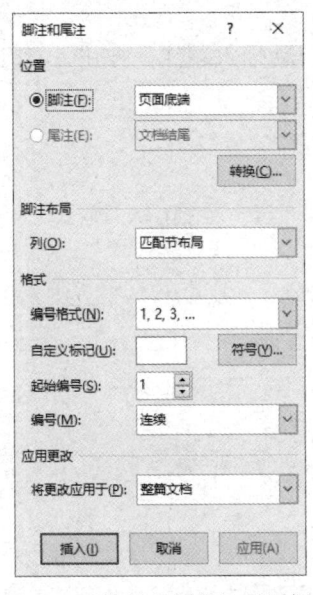

图 3-87 "脚注和尾注"对话框　　　图 3-88 "题注"对话框

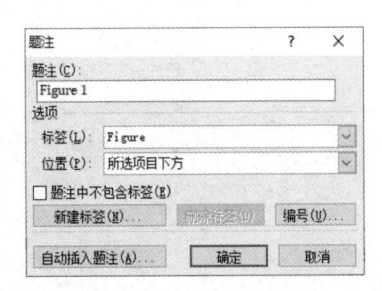

图 3-88 中"题注"文本框中的文字"Figure 1"中，"Figure"为标签名，"1"为自动编号。若标签不合适，可在"选项"选项区中的"标签"下拉框中选择合适的标签，若没有，则要单击"新建标签"按钮，在弹出的"新建标签"对话框中自定义标签；还可以通过单击"编号"按钮，在打开的"题注编号"对话框中设置编号格式。单击"确定"按钮，即可为选定对象在相应的位置添加题注。

在设置编号格式时，还可以设置题注编号"是否包含章节号"，如题注"图 4.1"表示在第 4 章中的第 1 个图，这在编写毕业论文或书籍过程中非常有用。若要设置包含章节号的编号格式，可以在打开的"题注编号"对话框中，选中"包含章节号"复选框，并设置"章节起始样式"以及章节号与编号之间的分隔符，如图 3-89 所示。

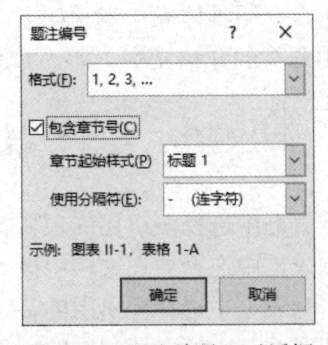

图 3-89 "题注编号"对话框

"章节起始样式"是指在添加题注时,Word 自动提取该对象所在的章节编号,且此编号是在设定标题样式(如标题 1)的段落中提取的。此外,标题样式中的章节号必须采用自动编号,否则 Word 将无法识别。一般情况下,对文章设置多级标题是此操作的前提。

(2)自动添加题注。

当一篇文档中需要多次插入对象并分别为其添加题注时,可以为插入的对象设置自动插入题注,提高文档编排效率。具体操作步骤如下。

① 在图 3-88 所示的"题注"对话框中单击"自动插入题注"按钮,打开"自动插入题注"对话框,如图 3-90 所示。

图 3-90 "自动插入题注"对话框

② 在"插入时添加题注"列表框中选择要为其添加题注的对象,其他设置和手动添加题注类似。

③ 单击"确定"按钮,此后,当在文档中插入对象时,Word 将自动为其添加题注。

3. 交叉引用

交叉引用是对文档中其他位置的内容引用,例如,"请参阅表格 1""如图 3-2 所示"等。若图或表对象的编号发生了变动,交叉引用的内容也将自动更新,因为交叉引用的内容同样是域。在 Word 中可以为标题、脚注、书签、题注、编号等创建交叉引用。下面以插入图题注的交叉引用为例,介绍具体操作步骤如下。

(1)在文档中输入交叉引用开头的介绍文字,如"如所示",并将光标置于要插入交叉引用的位置(例如,"如"字后面)。

(2)选择"引用"选项卡,单击"题注"组的"交叉引用"按钮,将打开如图 3-91 所示的对话框。

(3)在"引用类型"下拉列表框中选择要引用的项目类型。

(4)在"引用内容"下拉列表框中选择要在文档中插入的信息。

(5)在"引用哪一个题注"列表框中选择要引用的特定项目。

(6)单击"插入"按钮,即在文档中插入了相应的交叉引用。

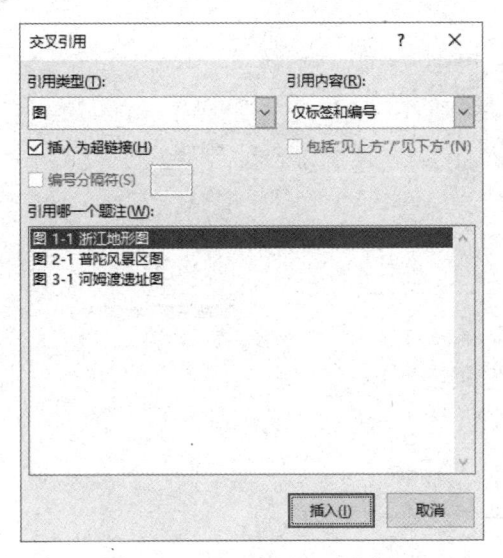

图 3-91 "交叉引用"对话框

3.4.4 目录和索引

目录的作用是列出文档中各级标题及其所在的页码,按住 Ctrl 键,并单击目录中的文本,就可以快速定位到该文本所对应的位置。索引列出了文档中的词条和主题及其所在的页码。

1. 目录

Word 提供了手动生成目录和自动生成目录两种方式。一般在长文档编排过程中,选择自动生成目录,这样,当文档内容发生改变时,用户只需更新目录即可。可以使用 Word 中的内置标题样式和大纲级别来创建目录。

(1) 创建目录。

用标题样式创建目录时,首先需要按照整个文档的层次结构为将要显示在目录中的项目设置相应的标题样式。创建目录的具体步骤如下。

① 将光标置于要插入目录的位置。

② 选择"引用"选项卡,单击"目录"组中"目录"的下拉按钮,在弹出的下拉列表中选择"内置"选项组中的相应目录样式,即可在相应位置插入目录。若要对插入的目录进行自定义设置,可选择"自定义目录"命令,将打开"目录"对话框,如图 3-92 所示。

③ 在其中设置是否显示页码、页码对齐方式以及制表符前导符的样式等。在"常规"选项组中设置目录格式及显示级别。

单击对话框右下角的"选项"按钮,将弹出"目录选项"对话框,在这里可以设置文档中的哪些内容出现在目录中,如图 3-93 所示。若文档中有些内容不是标题样式,而又想使它出现在目录中,可以将它设为相应的大纲级别,并在"目录建自"选项组中将"大纲级别"复选框选中。

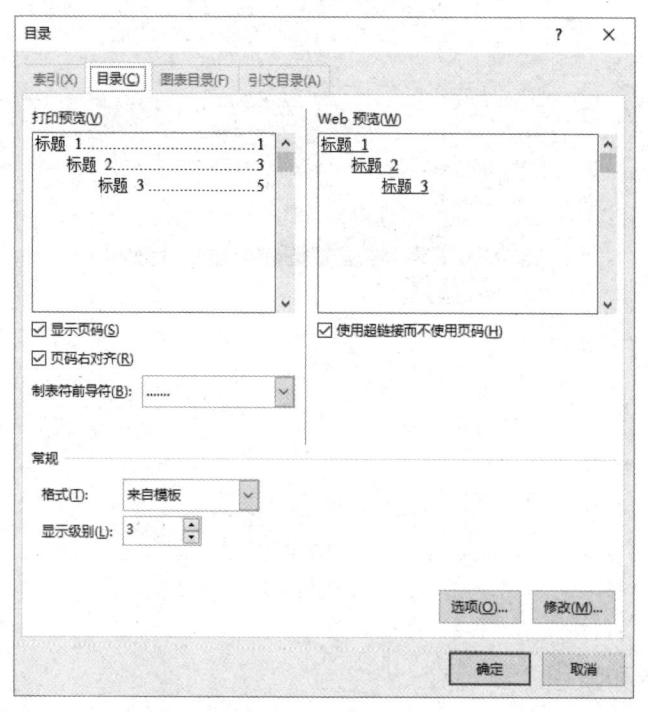

图 3-92 "目录"对话框

单击"目录"对话框的"修改"按钮，将弹出"样式"对话框，在这里可以修改目录中各级目录项的格式，其修改方法与修改样式类似，如图 3-94 所示。

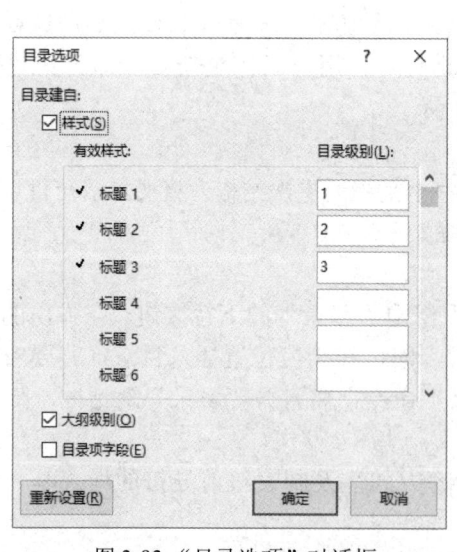

图 3-93 "目录选项"对话框　　　　　图 3-94 "样式"对话框

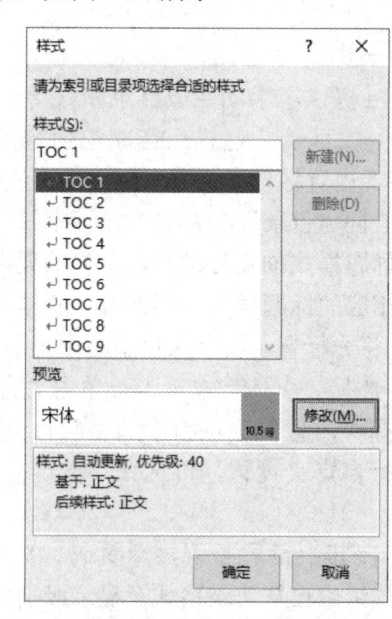

④ 单击"确定"按钮即可在插入点插入目录，如图 3-95 所示。
（2）更新和删除目录。

可以看到，生成的目录项是以域的形式存在的。创建目录后，如果对文档进行了编辑操作，目录中的标题和页码都有可能发生变化，因此必须更新目录才能保持目录和文档的一致性。更新目录的操作步骤如下。

① 将光标放置在目录的任意位置。

② 单击"引用"选项卡下"目录"组中的"更新目录"按钮，或单击鼠标右键，在弹出的快捷菜单中选择"更新域"命令，打开如图 3-96 所示的"更新目录"对话框。

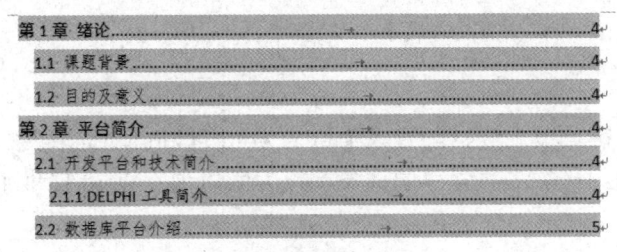

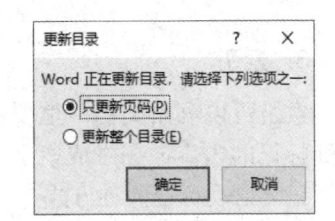

图 3-95　生成的目录

图 3-96　"更新目录"对话框

③ 用户如果只更新页码，可以单击"只更新页码"单选按钮；如果在创建目录以后，对文档标题做了修改，则应该单击"更新整个目录"单选按钮更新整个目录。

④ 设置完毕后，单击"确定"按钮。

如果要删除目录，可在"引用"选项卡中单击"目录"的下拉按钮，在弹出的下拉列表中选择"删除目录"命令。

2．图表目录

图表目录是指文档中的插图或表格之类的目录。同插入目录前要为标题设置标题样式或大纲级别类似，在生成图表目录之前，要为图表对象添加题注。

选择"引用"选项卡，单击"题注"组中的"插入表目录"按钮，将弹出"图表目录"对话框，如图 3-97 所示。

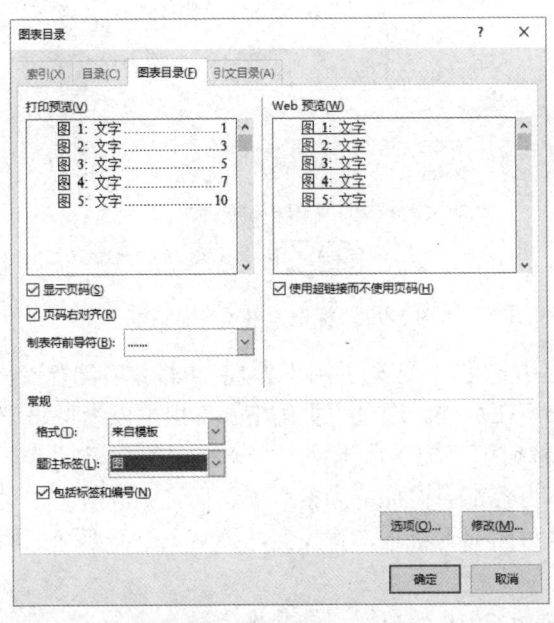

图 3-97　"图表目录"对话框

在"常规"选项组"题注标签"下拉列表中包含了 Word 2019 自带的标签及用户新建的标签，可根据不同标签创建不同对象的图表目录。若选择了"图"选项，则可创建图目录，如图 3-98 所示。

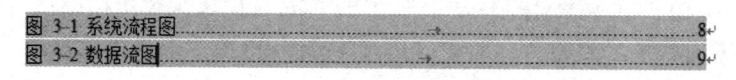

图 3-1 系统流程图 8
图 3-2 数据流图 9

图 3-98 生成的图目录

3. 索引

索引可以列出文档中重要的关键词或主题，与目录类似，Word 可以自动提取文档中特殊标记的内容。在生成索引之前，必须先将索引的词条标记为索引项。Word 提供了手动标记与自动标记两种方式。

（1）手动标记索引项。

该方式适用于索引项较少的文档，具体操作步骤如下。

① 选择作为索引项的文本，单击"引用"选项卡下"索引"组中的"标记条目"按钮，弹出"标记索引项"对话框，如图 3-99 所示。选取的文本将显示在"主索引项"文本框中，可在"次索引项"文本框中输入次索引项，若需加入第三级别索引项，可在此索引项后输入西文冒号，再输入第三级别索引项。

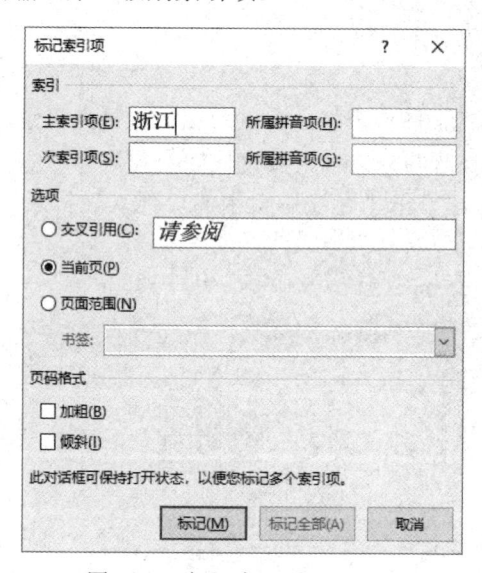

图 3-99 "标记索引项"对话框

② 在"选项"组中选取"交叉引用"，将为索引项创建交叉引用；选取"当前页"，将为索引项列出所在页码。通过"页码格式"组可以为页码设置加粗或倾斜格式。

③ 单击"标记"按钮可完成当前选中文本索引项的标记。单击"标记全部"按钮，则文档中出现的该文本内容都会被标记为索引项。标记完成后，该对话框不会关闭，在对话框外单击鼠标，进入页面编辑状态，查找并选择下一个需要标记的关键词，直至全部索引项标记完成。

标记索引项后，Word 2019 会在标记的文本旁插入一个 XE 域。若无法查看该域，可单击"开始"选项卡下"段落"组中的"显示/隐藏编辑标记"按钮。

(2) 自动标记索引项。

当需要索引大量关键词时，可使用自动标记索引项。在标记之前，须建立一个包含双列表格的索引自动标记文件。在第一列中输入要搜索并标记为索引项的文本，第二列中输入第一列的主索引项。如果要创建次索引项，需要在主索引项的后面键入冒号再输入次索引项，如图 3-100 所示。

标记为索引项的关键词 1	主索引项 1:次索引项 1
标记为索引项的关键词 2	主索引项 2:次索引项 2
……	……

图 3-100　索引自动标记文件

① 创建索引自动标记文件。新建 Word 文档，在文档中插入一个两列表格，并在左侧单元格中键入要建立索引的文本，在右侧单元格中键入相应的主索引项、次索引项，如图 3-101 所示。

软件工程	软件工程
数据库管理系统	数据库管理系统
SQL	SQL:结构化查询语言
数据流图	数据流图

图 3-101　索引自动标记文件示例

② 完成后保存索引文件。打开毕业论文文件，选择"引用"选项卡，单击"索引"组中的"插入索引"按钮，将弹出"索引"对话框，如图 3-102 所示。

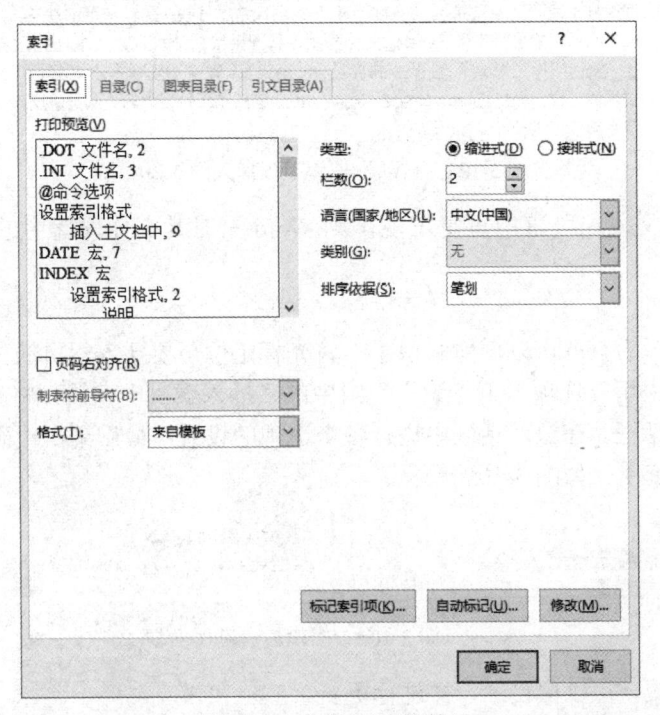

图 3-102　"索引"对话框

③ 单击对话框下方的"自动标记"按钮,在打开的"打开索引自动标记文件"对话框中选择要使用的索引文件,如图 3-103 所示。单击"打开"按钮,Word 将在整篇文档中搜索要标记为索引项的文本,并插入 XE 域,如图 3-104 所示。

图 3-103 "打开索引自动标记文件"对话框

图 3-104 自动标记索引项插入的 XE 域

若被索引的文本在段落中重复出现,则 Word 只对其在此段落中的首个匹配项进行标记。

(3) 创建索引。

标记好索引项后,就可以创建索引了。将光标定位至要插入索引的位置,一般在文档的最后。选择"引用"选项卡下"索引"组中的"插入索引"按钮,将打开如图 3-102 所示的"索引"对话框。在该对话框中进行各个选项的设置,最后单击"确定"按钮,即可在相应位置插入索引,如图 3-105 所示。

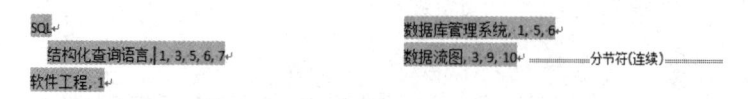

图 3-105 创建的索引

索引同样是域,可以像目录一样进行更新。

3.5 版面设计

3.5.1 页面设置

页面实际上就是文档的一个版面，在打印之前通常需要对页面进行相应的设置，以达到更好的版面效果。

1. 设置页边距

页边距是页面四周的空白区域。在页边距区域内可以放置页眉、页脚和页码等项目。设置页边距的具体方法如下。

① 选择"页面布局"选项卡，单击"页面设置"组中"页边距"的下拉按钮，打开如图 3-106 所示的下拉列表。

② 在下拉列表中列出了系统预定的多种页边距设置，选择需要的选项即可。

③ 若没有合适的页边距设置，可以选择"自定义边距"选项，弹出"页面设置"对话框，在"页边距"选项卡中进行详细设置，如图 3-107 所示。

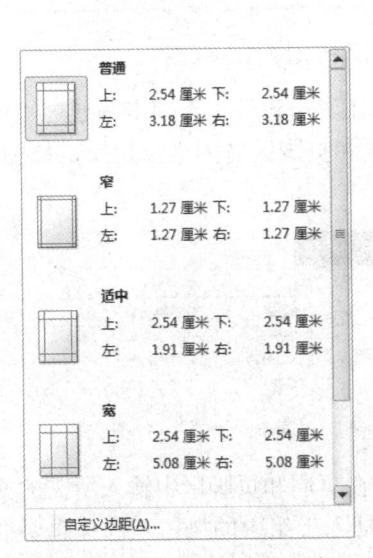

图 3-106 "页边距"下拉列表　　　　图 3-107 "页面设置"对话框

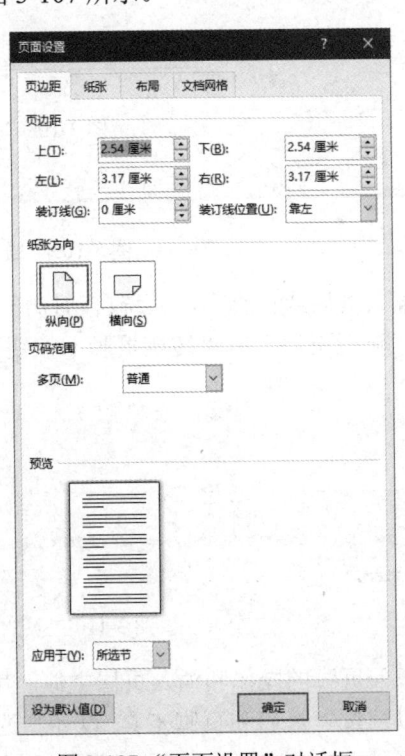

④ 在"预览"选项组的"应用于"下拉列表框中选择以上设置所要应用的范围。

2. 设置纸张大小

在"页面设置"组中可以通过单击"纸张方向"和"纸张大小"的两个下拉按钮分别

快速设置纸张的方向及纸张类型和大小。当然也可以在"页面设置"对话框中设置纸张方向；选择"纸张"选项卡，在"纸张大小"下拉列表框中用户可以选择不同类型的标准纸张大小，或者在"宽度"和"高度"文本框中输入数值设置自定义纸张的大小。

3．设置版式

如设置页眉页脚是否奇偶页不同、是否首页不同等。

3.5.2 页眉和页脚

页眉和页脚通常用于显示文档的附加信息，如作者名称、章节名称、页码、日期等。其中，页眉位于页面顶部，页脚位于页面底部。

1．插入页眉页脚

选择"插入"选项卡，在"页眉页脚"组中单击"页眉"的下拉按钮，在弹出的下拉列表中选择合适的页眉样式，如"空白"，此时页面顶端出现页眉，在文字区域输入页眉文字即可，如图3-108所示。插入页眉的同时，Word也插入了默认样式的页脚，如图3-109所示。

图3-108 插入"空白"样式页眉

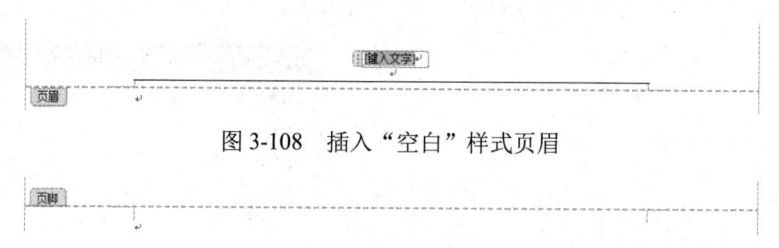

图3-109 插入页眉时自动插入的页脚

插入页眉或页脚后，系统自动打开"页眉和页脚工具—设计"选项卡，通过"导航"组的"转至页眉"或"转至页脚"按钮可以在页眉区和页脚区之间进行切换，如图3-110所示。

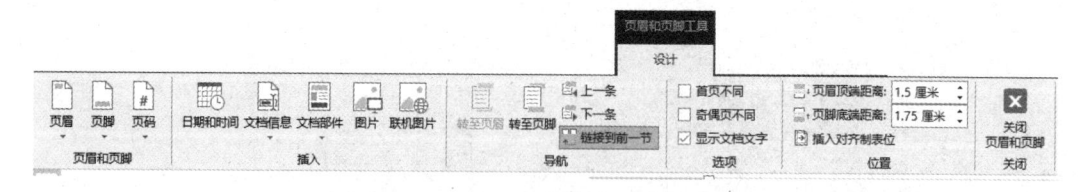

图3-110 "页眉和页脚工具-设计"选项卡

插入页脚的操作和插入页眉类似。用户可以直接在页眉和页脚区中输入所需的文字，也可以通过"页眉和页脚工具-设计"选项卡上的"插入"组中的按钮，选择想要插入页眉和页脚中的内容，如日期、时间、图片等信息。创建好页眉和页脚后，如果需要再次编辑，则只需双击页眉和页脚区即可。

2．插入页码

页码一般加在页眉或页脚中，当然也可以加到页面的其他位置。要在文档中插入页码，可以选择"插入"选项卡，在"页眉和页脚"组中，单击"页码"的下拉按钮，在打开的下拉列表中选择插入的位置及样式，除"当前位置"外，选择其他位置如"页面顶端""页面底端""页边距"等，Word 都将切换到页眉和页脚编辑模式。

要对页码的格式进行设置，可以在"页眉和页脚"组的"页码"下拉列表中选择"页码格式"选项，在打开的"页码格式"对话框中进行页码的编号格式、是否包含章节号、起始页码等设置，如图 3-111 所示。

3．页眉和页脚的高级设置

在编辑长文档时，经常需要设置多样化的页眉和页脚，如一本书的封面或内容简介不设置页眉和页脚；在书中奇偶页有不同的页眉和页脚；在不同章节中页眉和页脚也是不同的。现以毕业论文的设置要求为例，介绍页眉和页脚的高级设置。

假设一篇毕业论文有以下几部分：中文摘要、英文摘要、目录以及正文。要求中文摘要和英文摘要没有页眉和页脚；目录没有页眉，页脚内容为"i,ii,iii,…"格式的从 1 开始连续编码的页码；正文有 3 章，每章都起始于奇数页，且奇

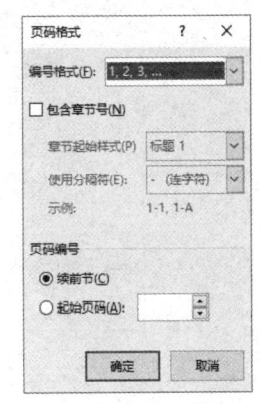

图 3-111 "页码格式"对话框

数页页眉显示该页所在的章标题，如"第 1 章 绪论"，偶数页页眉显示所在的节标题，如"1.1 课题背景"，正文页脚内容为阿拉伯数字 1 开始连续编码的页码。具体操作步骤如下。

（1）首先为文档进行分节。在需要为文档不同部分设置不同的页眉和页脚时，需要将文档进行分节。在目录页前面插入类型为"下一页"的分节符，正文中每章的前面插入类型为"奇数页"的分节符。这样，中英文摘要为第 1 节，目录页为第 2 节，正文第 1 章、第 2 章、第 3 章分别为第 3、4、5 节。

（2）进入页眉和页脚编辑模式。

（3）设置奇偶页不同的页眉和页脚。由于正文中奇偶页具有不同的页眉，需要在"页眉和页脚工具-设计"选项卡中，将"选项"组的"奇偶页不同"复选框选中。此时可以看到文档奇数页页眉和页脚区将分别显示"奇数页页眉""奇数页页脚"字样；偶数页页眉和页脚区分别显示"偶数页页眉""偶数页页脚"字样，如图 3-112 所示。

（4）断开各节之间页眉和页脚的链接。默认情况下，各节的页眉和页脚存在链接关系，当更改了某节的页眉和页脚时将影响其他节的页眉和页脚，断开节间的链接关系后，节间的页眉和页脚设置便不再相互影响了。将光标分别放在第 2 节（目录页）的页眉区，选择"页眉和页脚工具-设计"选项卡，单击"导航"组中的"链接到前一节"按钮，则页眉区右侧的"与上一节相同"字样消失。再将光标定位到页脚区，将页脚区的"与上一节相同"字样去掉。由于文档设置了奇偶页不同的页眉和页脚，在断开链接时，奇偶页页眉和页脚要分别设置。用同样的操作方法将第 1 章的奇偶页页眉和页脚区的"与上一节相同"字样去掉。

（5）设置目录页页脚。在目录页的奇偶页页脚区中分别插入页码，并设置页码格式。

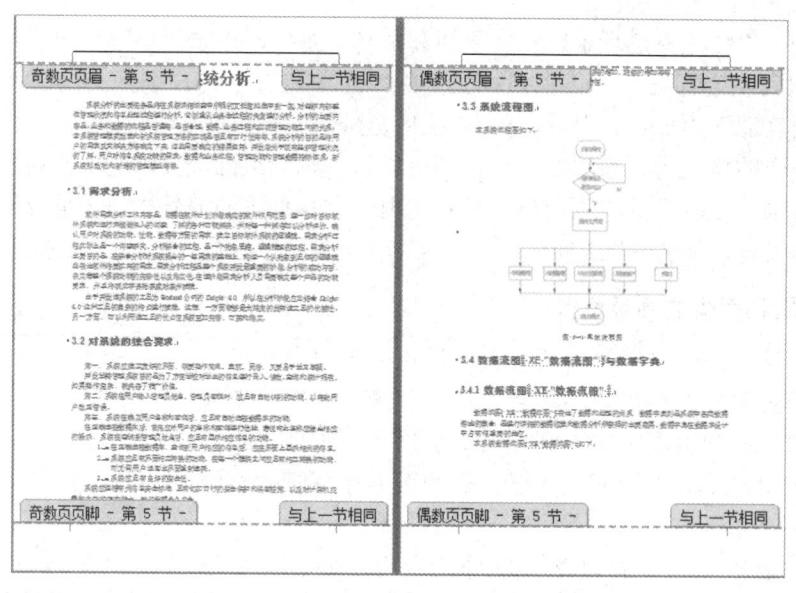

图 3-112　奇偶页不同的页眉和页脚设置

　　（6）设置正文中的页眉。正文中的奇偶页页眉要求为当前的章节标题，这需要使用 StyleRef 域来实现，且正文中各章节标题必须设置了标题样式，假设章标题为标题 1 样式，节标题为标题 2 样式。具体操作步骤如下。

　　① 将光标定位到正文中的奇数页页眉。

　　② 选择"页眉和页脚工具-设计"选项卡，单击"插入"组中"文档部件"的下拉按钮，在弹出的下拉列表中选择"域"选项，将弹出"域"对话框。在该对话框中，选择域的"类别"为"链接和引用"，在"域名"列表框中选择"StyleRef"选项，在"样式名"列表框中选择"标题 1"选项，如图 3-113 所示。

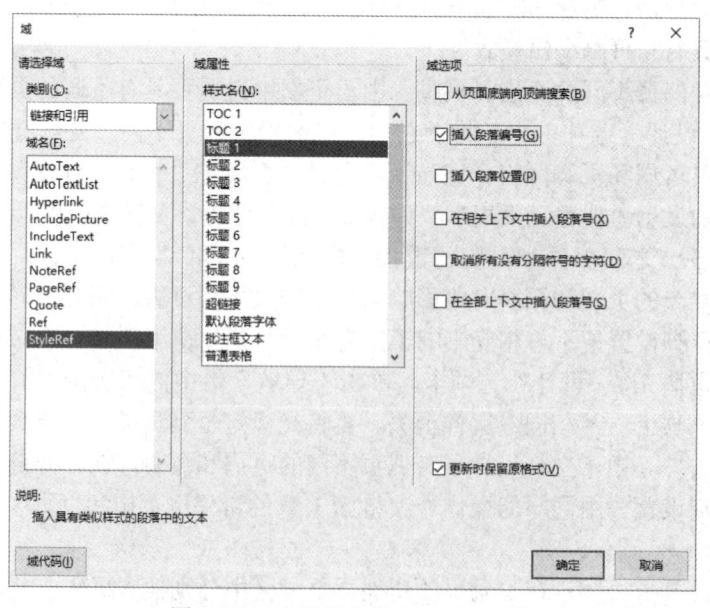

图 3-113　在页眉中插入 StyleRef 域

③ 单击"确定"按钮,该页所在的章标题就插入到页眉中,且各章页眉内容均不同。若章编号为自动编号,则章编号不会被提取出来。此时需在相应位置再次插入 StyleRef 域,选择"标题 1"样式并将"域选项"中的"插入段落编号"复选框选中。

同样的操作方法将节编号以及节标题插入偶数页页眉中。

(7)设置正文页脚。将光标定位至正文奇数页的页脚区,插入页码,并设置页码格式及起始页码。

3.5.3 文档分栏

分栏排版经常用于报纸、杂志和论文的排版之中。使用 Word 提供的分栏排版功能,可以将整篇文档或者文档的某些部分进行分栏。给文档设置分栏的一般步骤如下。

① 选定要分栏的文本。

② 选择"页面布局"选项卡,单击"页面设置"组中"栏"的下拉按钮,在弹出的下拉列表中选择相应的选项,如图 3-114 所示。

在"分栏"下拉列表中选择"更多栏"命令,打开"栏"对话框,如图 3-115 所示。

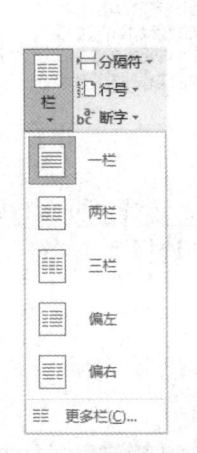

图 3-114 "分栏"下拉列表　　　图 3-115 "栏"对话框

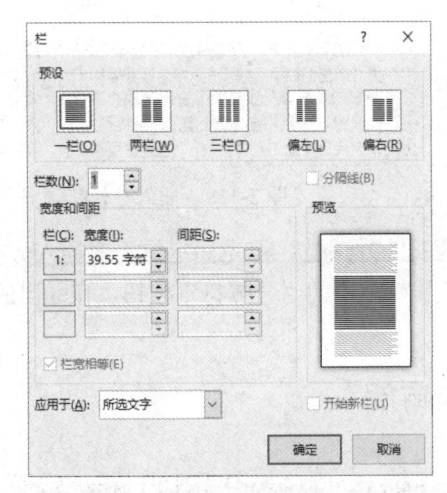

③ 在"栏"对话框中设定栏数和分栏样式,还可以设定各栏栏宽相等或单独调节各个栏的栏宽、间距以及是否添加分栏分隔线等。

④ 若是对选定文本进行分栏,则"应用于"下拉列表框默认显示为"所选文字",则分栏后自动在选定文本前后插入"连续"型分节符,如图 3-116 所示。可以看到,分栏的内容一定是自成一节的,它和节是密不可分的。

图 3-116 分栏后的文档

要取消分栏，可以先选定分栏文本，在“分栏”对话框的“预设”选项组中选择“一栏”选项。

分栏符不是用来分栏的，而是用来调整分栏效果的。有时由于文本较少，分栏后文本内容不能均衡分布于各栏，如图 3-117 所示，这时就可以在合适的位置插入分栏符，如图 3-118 所示。

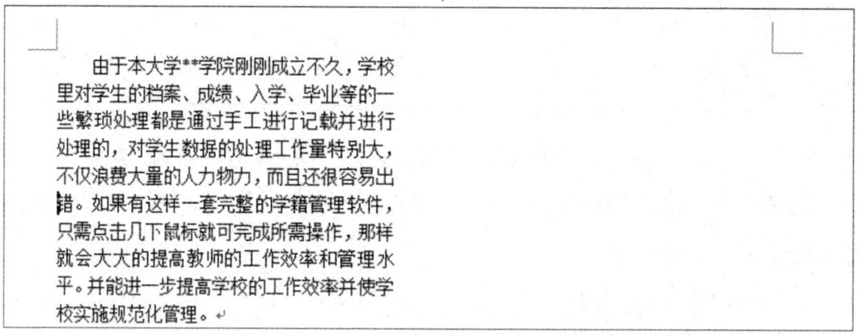
由于本大学**学院刚刚成立不久，学校里对学生的档案、成绩、入学、毕业等的一些繁琐处理都是通过手工进行记载并进行处理的，对学生数据的处理工作量特别大，不仅浪费大量的人力物力，而且还很容易出錯。如果有这样一套完整的学籍管理软件，只需点击几下鼠标就可完成所需操作，那样就会大大的提高教师的工作效率和管理水平。并能进一步提高学校的工作效率并使学校实施规范化管理。↵

图 3-117　需调整分栏效果的文档

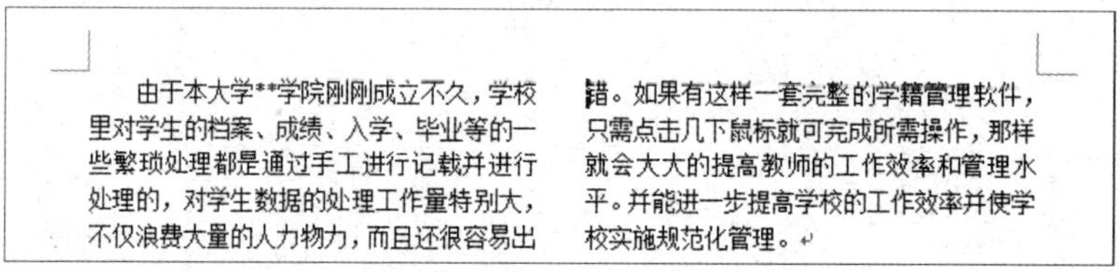
由于本大学**学院刚刚成立不久，学校里对学生的档案、成绩、入学、毕业等的一些繁琐处理都是通过手工进行记载并进行处理的，对学生数据的处理工作量特别大，不仅浪费大量的人力物力，而且还很容易出錯。如果有这样一套完整的学籍管理软件，只需点击几下鼠标就可完成所需操作，那样就会大大的提高教师的工作效率和管理水平。并能进一步提高学校的工作效率并使学校实施规范化管理。↵

图 3-118　插入分栏符调整分栏效果后的文档

插入分栏符的方法是：将光标定位于要插入分栏符的位置，选择“页面布局”选项卡，单击“页面设置”组中的“分隔符”按钮，在弹出的下拉列表中选择“分栏符”选项。

3.6　文档审阅

文档在编辑好后，经常需交由他人进行审阅。在审阅他人文档时，批注和修订是两种常用的方法。

3.6.1　批注操作

批注是审阅者在阅读 Word 文档时所做的注释及提出的问题、建议或者其他想法。批注不显示在正文中，它不是文档的一部分，也不会被打印出来。

1．插入批注

选择需要添加批注的内容，在“审阅”选项卡的“批注”组中，单击“新建批注”按钮。此时页面右侧将出现批注框，用户可以在其中输入批注的内容，如图 3-119 所示。

默认情况下，批注显示在页面右侧的气球（批注框）上。另外，还可以在“审阅”窗格中输入批注内容。打开“审阅”窗格的方法是，在“审阅”选项卡中，单击“修订”组中的“审阅窗格”按钮。

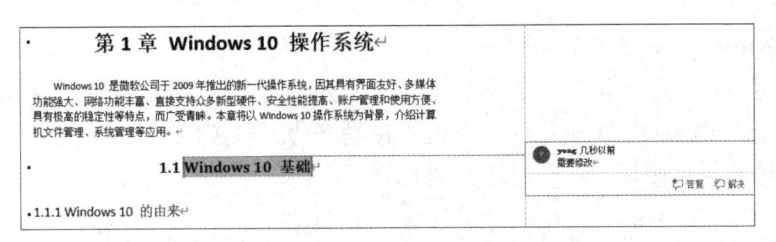

图 3-119　插入批注

2．删除批注

若要删除单个批注，可以右击该批注，在弹出的快捷菜单中选择"删除批注"命令；若要删除文档中的所有批注，可以在"审阅"选项卡上单击"批注"组中"删除"的下拉按钮，在弹出的下拉列表中选择"删除文档中的所有批注"命令。

3.6.2　使用修订

批注是对文档添加的注释，不会对文档内容进行更改。而有时审阅者需要直接在文档中进行修改，这时就需要使用修订功能。启用修订功能时，审阅者的每一次插入、删除或是格式更改都会被标记出来。当查看修订时，用户可以接受或拒绝每处更改。

1．进入修订模式

选择"审阅"选项卡，单击"修订"组中"修订"的下拉按钮，在弹出的下拉列表中选择"修订"命令，即可进入修订模式。再次单击该命令，则退出修订模式。

若状态栏上显示了"修订"按钮，在修订模式下，该按钮显示"修订：打开"，在编辑模式下则显示"修订：关闭"。通过单击该按钮，也可进入或退出修订模式。

2．对文档进行修订

在修订模式下，对文档所进行的一切修改，Word 都将添加修订标记，如图 3-120 所示。其中被删除的文字会添加删除线；添加的文字会以红色并添加下画线显示；格式修改则显示在页面右侧的"气球"中。

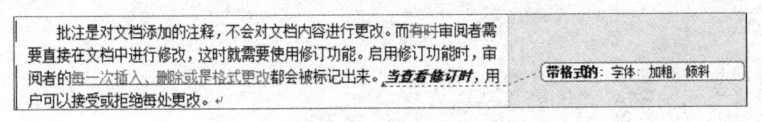

图 3-120　修订标记

3．拒绝或接受修订

审阅者将文档发回给作者后，作者可以选择拒绝或接受审阅者所做的修订。若拒绝修订，则修改内容从正文中移去，返回到该处原状态；若接受修订，则修改内容将被合并到文档中。拒绝或接受修订后，修订标记消失。

（1）逐条拒绝或接受修订。

选中修订后的内容，选择"修订"选项卡，单击"更改"组中的"拒绝"或"接受"按钮，可拒绝或接受该处修订。通过单击该组中的"上一条"或"下一条"按钮，进行逐条检查。

(2) 同时拒绝或接受所有修订。

单击"更改"组中"拒绝"的下拉按钮,在弹出的下拉菜单中选择"拒绝对文档的所有修订"命令,即可拒绝所有修订;单击"接受"的下拉按钮,在弹出的下拉菜单中选择"接受对文档的所有修订",即可接受所有修订。

3.7 模板

3.7.1 文档与模板

模板是由多个特定的样式和设置组合而成的预先设置好的特殊文档,在 Word 2019 中,其扩展名为".dotx"。模板决定了文档的基本结构和格式设置。任何文档都是基于模板的,而默认空白文档是基于 Normal 模板的。当经常需要重复编辑格式相同的文档时,就可以使用模板来提高工作效率。

Word 2019 自带了丰富的模板库,但在实际应用中经常需要用户自行创建模板。如在毕业设计过程中,可以根据要求创建一份模板,让其他用户根据模板来创建文档进行论文写作,以此达到规范的目的。

1. 基于现有模板或现有文档创建新模板

(1) 选择"文件"选项卡,单击"新建"选项。在"可用模板"下选择与要创建模板相似的模板,然后单击"创建"按钮。

(2) 根据需要,对页边距、页面大小和方向、样式及其他格式进行更改。

(3) 单击"文件"选项卡下的"另存为"命令,弹出"另存为"对话框。在该对话框中,首先在左侧文件夹列表中选择"Microsoft Word"下的"Templates"选项,然后在"文件名"文本框中输入模板的名字,"保存类型"下拉列表框中选择"Word 模板(*.dotx)"选项,如图 3-121 所示。

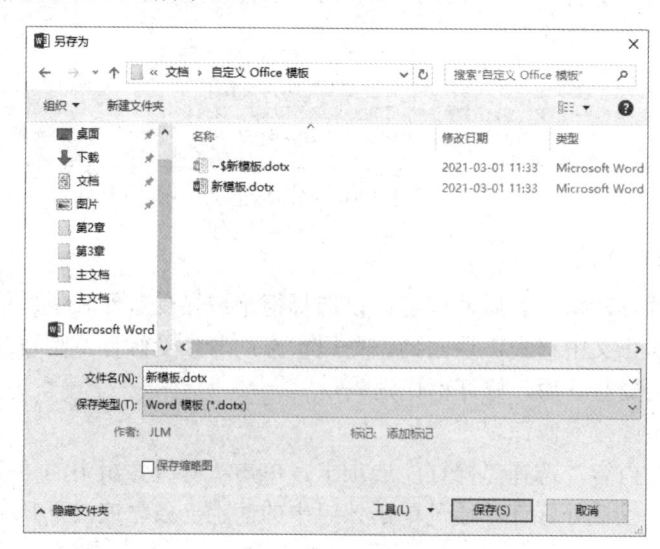

图 3-121 "另存为"对话框

（4）单击"保存"按钮，即可基于已有模板创建一个新模板。注意创建的新模板必须保存在"Templates"文件夹下，这样在新建文档时，在"可用模板"列表中，单击"我的模板"按钮，即可在打开的"个人"模板中找到自行创建的模板，如图3-122所示。

图3-122　新建的模板出现在"个人"模板中

Word 2019 同样允许将已有文档修改后另存为模板文件，其操作方法与上述类似。

2. 创建模板

如果没有现有模板或文档可参考，只能创建一个基于 Normal 模板的空白文档或模板，然后添加相应内容后另存到"Template"文件夹中，操作方法与上述类似，不再赘述。

3.7.2　模板的应用

如某人应聘某公司一职位，需要撰写一份个人简历，用 Word 2019 提供的模板设计文档是一个不错的选择。

（1）启动 Word 2019，选择"文件"→"新建"命令，在"可用模板"面板中单击"样本模板"按钮，显示"样本模板"选项。

（2）选择合适的模板，如"新式时序型简历"。

（3）单击"创建"按钮，则打开根据"新式时序型简历"模板创建的新文档，如图3-123所示。

（4）文档中的内容可以做进一步的修改，其中，"[ ]"括起来的部分是文档自动化域，用户只需要用鼠标单击该处，输入实际的内容即可。

（5）设计完成以后，保存文档，就制作完成了一份规范的个人简历。

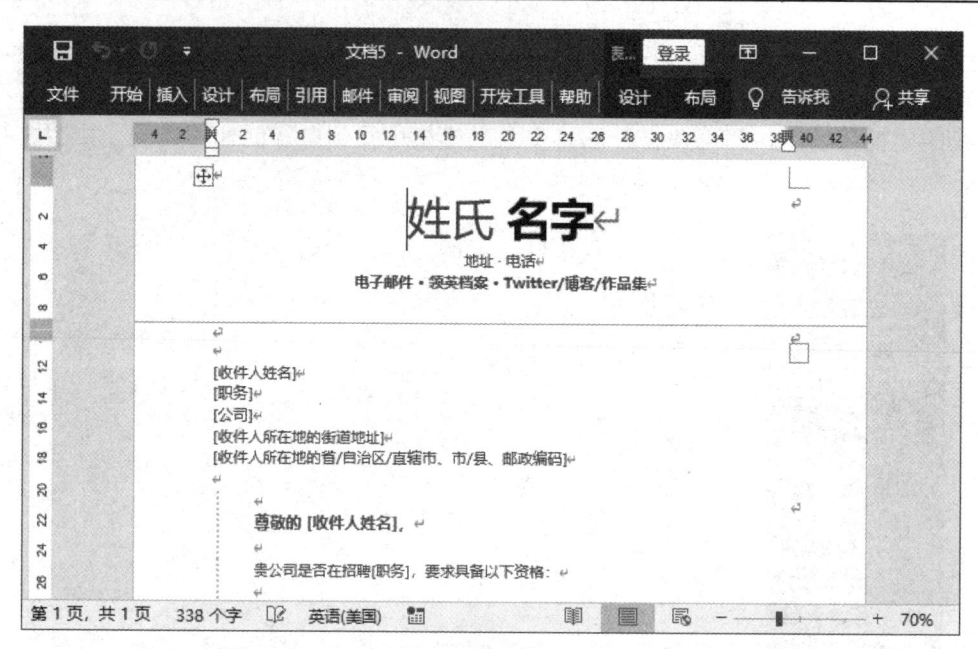

图 3-123　根据"新式时序型简历"模板创建的新文档

3.8　习题

(1) 录入以下文字。

目前,世界上对操作系统(Operating System,OS)还没有一个统一的定义。下面仅就操作系统的作用和功能做出说明。操作系统是最基本的系统软件,是硬件的第一级扩充,是计算机系统的核心控制软件,它是对计算机全部资源进行控制与管理的大型程序,它由许多具有控制和管理功能的子程序组成。其主要作用是管理系统资源,这些资源包括中央处理机、主存储器、输入/输出设备、数据文件和网络等;使用户能共享系统资源,并对资源的使用进行合理调度;提供输入/输出的便利,简化用户的输入/输出工作;规定用户的接口,以及发现并处理各种错误。

① 制作艺术字"操作系统定义",作为文章的标题,并居中显示。

② 将正文设置成楷体、小四号,每段段首空两字符。

③ 将正文分两栏均匀排版(每栏长度相同,且带分隔线)。

④ 在正文的两栏间插入一张符合文章内容的本地图片或联机图片(自选)。

⑤ 添加页眉、页脚:页眉左端输入文字"操作系统简介",右端插入页码;页脚处插入制作者的班级及姓名。

⑥ 为"中央处理器"添加脚注:Central Processing Unit 的缩写,即 CPU,一般由逻辑运算单元、控制单元和存储单元组成。

⑦ 文档制作完毕,以"操作系统简介"为标题保存在磁盘上。

(2) 在 Word 中创建如图 3-124 所示的"个人履历表",并将其保存为模板文件"个人履历.dotx"。然后,根据此模板新建文档"个人履历.docx"。

个人履历表

年　月　日

姓 名		性别		籍贯		婚否	照片
曾用名		民族		政治面貌			
出生年月		身份证号码					
联系方式	家庭住址						
	家庭电话		手机				
最高学历		毕业学校		毕业时间			
第一专业		学位		职称			
第二专业		英语水平					
计算机水平		第二外语		参加工作时间			
特长、曾获证书							
人事档案隶属情况							
家庭主要成员情况（姓名、职业、政治面貌等）							
主要学习经历							
截止日期	学校名称	专业	学制	职务	主要成绩		
主要工作经历							
截止日期	单位名称	性质	岗位	职务	主要工作		
备注							

图 3-124　个人履历.docx

（3）什么叫版心？影响版心大小的设置有哪些？

（4）如何利用拼页功能将两张 A4 纸的内容打印到一张 A3 纸上？

（5）什么叫样式？如何利用内置样式设置文字和段落格式？如何新建样式？

（6）分页和分节有什么不同？什么情况下必须进行分节设置？

（7）对文章的各级标题设置自动编号有什么好处？如何定义新的多级列表？

（8）如何理解“域”的概念？Word 中有哪些常用的“域”？什么叫“邮件合并”？如何实现“邮件合并”功能？

（9）Word 中的文档“审阅”主要有哪些功能？

（10）什么叫模板？Word 中有哪些常用的“样本模板”？如何根据“样本模板”来创建新文档？

第 4 章　Excel 2019 高级应用

在 Word 2019 中，虽然有图形绘制、图表制作的功能，但无法对数据进行更复杂的分析和处理。Office 2019 家族的另一个成员——Excel 2019，它不但具有强大的数据分析、处理功能，还能制作出图文并茂的电子表格，实现了图、文、表三者的完美结合。

4.1　创建电子表格

4.1.1　Excel 2019 概述

1．Excel 2019 的操作界面

Excel 2019 的操作界面包含了应用程序最基本的一些元素：标题栏、快速访问工具栏、选项卡及功能区等，也有很多 Excel 特有的元素，如编辑区、全选框、工作表标签等，如图 4-1 所示。

图 4-1　Excel 2019 的操作界面

2．Excel 中的基本概念

（1）工作簿。

工作簿是 Excel 中处理和存储数据的文件，系统默认的扩展名为".xlsx"，它是 Excel 存储在磁盘上的最小的独立单位。在工作簿中，用户可以单击工作表标签查看不同工作表中的内容。启动 Excel 后，系统会自动建立一个名为"工作簿 1"的空白工作簿。新建工作簿的默认名称为工作簿 1、工作簿 2 等，在每个新建的工作簿中，默认包含 3 个工作表，分别是 Sheet1、Sheet2 和 Sheet3，并显示在工作表标签中，可以执行"文件"→"选项"命令打开"Excel 选项"对话框，在"常规"标签中设定新建工作簿时包含的工作表数，在该对话框中还可设置默认的字体、字号及视图方式等。

（2）工作表。

工作表是 Excel 用来存储和处理数据的主要文档，是由多行和多列的单元格排列在一起构成的，也称为电子表格，每张表由 16384 列和 1048576 行构成。各张工作表由工作表标签来标识，用户可以单击工作表标签来实现不同工作表之间的切换。

（3）单元格。

单元格是工作表中行列交叉处的方格，是 Excel 中能够进行独立操作的最小单元，每个单元格由对应的列标和行号来唯一标识。用户可以根据需要在单元格中输入不同格式的数据，如数字、文本、货币、公式等，还可以对单元格进行格式设置。

（4）活动单元格。

活动单元格指当前被选中的单元格，由粗线框突出显示，如图 4-1 中由黑色粗线框显示的 F6 单元格即为活动单元格，可以在该单元格中输入和编辑数据。

（5）单元格地址（引用）。

对于每个单元格都有固定的地址，由"列标+行号"表示，如在当前工作表中单元格地址 G10 就代表第 G 列第 10 行的单元格。所有列标用英文字母表示，如 A、B、…、Z、AA、…、AZ、…、XFD，而所有行号用数字表示，如 1、2、3、…、1048576。在不同工作表之间，需要加上工作表名和半角的感叹号（!）来表示某一单元格。如"Sheet1!C7"表示引用了 Sheet1 工作表中第 C 列第 7 行的单元格。在 Excel 中，除了由"列标+行号"表示单元格引用，还有 R1C1 引用样式，即分别用 R 和 C 表示行和列标签，然后行列均要用数字来表示行号和列号。在默认情况下，工作表中使用的是"列标+行号"引用方式，如果要切换为 R1C1 引用方式，可以执行"文件"→"选项"命令，打开"Excel 选项"对话框，单击"公式"标签，选中"R1C1 引用样式"复选框，单击"确定"按钮。

（6）单元格区域。

单元格区域是指由两个或两个以上相邻或不相邻的单元格组成的区域。选中某一单元格区域，该区域会高亮显示，单击区域外的任一单元格，则取消对该区域的选择。单元格区域的名称可以用左上角和右下角的单元格地址表示，也可以直接在编辑栏左边的名称框中命名，如 B3:E5、A1:G7。

4.1.2 表格数据的输入和编辑

在 Excel 中，用户不仅可以直接输入数据，还可以利用填充以及数据验证等功能快速填充数据。

Excel 中的基本数据类型包含两种：常量和公式。常量又分为数值、文本、日期、货币等类型。在默认情况下，单元格中的文本自动靠左对齐，数字、日期等数据自动靠右对齐。

1. 数值型数据输入

在 Excel 中，数值型数据是指所有代表数量的数字，包括数字 0~9 以及正号（+）、负号（-）、货币符号（￥、$）、百分号（%）、指数符号（E、e）等。Excel 可以表示和存储的数值最多可精确到 15 位有效数字，数值型数据默认靠右对齐。

数值型数据输入时，用户只需选中需要输入数值的单元格，然后直接输入相应的数值即可。对于以下两种数值需要特殊处理。

（1）负数。在数值前加一个"-"号或把数值放在括号"( )"里输入，如在单元格内输入"-10"或"(10)"，显示的结果均为"-10"。

（2）分数。要在单元格中输入分数形式的数据，应先在编辑框中输入数字"0"和一个空格，然后再输入分数，否则 Excel 会把分数当作日期处理。如要在单元格内输入分数"3/4"，应输入成"0 3/4"。

需要注意的是，默认输入的数值为"常规"格式。"常规"格式的数字长度为 11 位，当用户输入的数字长度超过 11 位或者超过单元格的宽度时，系统就会自动地将其以科学记数法的形式表示出来，如 2.7E15 表示 2.7×10^{15}。这时需要用户改变数字格式或者调整单元格的列宽。另外，以数字"0"开头的数值型数据，0 会被隐藏，若要显示数字"0"，只能将它处理成文本型数据，即在数字"0"前输入一个单引号"'"（英文符号）。

2. 文本输入

在 Excel 中，文本型数据是指一些非数值型的文字、符号等，包括汉字、英文字母、空格等，除此之外，许多不代表数量的、不需要进行数值计算的数字也可以保存为文本形式，如电话号码、身份证号码等。Excel 单元格中，最多可显示 1024 个字符，而编辑框中最多可显示 32767 个字符。默认情况下，文本型数据靠左对齐。

用户可以将光标定位在编辑框中，然后输入文本，也可以双击单元格将光标定位在单元格中，直接在该单元格中输入文本。如果需要在单元格内换行，用 Alt+Enter 组合键换行。如果要将数字作为文本型数据输入，则需要在输入前加上一个单引号"'"（英文符号）。

3. 日期和时间输入

Excel 把日期和时间作为一种特殊的数值，其中日期的默认格式为"yyyy-mm-dd"，在输入日期时可以使用"/"或者"-"或者输入中文的"年月日"来分隔日期中的年、月、日，如"2009-7-18""2009/7/18""2009 年 7 月 18 日"。时间的默认格式为"hh:mm:ss"，输入时间时使用"："（英文符号）分隔时、分、秒。如果是 12 小时制的时间，在输入完时间后再输入一个空格，接着输入"AM(a)"或"PM(p)"。如输入"07:13:20 PM"或"07:13:20 p"，单元格内都会显示"7:13:20 PM"，而在编辑框内的实际值是"19:13:20"。如果要在单元格中同时输入日期和时间，日期和时间之间应该以空格分隔。

小技巧：若要输入当前日期，只需在选中的单元格中按下"Ctrl+;"组合键；输入当前时间，则在选中的单元格按下"Ctrl+Shift+;"组合键。

注意：以上数值、文本、日期等数据在活动单元格中输入后，可以用以下 4 种方法之一确认输入结束：① 按回车键；② 选择键盘上的方向键；③ 单击编辑区中间的输入按钮"√";④ 单击其他单元格。

4．批量数据输入

如果在多个单元格（连续或不连续）区域中需要输入相同的数据，可通过选中所需的单元格区域并输入数据，结束时按"Ctrl+Enter"组合键完成。

除了通常的数据输入方式，如果数据本身包含某些顺序上的关联性（如等差数列、等比数列等），还可以使用 Excel 所提供的"填充"功能快速地输入批量数据。

（1）使用填充柄填充数据。

使用自动填充功能可以填充具有一定排列顺序的数值及日期等类型数据。

如图 4-2 所示在单元格区域（A2:A8）中，利用填充柄自动填充序列 1，2，3，…，7。先在 A2 单元格中输入数字"1"并确认。选中 A2 单元格，将鼠标指针移至该单元格右下角的黑点（即填充柄）上，待鼠标变成黑色实心"＋"形状时按住鼠标左键拖动至单元格 A8 上释放。单击自动弹出的"自动填充选项"按钮，然后在弹出的下拉菜单中选择"填充序列"命令，即可将数字以序列方式填充在单元格区域中。

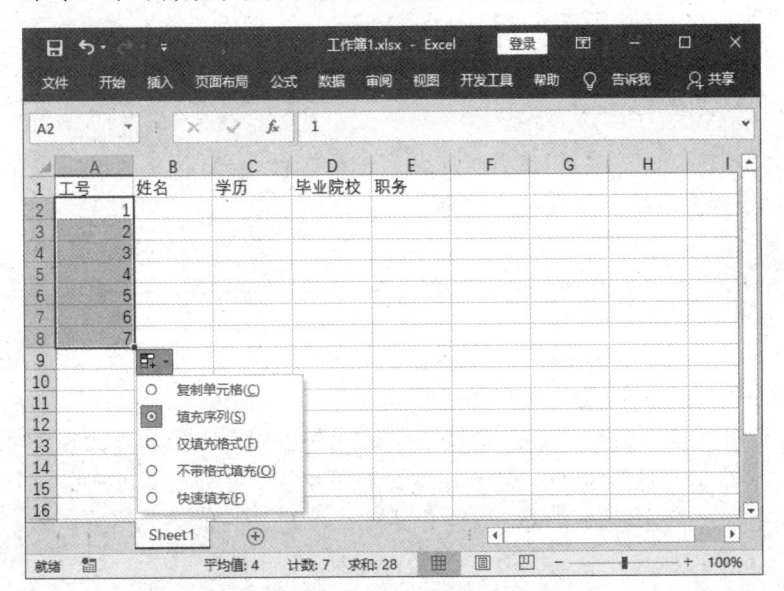

图 4-2 使用填充柄自动填充序列数据

以下两种方法也可以实现自动填充上面的序列。

① 分别在 A2 和 A3 单元格中输入数字"1"和"2"并确认，选中这两个单元格，然后将鼠标指针移至它们的填充柄上，待其变成黑色实心"＋"形状时，按住鼠标左键拖动至 A8 单元格后释放。

② 在 A2 单元格中输入数字"1"并确认，选中 A2 单元格，在其填充柄上按住鼠标右键，拖动至 A8 单元格后释放鼠标，然后在弹出的快捷菜单中选择"填充序列"命令，如图 4-3 所示。

对于以"1"为步长增加并且在连续单元格中输入的数据，还可以在第一个单元格中输入起始数据并确认，选中该单元格，在按住 Ctrl 键的同时拖动填充柄至目标位置可以实现批量数据的输入。如在 A2 单元格中输入数字"1"并确认，选中 A2 单元格，按住 Ctrl

键，并在其填充柄上按住鼠标左键拖动至 A8 单元格后释放鼠标，则在 A2～A8 单元格中就输入了 1～7。

（2）使用对话框填充数据。

在"开始"选项卡的"编辑"组中，单击"填充"的下拉按钮，从展开的列表中选择"序列"命令，打开"序列"对话框，如图 4-4 所示，利用该对话框可以填充多种有规律的数据，如等差数列、等比数列、日期等。

图 4-3　数据填充快捷菜单　　　　图 4-4　"序列"对话框

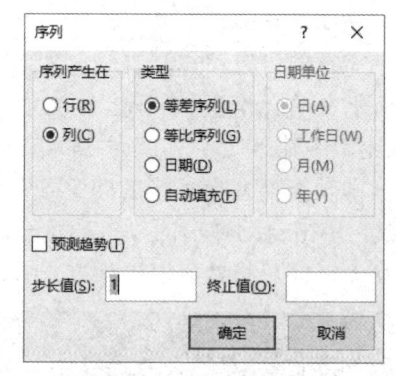

在"序列"对话框中，可以设置"序列产生在"行或者列、序列的"类型"、步长值等，用户可以根据实际情况设置所需的选项。

5．数据编辑

（1）单元格和区域的选定。

要修改 Excel 工作表中的数据，首先要选定相应的单元格或区域，单元格的选定很简单，直接单击单元格即可。选定区域的方法如下。

① 先选定区域的起始单元格，直接拖拽鼠标到区域右下角的单元格；或者先选定区域左上角的单元格，按住 Shift 键，再单击区域右下角的单元格，即可选定一个连续区域。

② 先选定一个单元格或区域，按住 Ctrl 键，再单击其他单元格或区域，可以选定多个不连续的单元格或区域。

③ 单击行号或列标可以选定一行或一列；若鼠标在行号或列标上拖拽可选定连续的多行或多列；若要选定不连续的多行或多列，在按住 Ctrl 键的同时单击行号或列标。

（2）数据修改。

修改已输入的数据可以分为全部修改和部分修改两种情况。如果是全部修改，只要单击需要修改的单元格，直接输入新数据即可；如果是部分修改，可以采用如下方法。

① 单击单元格，然后在编辑框的编辑区中进行修改操作。

② 双击单元格，当单元格中出现插入点后，进行修改操作。

（3）删除。

Excel 中的删除有两个概念：删除数据和删除单元格。

① 删除数据。删除数据针对的对象是单元格中的数据，单元格本身并不受影响，其实执行的是清除操作。选择需要清除数据的单元格或单元格区域，在"开始"选项卡的

"编辑"组中单击"清除"下拉按钮,展开的列表中有 5 个选项:全部清除、清除格式、清除内容、清除批注、清除超链接。选择后 4 个选项命令将分别清除单元格中的格式、数据、批注和超链接;若选择"全部清除"命令将清除单元格中的格式、数据和批注等全部内容。

② 删除单元格。执行删除单元格操作后,选取的单元格及单元格内的数据都从工作表中删除。其操作方法是:先选取某单元格或者单元格区域,在"开始"选项卡中的"单元格"组中单击"删除"的下拉按钮,从展开的列表中选择"删除单元格"命令,出现如图 4-5 所示的"删除"对话框,根据实际需要按照对话框提示进行操作即可。

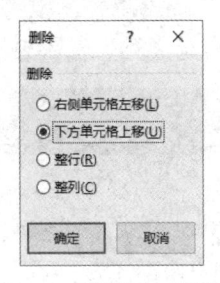

图 4-5 "删除"对话框

4.1.3 自定义列表输入

1. 数据验证设置

设置数据验证可以限制单元格或单元格区域的数据输入,使输入数据必须满足一定的要求。如设置 A1 单元格只能输入 5 位数字或文本,方法如下。

(1) 单击选中 A1 单元格。

(2) 在"数据"选项卡的"数据工具"组中,单击"数据验证"的下拉按钮,在列表中选择"数据验证"命令,打开"数据验证"对话框,如图 4-6 所示。

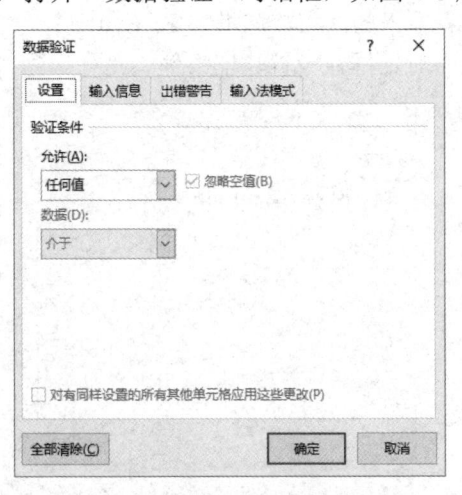

图 4-6 "数据验证"对话框

(3) 设置验证条件。在"允许"列表框中选择"数据长度"选项,"数据"列表框中选择"等于"选项;在弹出的"长度"文本框中输入"5",单击"确定"按钮。

至此，A1 单元格被设置成只能输入 5 位数字或文本。另外，在"数据验证"对话框中还可以进一步设置出错警告信息，当单元格或单元格区域中输入的数据不符合设定要求时，系统会提示出错警告。

2. 自定义列表输入

利用数据验证设置可以实现自定义列表输入。在输入工作表时会发现，很多时候某些列的数据往往是有限的确定的几个，典型的如性别、学历、职称等，这时使用自定义列表输入会是个不错的选择。

假设有如图 4-7 所示的公务员考试成绩表。报考人员的学历情况共计 4 种，显示在 I4:I7 区域内，"学历"列数据设置自定义列表输入方法如下。

图 4-7 公务员考试成绩表

（1）选中需要设置列表输入的区域，这里为 E3:E10。

（2）打开"数据验证"对话框，设置验证条件"允许"为"序列"，在"来源"中选择 I4:I7 区域，如图 4-8 所示。

图 4-8 "数据验证"对话框

(3)单击"确定"按钮完成设置。此后 E3:E10 单元格的右端会出现一个下拉箭头,单击该下拉箭头,则列出学历选项,用户只要选择输入即可。

4.1.4 工作表操作

在默认情况下,一个 Excel 工作簿有 Sheet1、Sheet2 和 Sheet3 三个工作表,工作表的名称显示在工作表标签上,Excel 能够根据用户的需要对工作表进行添加、删除、移动、复制等操作。

1. 工作表的选定

(1)选定单个工作表。

要选定某个工作表,只需单击对应的工作表标签即可,被选定的工作表标签以白底显示。如果一个工作簿中的工作表很多,可以单击标签栏按钮◂或▸来选择所需的工作表。

(2)选定多个工作表。

① 选定多个连续的工作表:先单击选定第一个工作表标签,然后按下 Shift 键,再单击最后一个工作表标签。

② 选定多个不连续的工作表:先单击选定一个工作表标签,然后按下 Ctrl 键,单击所要选定的各个工作表标签。

③ 选定全部工作表:右击某一工作表标签,在弹出的快捷菜单中选择"选定全部工作表"命令。

如果有多个工作表被选择,Excel 工作簿窗口的标题栏中显示工作簿名称后会自动增加"[工作组]"字样。要取消对多个相邻或不相邻的工作表的选定,单击工作表标签中任意一个工作表标签即可,或者右击工作表标签,在弹出的快捷菜单中选择"取消组合工作表"命令。

2. 工作表的基本操作

(1)插入工作表

当用户觉得工作簿中的工作表不够时,可以插入新的工作表。插入的方法具体如下。

① 直接单击工作表标签右侧的"插入工作表"按钮。

② 在"开始"选项卡的"单元格"组中单击"插入"的下拉按钮,从展开的列表中选择"插入工作表"命令。

③ 右击某工作表标签,在弹出的快捷菜单中选择"插入"命令,这时会弹出"插入"对话框,在"常用"选项卡中选中"工作表",然后单击"确定"按钮。

(2)删除工作表。

用户可以删除不需要的工作表,通常有以下两种方法。

① 单击要删除的工作表标签,在"开始"选项卡的"单元格"组中单击"删除"的下拉按钮,从展开的列表中选择"删除工作表"命令。

② 右击当前工作表标签,在弹出的快捷菜单中选择"删除"命令。

注意:如果删除的工作表是空的工作表,执行"删除"操作后即直接删除,如果工作表中含有数据,Excel 2019 会弹出提示对话框,提示用户是否删除,如果确认"删除",

单击"确定"按钮即可。在删除工作表时，用户需谨慎，因为工作表一旦被删除，就再也无法恢复，即删除工作表操作不能被撤销。

（3）移动工作表。

在实际应用中，有时需要将一个工作簿中的某个工作表移动到其他工作簿中，或者将同一个工作簿中的工作表的顺序进行重排。

在同一个工作簿中移动工作表，可以有以下几种方法。

① 选定工作表标签，按下鼠标左键并沿标签栏拖动到新位置，拖动时出现一个黑色三角形来指示工作表要插入的位置，放开鼠标左键即可。

② 选定工作表标签，在"开始"选项卡的"单元格"组中单击"格式"的下拉按钮，在展开的列表中选择"移动或复制工作表"命令，然后在打开的"移动或复制工作表"对话框中选择移动位置，如图 4-9 所示，单击"确定"按钮即可。

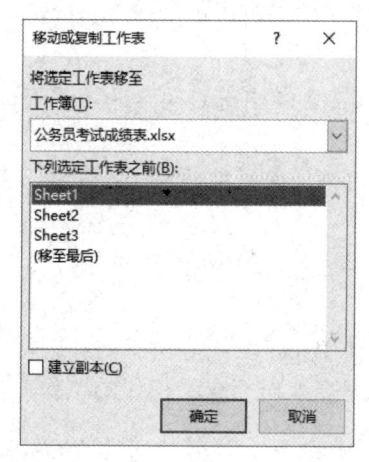

图 4-9 "移动或复制工作表"对话框

③ 右击当前工作表标签，在弹出的快捷菜单中选择"移动或复制"命令，然后在打开的"移动或复制工作表"对话框中选择移动位置，单击"确定"按钮即可。

如果需要在不同的工作簿间移动工作表，事先需要把目标工作簿和原工作簿都打开，然后直接拖动工作表到目标工作簿中指定的位置，也可使用图 4-9 所示的对话框来实现，在对话框中单击"工作簿"的下拉列表框，在其中选择目标工作簿，单击"确定"按钮。

（4）复制工作表。

复制和移动工作表的操作基本相同，在同一个工作簿中复制工作表，最简单的方法是选定要复制的工作表，按下 **Ctrl** 键的同时按下鼠标左键并沿标签栏拖动到新位置，放开鼠标。其他方法与移动工作表类似，只要在打开的"移动或复制工作表"对话框中，将"建立副本"复选框选中即可。

（5）隐藏与显示工作表。

在 Excel 2019 中还可以根据需要隐藏与显示工作表。当不希望其他用户看到某个工作表时，可以暂时将它隐藏起来，当自己需要查看或编辑时，再通过取消隐藏恢复显示工作表。

隐藏工作表，通常有以下两种方法。

① 选择需要隐藏的工作表标签，在"开始"选项卡的"单元格"组中单击"格式"的下拉按钮，从展开的列表中选择"隐藏和取消隐藏"→"隐藏工作表"命令。

② 右击需要隐藏的当前工作表标签，在弹出的快捷菜单中选择"隐藏"命令，该工作表就被隐藏了。

取消隐藏恢复显示工作表，通常有以下两种方法。

① 选择需要取消隐藏的工作表标签，在"开始"选项卡的"单元格"组中单击"格式"的下拉按钮，从展开的列表中选择"隐藏和取消隐藏"→"取消隐藏工作表"命令。

② 右击任意工作表标签，在弹出的快捷菜单中选择"取消隐藏"命令，然后在打开的"取消隐藏"对话框中选择需要取消隐藏的工作表，单击"确定"按钮，隐藏的工作表就被恢复显示了。

（6）重命名工作表。

默认情况下，工作簿中的所有工作表都是以 Sheet1、Sheet2……来命名的。为了对工作表进行有效的管理，可以改变工作表的名称。对工作表改名有以下3种方法。

① 直接双击工作表标签，然后在工作表标签上输入新的名称，输入完成后按回车键。

② 选择需要重命名的工作表标签，在"开始"选项卡的"单元格"组中单击"格式"的下拉按钮，从展开的列表中选择"重命名工作表"命令，然后在工作表标签上输入新的名称，输入完成后按回车键。

③ 右击需要重命名的工作表标签，在弹出的快捷菜单中选择"重命名"命令，然后在工作表标签上输入新的名称，输入完成后按回车键。

（7）更改工作表标签的颜色。

默认的工作表标签的颜色是白色，用户可以根据自己的爱好将工作表标签设置为其他的颜色，具体方法如下。

① 选择需要更改颜色的工作表标签，在"开始"选项卡的"单元格"组中单击"格式"的下拉按钮，从展开的列表中选择"工作表标签颜色"选项，然后从下级列表中选择需要的颜色。

② 右击需要更改颜色的工作表标签，在弹出的快捷菜单中选择"工作表标签颜色"命令，从下级列表中选择需要的颜色。

（8）工作表中行、列和单元格的基本操作

① 插入行、列、单元格。

插入一行：选择某行或者某一单元格，在"开始"选项卡的"单元格"组中单击"插入"的下拉按钮，从展开的列表中选择"插入工作表行"命令，新插入的行在当前行上方。

插入一列：选择某列或者某一单元格，在"开始"选项卡的"单元格"组中单击"插入"的下拉按钮，从展开的列表中选择"插入工作表列"命令，新插入的列在当前列左侧。

插入单元格：选择某一单元格，在"开始"选项卡的"单元格"组中单击"插入"的下拉按钮，从展开的列表中选择"插入单元格"命令，打开"插入"对话框，进行插入选择。

② 删除行、列、单元格。

删除行或列：选择要删除的行或列，在"开始"选项卡的"单元格"组中单击"删除"的下拉按钮，从展开的列表中选择"删除工作表行"或"删除工作表列"命令；或者选择行或列中的某一单元格，在"开始"选项卡的"单元格"组中单击"删除"的下拉按钮，在展开的列表中选择"删除单元格"命令，在弹出的"删除"对话框中选择"整行"或"整列"选项。

删除单元格：选择单元格，在"开始"选项卡的"单元格"组中单击"删除"的下拉按钮，在展开的列表中选择"删除单元格"命令，在弹出的"删除"对话框中选择"右侧单元格左移"或"下方单元格上移"。

③ 隐藏与显示行和列。隐藏行和列，通常有以下两种方法。
- 选择需要隐藏的行或列，在"开始"选项卡的"单元格"组中单击"格式"的下拉按钮，在展开的列表中选择"隐藏和取消隐藏"→"隐藏行"或"隐藏列"命令。
- 右击需要隐藏的行或列，在弹出的快捷菜单中选择"隐藏"命令，该行或列就被隐藏了。

取消隐藏恢复显示工作表，通常有以下两种方法。
- 同时选择需要取消隐藏行上下的行或需要取消隐藏列左右的列，在"开始"选项卡的"单元格"组中单击"格式"的下拉按钮，在展开的列表中选择"隐藏和取消隐藏"→"取消隐藏行"或"取消隐藏列"命令。
- 同时选择需要取消隐藏行上下的行或需要取消隐藏列左右的列，在其上单击鼠标右键，在弹出的快捷菜单中选择"取消隐藏"命令，该行或列就恢复显示了。

④ 合并与拆分单元格。可以将单元格区域合并为一个单元格，通常，合并单元格的方式有 3 种：合并单元格、合并后居中，跨越合并和拆分单元格。
- 合并单元格、合并后居中。选择需要合并的单元格区域，在"开始"选项卡的"对齐方式"组中单击 ▦· 下拉按钮，在展开的列表中选择"合并单元格"命令或"合并后居中"命令，后者不但能将单元格区域合并，还能使单元格中的内容自动居中显示。
- 跨越合并。要对多列中的多行单元格合并并居中，如果使用"合并后居中"命令只能一行一行操作，有多少行就需要操作多少次，而如果使用"跨越合并"功能只要操作一次即可。选择需要合并的单元格区域，在"开始"选项卡的"对齐方式"组中单击 ▦· 下拉按钮，在展开的列表中选择"跨越合并"命令。注意：跨越合并只对多列有效，对合并多行中的数据无效。
- 拆分单元格。无论采用何种合并单元格的方式，取消合并单元格的方法是一致的。选择需要取消合并的单元格或单元格区域，在"开始"选项卡的"对齐方式"组中单击 ▦· 下拉按钮，从展开的列表中选择"取消单元格合并"命令，单元格即变为合并前的效果。

3. 窗口的冻结拆分

（1）冻结拆分窗格。

选取要冻结窗格的单元格，在"视图"选项卡的"窗口"组中单击"冻结窗格"的下拉按钮，在展开的列表中选择"冻结拆分窗格"命令，工作表窗口以选定的单元格的上边线和左边线为分界线，分成上下、左右四个区域，如图 4-10 所示。

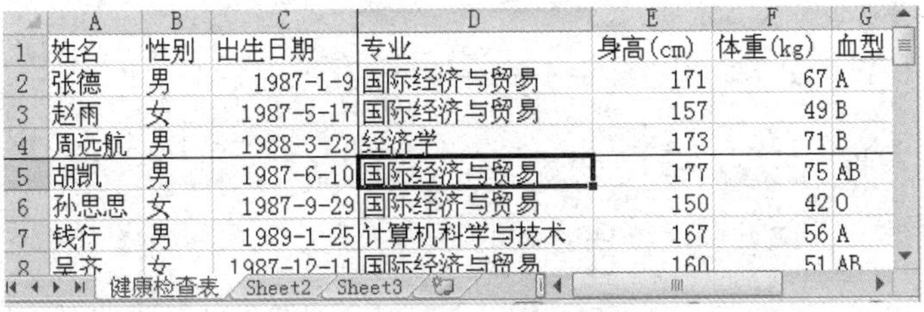

图 4-10 冻结拆分窗格

冻结拆分窗格后，原来的"冻结拆分窗格"命令变成"取消冻结窗格"命令，单击该命令可以取消冻结窗格操作，并还原成原来的效果。

（2）冻结首行。

在"视图"选项卡的"窗口"组中单击"冻结窗格"的下拉按钮，在展开的列表中选择"冻结首行"命令，工作表窗口分成上下两个区域（如图 4-11 所示），其中首行为单独一个区域且被冻结（固定）住了。

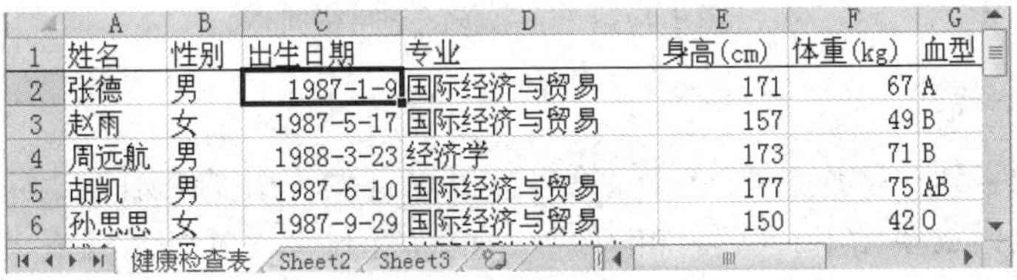

图 4-11 冻结首行

（3）冻结首列。

在"视图"选项卡的"窗口"组中单击"冻结窗格"的下拉按钮，在展开的列表中选择"冻结首列"命令，工作表窗口分成左右两个区域，其中首列为单独一个区域且被冻结（固定）住了。

4.2 工作表格式化

对工作表中各单元格的数据进行格式化是创建专业表格不可缺少的步骤，规范专业的格式不仅可以清晰地突出数据，而且可以起到美化和规范整个表格的作用。

4.2.1 单元格的格式设置

1. 设置数字、日期、时间格式

选定要设置数字、日期、时间格式的单元格或单元格区域并单击鼠标右键，在弹出的快捷菜单中选择"设置单元格格式"命令，弹出"设置单元格格式"对话框。选择"数字"选项卡，在"分类"列表框中列出了 Excel 所有的数值、货币、日期、时间等分类格式。当用户在该列表框中选择了所需的类型后，会出现该类型相应的设置选项。如图 4-12 所示为选择"货币"类型后右侧系统列出的可供选择的货币格式。设置完成后，单击"确定"按钮。

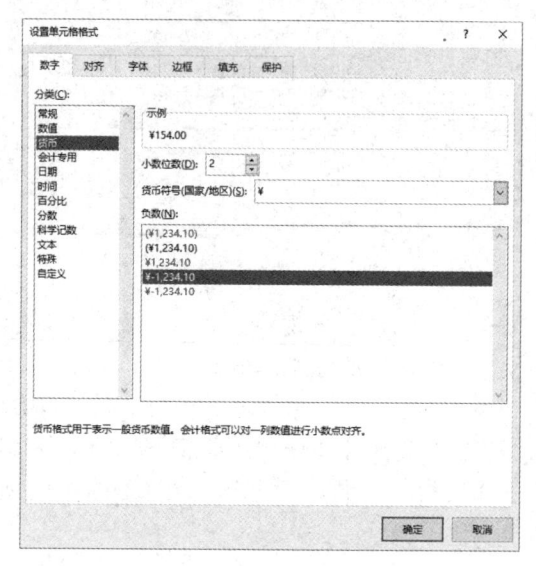

图 4-12 设置数值的货币格式

2. 设置文本格式

设置文本的字体、字形、字号、颜色等，可以直接使用"开始"选项卡"字体"组中的相应选项。但如果要使用一些特殊的效果，可以打开"设置单元格格式"对话框的"字体"选项卡来进行设置。

3. 设置对齐方式

单元格中的数据在水平方向上的默认对齐方式是文本靠左对齐，数值靠右对齐；在垂直方向上的默认对齐方式是居中。除了使用 Excel 默认的对齐方式，用户还可以根据自己的需要设置数据的对齐方式，以使工作表美观、整齐。在"设置单元格格式"对话框的"对齐"选项卡中可以修改对齐方式，如图 4-13 所示。

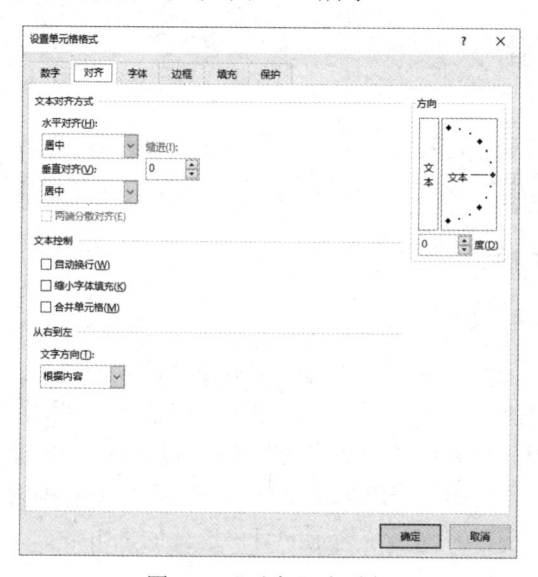

图 4-13 "对齐"选项卡

4. 设置边框、底纹和背景图案

（1）设置边框。

选定需要添加边框的单元格区域，然后在"开始"选项卡的"字体"组中单击"边框"的下拉按钮，在弹出的列表中选择所需要的边框样式，也可以打开"设置单元格格式"对话框，选择"边框"选项卡，在其中设置边框和线条样式。

（2）设置底纹和背景图案。

选定需要添加背景颜色的单元格或单元格区域，然后在"开始"选项卡的"字体"组中单击"填充颜色"的下拉按钮，从弹出的列表中选择所需要的填充颜色，也可以打开"设置单元格格式"对话框，单击"填充"选项卡来设置背景颜色和图案。

5. 单元格的行高和列宽

调整行高或列宽，最简单的操作是用鼠标直接拖动行的下边线或列的右边线，或者双击行的下边线或列的右边线调整行或列到最适合的高度或宽度。

在"开始"选项卡的"单元格"组中单击"格式"的下拉按钮，在展开的列表中选择"行高"或"列宽"选项可以精确地设置行高或列宽。

4.2.2 自动套用格式

Excel 提供了自动格式化功能，可以根据预设的格式将用户制作的报表格式化。

Excel 自动套用格式的命令默认不出现在功能区或者快速访问工具栏中，需要手动添加。

执行"文件"菜单→"选项"命令，打开"Excel 选项"对话框，选择"自定义功能区"或者"快速访问工具栏"选项，在"所有命令"中找到"自动套用格式"，将其添加到"自定义功能区"或者"快速访问工具栏"即可。

（1）选取要格式化的单元格区域，选择被添加到"自定义功能区"或"快速访问工具栏"中的"自动套用格式"选项，打开如图 4-14 所示的"自动套用格式"对话框。

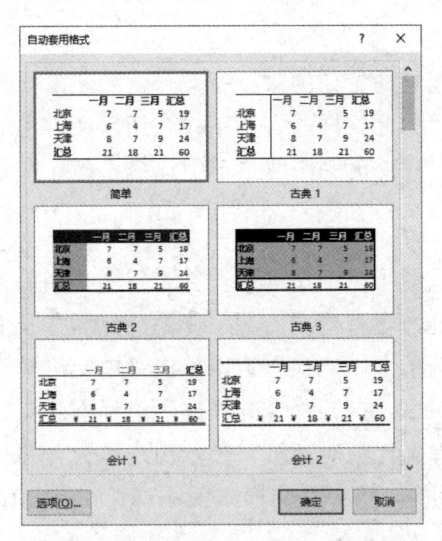

图 4-14 "自动套用格式"对话框

（2）在"自动套用格式"列表中选择要使用的格式，单击"确定"按钮。

如果要删除自动套用格式，只要打开"自动套用格式"对话框，然后选择"自动套用格式"列表中的"无"格式。

4.2.3 使用样式

样式是一组定义好的格式集合，如数字、字体、边框、对齐方式、底纹等。利用样式可以快速地将多种格式用于单元格中，简化工作表的格式设置。如果样式发生变化，所有使用该样式的单元格都会自动跟着改变。

1．创建样式

在"开始"选项卡的"样式"组中单击"单元格样式"的下拉按钮，在弹出的列表中选择"新建单元格样式"命令，打开"样式"对话框。在"样式名"框中输入新样式的名称，单击"格式"按钮，打开"设置单元格格式"对话框，在该对话框中完成对数字、字体、对齐方式、边框和填充等的设置，单击"确定"按钮之后，新创建的样式就添加在"单元格样式"下拉列表的"自定义"里了。

2．修改样式

在"开始"选项卡的"样式"组中单击"单元格样式"的下拉按钮，在弹出的列表中选择需要修改的样式，在其上单击鼠标右键，在弹出的快捷菜单中选择"修改"命令，在打开的"样式"对话框中进行相应修改设置。

3．应用样式

选中需要应用样式的单元格或单元格区域，在"开始"选项卡的"样式"组中单击"单元格样式"的下拉按钮，在弹出的列表中选择需要应用的样式。

4．删除样式

样式创建后存放在创建它的工作簿中。打开包含要删除样式的工作簿，在"开始"选项卡的"样式"组中单击"单元格样式"的下拉按钮，在弹出的列表中选择需要删除的样式，在其上单击鼠标右键，在弹出的快捷菜单中选择"删除"命令即可。

5．合并样式

如果在其他工作簿中设置了自定义样式，并希望能在当前工作簿中使用这些样式，可以通过合并样式来实现。打开含有样式的源工作簿，然后打开需要此样式的目标工作簿。在目标工作簿的"开始"选项卡"样式"组中单击"单元格样式"的下拉按钮，从弹出的列表中选择"合并样式"命令，打开"合并样式"对话框。在其上选择源工作簿名称，单击"确定"按钮，此时会弹出提示对话框，提示用户是否合并相同名称的样式，根据需要选择（一般选择"是"按钮），新合并的样式就添加在"单元格样式"下拉列表的"自定义"里了。

4.2.4 套用表格格式

与单元格或单元格区域使用样式类似，Excel 提供了应用各种内置表样式、新建表样式、修改表样式的功能，方便对表格应用各种格式。

1．创建自定义表样式

在"开始"选项卡的"样式"组中单击"套用表格格式"的下拉按钮，在展开的列表中选择"新建表样式"命令，打开"新建表快速样式"对话框。在对话框的"名称"框中输入自定义表样式的名称，选择需要设置的表元素，单击"格式"按钮进行相关设置即可。创建后的自定义表样式被添加在"套用表格格式"下拉列表的"自定义"区域内。

2．修改自定义表样式

对于已经定义好的自定义表样式，可以对其进行修改。在"开始"选项卡的"样式"组中单击"套用表格格式"的下拉按钮，在弹出的列表中右击需要修改的样式，在弹出的快捷菜单中选择"修改"命令，打开"修改表快速样式"对话框，在其中进行需要的修改设置即可。

3．应用表样式

选中需要应用表样式的表格区域，在"开始"选项卡的"样式"组中单击"套用表格格式"的下拉按钮，在展开的列表中单击选择需要应用的表格式，在弹出的"套用表格格式"对话框中设置表数据来源及表是否包含标题等，最后单击"确定"按钮即可。

4．删除自定义表样式

自定义表样式创建后存放在创建它的工作簿中。打开包含要删除样式的工作簿，在"开始"选项卡的"样式"组中单击"套用表格格式"的下拉按钮，在展开的列表中右击需要删除的自定义表样式，在弹出的快捷菜单中选择"删除"命令即可。

注意： 与单元格内置样式不同，Excel 的内置表格样式既不能被修改也不能被删除，只有自定义的表样式才能被修改和删除。

4.3 公式和函数

Excel 可以利用公式和函数进行复杂的数据运算与管理，提高用户对数据操作的效率。公式是对工作表中数据进行分析与计算的表达式，而函数实际上是 Excel 预先定义好的公式，使用函数能简化公式，并能实现一些一般公式无法实现的计算，在日常计算中较为常用。

所有的 Excel 公式都具有相同的结构，即以等号"="开始，由圆括号、运算符连接，由数据、单元格引用和函数组成。

4.3.1 公式概述

1. 运算符

Excel 的运算符可以分为以下几类。

（1）算术运算符。算术运算符用于完成基本的数学运算，Excel 中可用的算术运算符有+、-、*、/、^、%，分别表示加、减、乘、除、乘幂和百分号运算。

（2）比较运算符。比较运算符用于比较两个值，其结果是一个逻辑值，即真（True）或假（False）。Excel 中的比较运算符主要有=（等于）、>（大于）、<（小于）、>=（大于等于）、<=（小于等于）、<>（不等于）。

（3）文本运算符。文本运算符只有一个，即"&"，用来连接两个文本字符串，形成一个新的文本。如"="中国"&"香港""，得到的结果是"中国香港"。

（4）引用运算符。引用运算符用于表示单元格区域。Excel 的引用运算符如表 4-1 所示。

表 4-1　Excel 的引用运算符

引用运算符	含　义	示　例
：（冒号）	区域运算符，产生对包含在两个引用之间的所有单元格的引用	例如，A3:B8 表示以单元格 A3 为左上角、B8 为右下角的矩形单元格区域中的所有数据
，（逗号）	联合运算符，将多个引用合并为一个引用	例如，B6:B12,D6:D12 表示以单元格 B6 为左上角、B12 为右下角的矩形单元格区域和以单元格 D6 为左上角、D12 为右下角的矩形单元格区域
（单个空格）	交叉运算符，表示几个单元格区域所共有的单元格	例如，B7:D7 C6:C8 表示这两个单元格区域的共有单元格为 C7

当公式中同时出现多种运算符时，Excel 将按如表 4-2 所示的优先级从高到低进行运算。

表 4-2　各种运算符的优先级

：	空格	，	-（负号）	%	^	*和/	+和-	&	=，<，>，<=，>=，<>

2. 单元格引用

单元格引用的作用是标识某单元格或单元格区域的位置，在 Excel 中用列标和行号来表示某个单元格，结合表 4-1 中的引用运算符，可以用来标识某个具体的单元格区域。例如，A5:C20 表示在 A 列 5 行到 C 列 20 行之间的单元格区域。

3. 公式输入

输入公式的操作类似于输入文本，但在输入公式时应以一个等号"="开始，表明输入的内容为公式，例如"=80+45*6"。用户既可以在单元格中直接输入公式，也可以在编辑区中输入公式。输入完成后编辑栏显示公式内容，单元格显示公式的计算结果。

4. 公式中的相对引用和绝对引用

单元格的相对引用是指直接用单元格的列标和行号来表示某单元格的内容。如果公式所在的位置改变，公式所引用的单元格列标或行号也随之改变。例如，在单元格 D1 中有公式"=B1*C1"，如图 4-15 所示。当把单元格 D1 中的公式复制到单元格 D4 中时，则 D4 中的公式变为"=B4*C4"，如图 4-16 所示。用同一公式计算连续的某一区域时，可使用填充柄填充的方法实现公式的复制，结果如图 4-17 所示。

图 4-15　单元格 D1 中有公式"=B1*C1"　　　　图 4-16　把单元格 D1 中的公式复制到单元格 D4 中

有时，公式的位置改变，但不希望公式中的单元格引用发生改变。这时，需要使用绝对引用，即在单元格的列标或行号前加上符号"$"。例如，将单元格 B3 中的公式改为"=$B$1*B2"并复制到 C3 单元格中，结果如图 4-18 所示，由于在 B3 单元格的公式中 B1 用的是绝对引用（即不变），B2 用的是相对引用，因此复制公式以后，C3 单元格内的公式相应地变成了"=$B$1*C2"，结果也发生了变化。相对引用也称相对地址，绝对引用也称绝对地址。

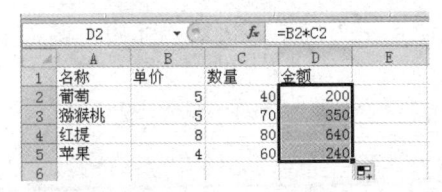

图 4-17　填充柄填充效果　　　　　　　　　图 4-18　绝对引用结果

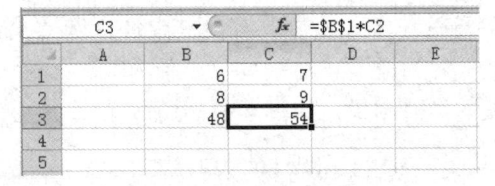

小技巧：相对引用与绝对引用的转换非常简单，只要将鼠标指针放置在相对引用处并按 F4 键即可。例如，将鼠标指针放置在公式中的 B1 处，按 4 次 F4 键，B1 分别变为 $B$1、B$1、$B1、B1，其中 B$1 和 $B1 为混合引用，B$1 为相对列绝对行引用，$B1 为绝对列相对行引用。

5. 函数

函数是预先定义的公式，主要以参数作为运算对象，完成一定的计算或统计数据的功能。如求和函数、求平均值函数等。所有的函数都由函数名和参数组成，格式如下。

　　函数名(参数 1,参数 2,…)

其中，函数名后跟的一对圆括号是不可缺少的，函数参数可以是具体的数值、字符、逻辑值，也可以是表达式、单元格地址、区域等。在输入函数时，有两种方法：一是直接输入法；二是粘贴函数法。

（1）直接输入。

选定要输入函数的单元格，输入"="和函数名及参数，按 Enter 键即可。例如，在 E2 单元格中直接输入"=SUM(C2:D2)"，得到的结果如图 4-19 所示。

（2）粘贴函数。

当需要输入函数时，单击编辑栏中的"插入函数"按钮，或者在"公式"选项卡的

"函数库"组中选择"插入函数"命令,弹出"插入函数"对话框,如图4-20所示。

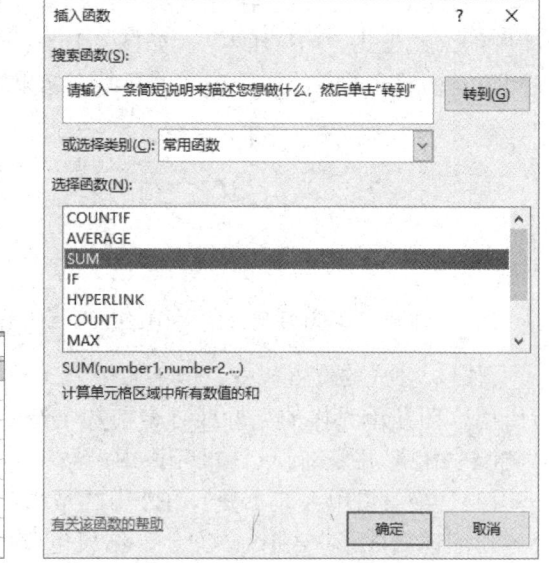

图4-19 使用直接输入法得到的结果

图4-20 "插入函数"对话框

在"插入函数"对话框中选择函数类别和函数,单击"确定"按钮,弹出"函数参数"对话框,该对话框中显示函数的名称、函数的每个参数、函数功能和参数的描述、函数的当前结果,如图4-21所示。输入参数,单击"确定"按钮,完成函数的插入。

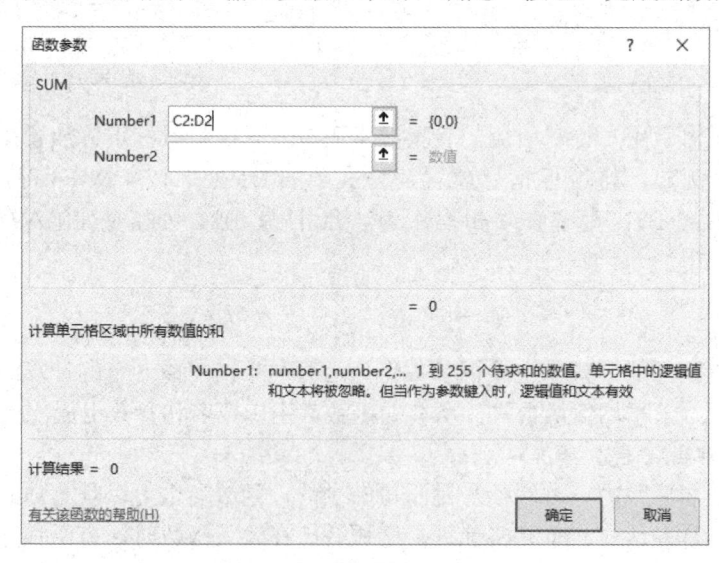

图4-21 "函数参数"对话框

6. 出错信息

如果用户在单元格中输入的公式不能正确计算出结果,或者出现单元格列宽不够宽等情况时,Excel将显示一串以"#"开头的错误信息。下面把经常出现的错误值和产生错误的原因列出来,如表4-3所示。

表 4-3　常见错误信息

错　误　值	产生错误的原因
#####	单元格内的数值、日期或时间比单元格宽，或单元格的日期或时间公式产生了一个负值
#DIV/0!	公式被零除，或者在公式中使用了一个空单元格
#VALUE!	使用错误的参数或运算对象类型
#NAME?	在公式中使用了不能识别的文本（未定义名称）
#N/A	函数或公式中没有可用的数值
#REF!	引用了无效的单元格
#NUM!	在函数或公式中使用了不适当的参数或数字
#NULL!	在公式中引用了一种不允许出现相交但却交叉了的两个区域

4.3.2　常用函数

Excel 提供了很多内置函数供用户调用，常用的函数有以下几种。

1. 数学与三角函数

Excel 提供的数学公式和三角函数已基本囊括了我们通常所用到的各种数学公式与三角函数。常用的数学公式与三角函数如表 4-4 所示。

表 4-4　常用的数学公式与三角函数

函　数　名	说　　明
COS	返回给定角度的余弦值
EXP	返回 e 的 n 次方
INT	将数值向下取整为最接近的整数
ROUND	按指定的位数对数值进行四舍五入
SIN	返回给定角度的正弦值
SUM	计算单元格区域中所有数值的和
TRUNC	将数字截为整数或保留指定位数的小数

表中部分函数的具体用法举例如下。

① INT：格式为 INT(number)。例如，INT(23.6)结果为 23，INT(-23.6)结果为-24。

② ROUND：格式为 ROUND(number,num_digits)。例如，将 B3 单元格的值四舍五入保留 2 位小数 ROUND(B3,2)。

③ SUM：格式为 SUM(num1,num2,…)。例如，SUM(A1:A3)、SUM(B2:B4,C5)、SUM(23,45,88)。

2. 统计函数

统计函数提供了很多属于统计学范畴的函数，但有些函数在日常生活中也是很常用的，比如求平均成绩、排名等。常用的统计函数如表 4-5 所示。

表中部分函数的具体用法举例如下。

① COUNT：格式为 COUNT(num1,num2,…)。例如，COUNT(23,45,"China")的结果为 2。

② COUNTIF：格式为 COUNTIF(range,criteria)。例如，COUNTIF(A1:B5,">=60")为

统计 A1:B5 区域中数值大于等于 60 的单元格个数。

③ RANK：格式为 RANK(number,ref,order)。例如，单元格 A1：A5 中的数值分别是 7、5、4、1、2，则 RANK(A2,A1:A5,1)等于 4。

表 4-5　常用的统计函数

函　数　名	说　　　明
AVERAGE	返回其参数的算术平均值，参数可以是数值或包含数值的名称、数组或引用
COUNT	计算包含数字的单元格以及参数列表中的数字的个数
COUNTBLANK	计算某个区域中空单元格的个数
COUNTIF	计算某个区域中满足给定条件的单元格个数
MAX	返回一组数值中的最大值，忽略逻辑值及文本
MIN	返回一组数值中的最小值，忽略逻辑值及文本
RANK	返回某数字在一列数字中相对于其他数值的大小排名

3．逻辑函数

Excel 中提供了六种逻辑函数，如表 4-6 所示。

表 4-6　逻辑函数

函　数　名	说　　　明
AND	检查是否所有参数均为 TRUE，如果所有参数值均为 TRUE，则返回 TRUE
FALSE	返回逻辑值 FALSE
IF	判断一个条件是否满足，如果满足返回一个值，如果不满足则返回另一个值
NOT	对参数的逻辑值求反；参数为 TRUE 时返回 FALSE；参数为 FALSE 时返回 TRUE
OR	如果任一参数值为 TRUE，即返回 TRUE；只有当所有参数值均为 FALSE 时才返回 FALSE
TRUE	返回逻辑值 TRUE

表中部分函数的具体用法举例如下。

① AND：格式为 AND(logical1,logical2,…)。例如，AND(B3<60,B4="男")。

② IF：格式为 IF(logical_test,value_if_true,value_if_false)。例如，成绩分类，按分数分为合格或不合格，即 IF(B3>=60,"合格","不合格")。

③ NOT：格式为 NOT(logical)。例如，NOT(3>5)结果为 True。

④ OR：格式为 OR(logical1, logical2,…)。例如，OR(B3<60,B4="男")。

4．财务函数

财务函数是财务计算和财务分析的工具，在提高财务工作效率的同时，保障了财务数据计算的准确性。常用的财务函数如表 4-7 所示。

表 4-7　常用的财务函数

函　数　名	说　　　明
FV	基于固定利率和等额分期付款方式，返回某项投资的未来值
IPMT	返回在定期偿还、固定利率条件下给定期次内某项投资回报（或贷款偿还）的利息部分
PMT	计算在固定利率下，贷款的等额分期偿还额
PV	返回某项投资的一系列将来偿还额的当前总值（或一次性偿还额的现值）
SLN	返回固定资产的每期线性折旧费

具体用法举例如下。

① FV：格式为 FV(rate,nper,pmt,pv,type)。例如，某人在银行存款 10000 元，银行的存款年利率为 3.60%，5 年后此人的存款本息和是 FV(3.6%,5,0,10000,0)。

② IPMT：格式为 IPMT(rate,per,nper,pv,fv,type)。例如，某人向银行贷款 100000 元买车，采用等额还款，年限为 8 年，贷款年利率为 5.94%，公式 IPMT(5.94%/12,1,8*12,100000,0,0)求得的是第一个月(月末)的贷款利息金额。

③ PMT：格式为 PMT(rate,nper,pv,fv,type)。例如，PMT(5.94%,8,100000,0,1)，求得贷款年利率为 5.94%、贷款年限为 8 年、贷款额为 100000 元，每年年初的应还款额。

④ PV：格式为 PV(rate,nper,pmt,fv,type)。例如，某设备的经济寿命为 8 年，预计每年能制造 20 万元利润，若投资者要求年收益率为 20%，则投资者最多愿意出多少钱买此设备，计算公式为 PV(20%,8,200000,0,0)。

⑤ SLN：格式为 SLN(cost,salvage,life)。例如，某店铺拥有固定资产总值 50000 元，使用 10 年后的资产残值估计为 8000 元，每天固定资产的折旧值为 SLN(50000,8000,10*365)。

5. 文本函数

常用的文本函数如表 4-8 所示。

表 4-8 常用的文本函数

函 数 名	说 明
CONCATENATE	将多个文本项连接到一个文本项中
EXACT	检查两个文本值是否相同（区分大小写），并返回 TRUE 或 FALSE
MID	从文本串中的指定位置开始提取指定长度的字符串
REPLACE	替换文本中的字符
SEARCH	返回一个指定字符串或文本字符在字符串中第一次出现的位置
SUBSTITUTE	文本串中使用新文本替换旧文本

表中部分函数的具体用法举例如下。

① EXACT：格式为 EXACT(text1,text2)。例如，EXACT("aab","abc")。

② MID：格式为 MID(text,start_num,num_chars)。例如，MID("abcdef",1,2)结果为"ab"。

③ REPLACE：格式为 REPLACE(old_text,start_num,num_chars,new_text)。例如，REPLACE("abcdef",3,2,"aa")的结果为"abaaef"。

6. 日期与时间函数

常用的日期与时间函数如表 4-9 所示。

表 4-9 常用的日期与时间函数

函 数 名	说 明
DATE	返回代表特定日期的系列数
DAY	返回以系列数表示的某日期的天数，用整数 1~31 表示
HOUR	返回时间值的小时数，即一个介于 0（12:00a.m）~23（11:00p.m）的整数

(续表)

函 数 名	说 明
MINUTE	返回时间值中的分钟,即 0~59 的整数
MONTH	返回以系列数表示的日期中的月份,1(一月)~12(十二月)的整数
NETWORKDAYS	返回参数 start_date 和 end_date 之间完整的工作日数值(工作日不包括周末和专门指定的假期)
NOW	返回当前日期和时间所对应的系列数
SECOND	返回时间值的秒数(返回的秒数为 0~59 的整数)
TIME	返回某一特定时间的小数值,函数 TIME 返回的值为 0~0.99999999 的数值,代表 0:00:00 (12:00a.m)~23:59:59(11:59:59p.m)的时间
TODAY	返回当前日期的系列数,系列数 Microsoft Excel 用于日期和时间计算的日期与时间代码
WEEKDAY	返回某日期为星期几,默认情况下,其值为 1(星期天)~7(星期六)的整数
YEAR	返回某日期的年份,返回值为 1900~9999 的整数

表中部分函数的具体用法举例如下。

① MONTH:格式为 MONTH(serial_number)。例如,MONTH("2012-11-18")。

② TODAY:格式为 TODAY( )。

7．查找与引用函数

常用的查找与引用函数如表 4-10 所示。

表 4-10　常用的查找与引用函数

函 数 名	说 明
HLOOKUP	在表格或数值数组的首行查找指定的数值,并由此返回表格或数组当前列中指定行的数值
LOOKUP	返回向量(单元区域或单列区域)或数组中的数值。该函数有两种语法形式:向量和数组,其向量形式是在单行区域或单列区域(向量)中查找数值,然后返回第二个单元区域或单列区域中相同位置的数值;其数组形式在数组的第一行或第一列查找指定的数值,然后返回数组的最后一行或最后一列中相同位置的数值
VLOOKUP	在表格或数值数组的首列查找指定的数值,并由此返回表格或数组当前行中指定列的数值。当比较值位于数据表首列时,可以使用函数 VLOOKUP 代替 HLOOKUP

表中部分函数的具体用法举例如下。

VLOOKUP:格式为 VLOOKUP(lookup_value,table_array,col_index_num,range_lookup)。例如,VLOOKUP(A11,F2:G4,2,FALSE)。

8．数据库函数

常用的数据库函数如表 4-11 所示。

表 4-11　常用的数据库函数

函 数 名	说 明
DCOUNT	计算数据库中数值单元格的个数
DAVERAGE	返回选定数据库项的平均值
DMAX	返回选定数据库项中的最大值
DMIN	返回选定数据库项中的最小值
DSUM	对数据库中满足条件的记录的字段列中的数字求和

表中部分函数的具体用法举例如下。

① DAVERAGE：格式为 DAVERAGE(database,field,criteria)。例如，DAVERAGE(A1:E7,5,B11:D12)。

② DSUM：格式为 DSUM(database,field,criteria)。例如，DSUM(A1:E7,5,B11:D12)。

9．其他类型函数

其他类型函数如表 4-12 所示。

表 4-12 其他类型函数

函 数 名	说 明
IS 类函数	ISBLANK 函数用于测试是否为空白单元格
	ISNUMBER 函数用于测试是否为数字
	ISTEXT 函数用于测试是否为文本
TYPE	以整数形式返回参数的数据类型

表中部分函数的具体用法举例如下。

① ISBLANK：格式为 ISBLANK(value)。例如，ISBLANK(A2)。

② TYPE：格式为 TYPE(value)。例如，TYPE(A2)，返回结果：数值=1；文字=2；逻辑值=4；错误值=16；数组=64。

4.3.3 数组公式

数组就是单元的集合或是一组处理的值的集合。可以写一个数组公式执行多个输入操作并产生多个结果，数组公式可以看成有多重数据的公式。在如图 4-22 所示的"公务员考试成绩表"中，"总成绩"的计算就使用了数组公式。

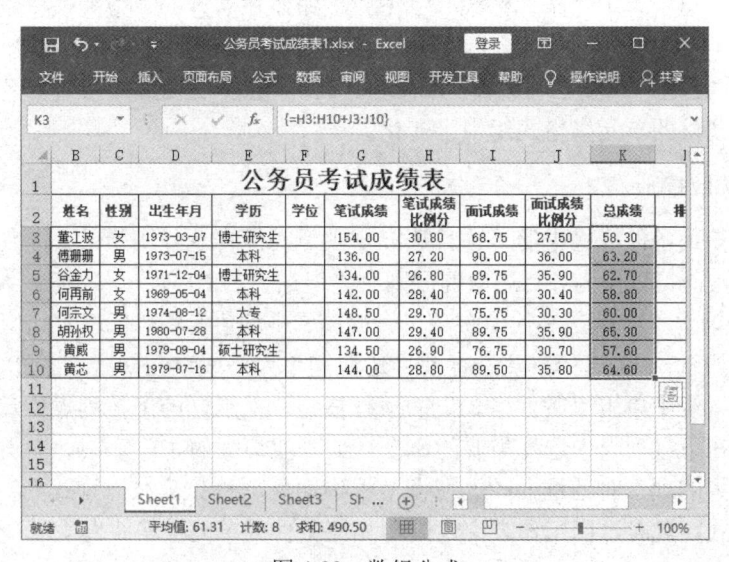

图 4-22 数组公式

（1）选择需要计算的单元格区域，这里选择 K2:K10。

（2）在编辑区输入公式"=H3:H10+J3:J10"。

（3）输入公式后按"Shift + Ctrl + Enter"组合键，则"总成绩"数据计算完成，同时可以看到编辑区输入的公式被一对{ }括了起来，说明相关的区域被看作一个整体来进行统一处理。

4.4 数据分析与管理

无论什么行业都离不开数据的分析与管理，对于一般的数据分析与管理需求，不需要专门的数据分析软件，通常使用 Excel 就可以实现。Excel 2019 为用户提供了强大的数据分析和管理功能，如使用条件格式分析数据、数据的排序、筛选、分类汇总，以及各类图表的制作等功能。

4.4.1 条件格式

在 Excel 2019 中，可以使用条件格式来分析单元格数据，让单元格数据的对比一目了然。自 Excel 2007 以来，条件格式的功能得到了极大的增强，数据的比较规则也变得多样化。

1．突出显示单元格规则

使用突出显示单元格规则功能，可以快速查找单元格区域中某个符合特定规则的单元格，并以特殊的格式突出显示该单元格。通常，可以作为突出显示单元格的规则有"大于"、"小于"、"介于"、"等于"、"文本包含"、"发生日期"及"重复值"，用户可以根据要设置单元格的数据类型选择最适合的规则。

具体步骤如下：① 选择需要设置突出显示的单元格或单元格区域。② 在"开始"选项卡的"样式"组中单击"条件格式"的下拉按钮，在展开的下拉列表中选择"突出显示单元格规则"命令，在下级列表中选择需要的命令（如"大于"），打开相应的对话框（如"大于"对话框）。③ 在"设置为"下拉列表中选择要设置的格式。此时返回工作表中，满足相应条件的单元格格式发生了变化。

2．项目选取规则

用户可以使用条件格式中的"项目选取规则"功能来选择满足某个条件的单元格或单元格区域。通常，可以作为项目选取的规则有"值最大的 10 项"、"值最大的 10%项"、"值最小的 10 项"、"值最小的 10%项"、"高于平均值"和"低于平均值"等。

具体步骤如下：① 选择需要进行项目选取的单元格或单元格区域。② 在"开始"选项卡的"样式"组中单击"条件格式"的下拉按钮，从展开的下拉列表中选择"项目选取规则"命令，在下级列表中选择需要的命令（如"值最大的 10 项"），打开相应的对话框（如"10 个最大的项"对话框）。③ 在调节框中输入项目数，在"设置为"下拉列表中选择要设置的格式。此时返回工作表中，满足相应条件的单元格格式发生了变化。

3．使用数据条表示数据

数据条可以帮助用户查看某个单元格相对于其他单元格的值，数据条的长度代表单元格中数据的值，数据条越长，代表值越高；反之，数据条越短，代表值越低。当在观察大量数据中的较高值和较低值时数据条显得特别有效。

具体步骤如下：① 选择需要显示数据条的单元格或单元格区域。② 在"开始"选项卡的"样式"组中单击"条件格式"的下拉按钮，再展开的下拉列表中选择"数据条"命令。③ 在下级列表中选择数据条的填充颜色。此时返回工作表中，所有选中的单元格区域添加了数据条的显示效果。

4．使用色阶分析数据

色阶指用不同颜色刻度来分析单元格中的数据，颜色刻度作为一种直观的提示，可以帮助用户了解数据分布和数据变化。Excel 中常见的颜色刻度有双色刻度和三色刻度，颜色的深浅表示值的高低，如在绿、黄、红三色刻度中，可以指定较高值单元格的颜色为绿色，中间值单元格的颜色为黄色，而较低值单元格的颜色为红色，那么最高值单元格的颜色为最深的绿色，最低值单元格颜色为最深的红色。

选择需要用色阶显示的单元格或单元格区域，在"开始"选项卡的"样式"组中单击"条件格式"的下拉按钮，在展开的下拉列表中选择"色阶"命令，在下级列表中选择一种颜色刻度，此时返回工作表中，所有选中的单元格区域添加了某种颜色刻度的显示效果。

5．使用图表集分析数据

在 Excel 中，可以使用图表集对数据进行注释，还可以按阈值将数据分为 3~5 个类别，每个图标代表一个值的范围。例如，在三向箭头（彩色）图标中，绿色的上箭头代表较高值，黄色的横向箭头代表中间值，红色的下箭头代表较低值。

具体步骤如下：① 选择需要用图表集显示的单元格或单元格区域。② 在"开始"选项卡的"样式"组中单击"条件格式"的下拉按钮，在展开的下拉列表中选择"图表集"命令。③ 在下级列表中选择一种图表集样式。此时返回工作表中，所有选中的单元格区域呈现应用图表集样式后的显示效果。

用户除可以直接使用系统提供的内置图表集样式外，还可以创建自己的图表集组合。在"图表集"命令的下级列表中选择"其他规则"命令，在打开的对话框中进行设置即可。

6．自定义条件格式规则

除直接使用前面的规则项目来分析单元格数据外，Excel 还支持用户自定义规则（比如对重复数据设置红色背景）来分析单元格中的数据。

具体步骤如下：① 选择需要应用自定义条件格式的单元格或单元格区域。② 在"开始"选项卡的"样式"组中单击"条件格式"的下拉按钮，在展开的下拉列表中选择"新建规则"命令，打开"新建格式规则"对话框。③ 在对话框中选择规则类型并编辑规则说明，最后单击"确定"按钮。

7．清除规则

对某单元格或单元格区域清除应用的条件格式，可以在"开始"选项卡的"样式"组中单击"条件格式"的下拉按钮，在展开的下拉列表中选择"清除规则"命令，在下级列表中选择具体清除的对象即可。

4.4.2 数据清单

数据清单是包含一些相关数据的一系列工作表数据行，如图 4-23 所示的工作表 Sheet1 为某一数据清单。用户可以对数据清单进行排序、筛选、分类汇总和创建数据透视表等操作。

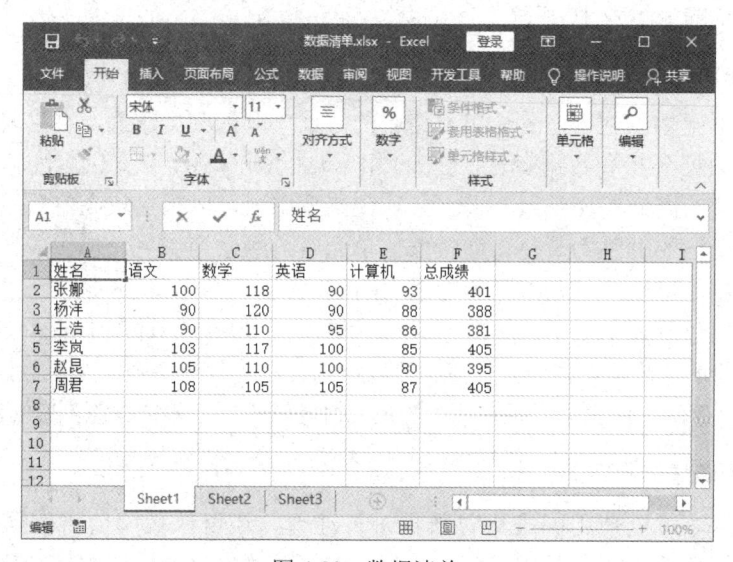

图 4-23 数据清单

要使工作表成为数据清单，必须具备以下几个条件。
（1）表中第一行（表头）为字段名，一般为文本。
（2）表中每一列为一个字段，用于存放相同类型的数据。
（3）表中每一行为一个记录，用于存放一组相关的数据。
（4）表中不允许夹杂其他数据，包括空行和空列。

如果在一张工作表中要包含多个数据清单，则它们之间以空行或空列分隔，但一般很少这样使用。

用户可以用以下两种方法来创建数据清单。
（1）直接在工作表中创建，即直接在单元格中输入数据，但必须满足上面数据清单的 4 个条件。
（2）使用 Excel 记录单。这种方法对于喜欢使用对话框来输入数据的用户来说会更加方便，步骤如下。

① 建立数据清单标题。
② 选择"记录单"命令。在 Excel 中，"记录单"命令默认不出现在功能区或快速访问工具栏中，需要手动添加：单击"文件"按钮，执行"选项"命令，打开"Excel 选项"对话框，单击"自定义功能区"或"快速访问工具栏"按钮，在"所有命令"中找到"记录单"命令，将其添加到"自定义功能区"或"快速访问工具栏"中。之后选择被添加到"自定义功能区"或"快速访问工具栏"中的"记录单"命令，打开如图 4-24 所示的对话框输入记录。

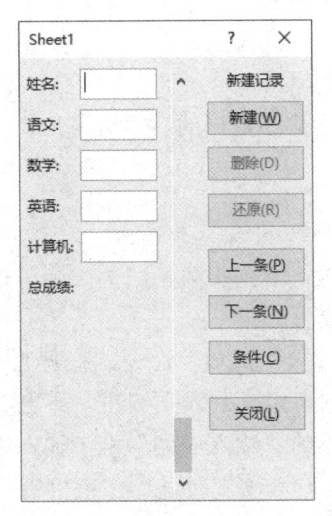

图 4-24 输入记录

③ 输入记录的各列数据（注意，输入每个数据后单击下一个文本框或按 Tab 键，不能按 Enter 键或方向键，否则按输入结束处理）。

④ 单击"新建"按钮可以继续输入下一条新记录。

单击"上一条"或"下一条"按钮可以定位记录，同时可以进行以下操作。

- 修改数据：直接修改。
- 添加记录：单击"新建"按钮。
- 删除记录：单击"删除"按钮。
- 查找记录：单击"条件"按钮，记录单内容全为空，输入的数据作为查找记录的条件，按回 Enter 键或单击"下一条"按钮进行查找，找到后再单击"下一条"按钮继续查找。

4.4.3 排序

在数据清单中输入数据后，经常需要对其进行排序，未经排序的数据看上去杂乱无章，不利于用户查找分析数据。数据排序分为简单排序、复杂排序和自定义排序。

1．简单排序

单击要排序的字段名，或者单击要排序字段中的任一单元格，然后在"数据"选项卡的"排序和筛选"组中单击"升序"按钮或者"降序"按钮，实现升序或者降序排序。

2．复杂排序

有时，需要对数据清单中的多个字段进行排序，这就需要用到复杂排序，其操作步骤如下。

（1）单击数据清单中的任一单元格。

（2）在"数据"选项卡中的"排序和筛选"组中选择"排序"命令，弹出"排序"对话框。

（3）在"排序"对话框的"主要关键字"下拉列表中选择需要排序的字段、排序依据及次序。如果还需要对其他字段进行排序，单击"添加条件"按钮添加"次要关键字"，选择次要关键字、排序依据及次序。

在 Excel 2019 中，可以作为排序依据的有"数值"、"单元格颜色"、"字体颜色"和"单元格图标"等。

3．自定义排序

如果按照上面两种方法仍然得不到想要的结果，则可以选择自定义排序，但用户需要先编辑一个自定义列表，具体步骤如下。

（1）单击"文件"按钮，选择"选项"命令，打开"Excel 选项"对话框，在对话框选择"高级"标签，单击"编辑自定义列表"按钮，弹出"自定义序列"列表。

（2）在"自定义序列"列表的"输入序列"框中输入序列，单击"添加"按钮，然后单击"确定"按钮，返回"Excel 选项"对话框，再单击"确定"按钮，自定义序列就创建好了。

（3）在"数据"选项卡的"排序和筛选"组中选择"排序"命令，弹出"排序"对话框，在"排序"对话框中依次选择排序的字段、排序依据及次序，在"次序"下拉列表中选择"自定义序列"命令，弹出"自定义序列"对话框，在对话框中选择之前定义的序列。

注意：如果没有事先定义序列，用户也可以在排序时定义序列，在排序"次序"下选择"自定义序列"命令后，在打开的"自定义序列"对话框中添加即可。

4.4.4 分类汇总

分类汇总是 Excel 中最常用的功能之一，是指先将数据清单按照某个字段进行分类，然后再进行求和、计数、平均值、最大值、最小值、乘积等汇总计算。

需要注意的是，在分类汇总前，必须先对数据清单按分类字段进行排序。以如图 4-25 所示的公务员考试成绩表为例，为了了解各报考单位总成绩的平均值，可以按以下步骤进行操作。

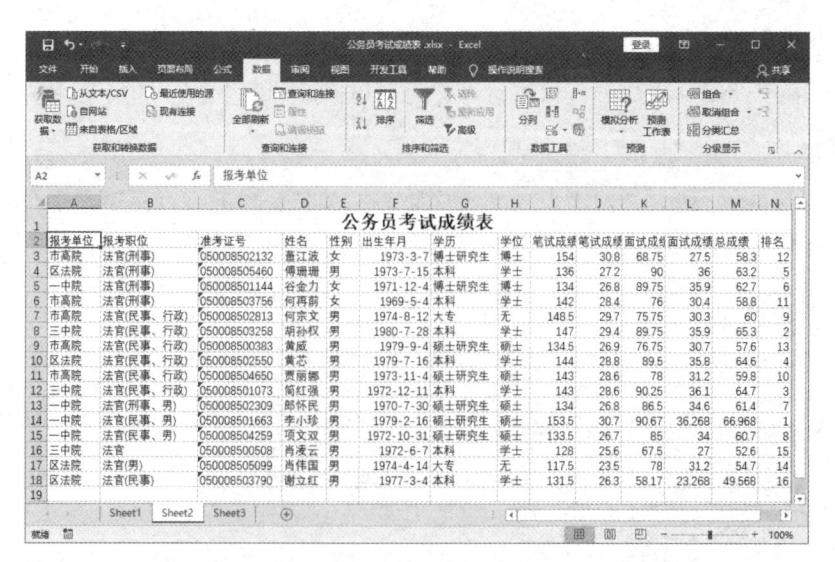

图 4-25　公务员考试成绩表

（1）对公务员考试成绩表按"报考单位"进行排序。

（2）在"数据"选项卡的"分级显示"组中选择"分类汇总"命令，弹出"分类汇总"对话框。

（3）设置"分类字段"、"汇总方式"和"选定汇总项"，如图 4-26 所示，单击"确定"按钮，结果如图 4-27 所示。

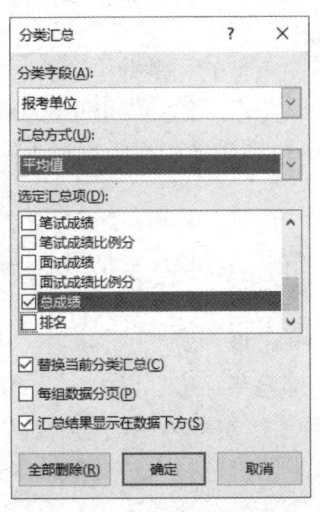

图 4-26 "分类汇总"对话框

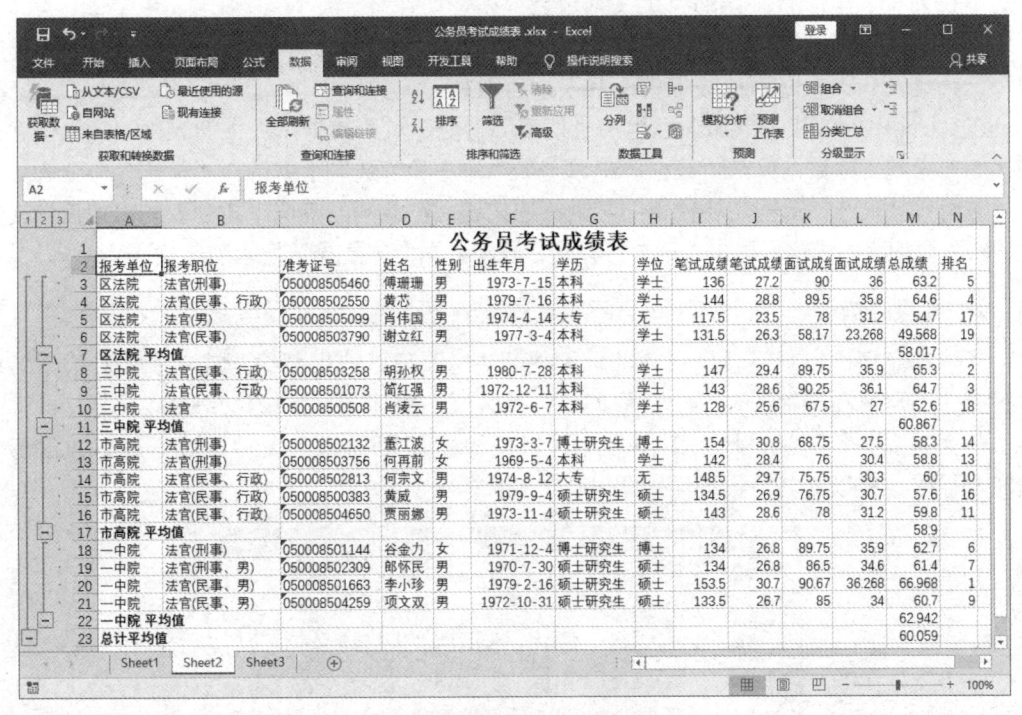

图 4-27 "分类汇总"结果

用户可以通过行号左边的分级显示符号，显示或隐藏细节数据，1 2 3 分别表示 3 个级别，其中后一级别为前一级别提供细节数据，在图 4-27 中，总的汇总结果属于级别 1，各报告单位的汇总结果属于级别 2，考生的细节数据属于级别 3。用户可以单击级别符号 1 2 3 或 -、+ 来显示或隐藏某一级别下的细节数据。

如果要删除分类汇总，可以在"数据"选项卡的"分级显示"组中选择"分类汇总"命令，在弹出的"分类汇总"对话框中单击"全部删除"按钮。

4.4.5 数据筛选

要从大量记录中找出满足某个条件的记录并不容易，筛选就是用于查找数据清单中满足条件数据的一种快捷方法，经过筛选后的数据清单只显示符合条件的数据，将不符合条件的数据隐藏起来。Excel 提供了自动筛选和高级筛选两种筛选方法。

1．自动筛选

一次只能对工作表中的一个数据清单使用自动筛选功能，对同一列数据最多可以应用两个条件。其操作步骤如下。

（1）单击数据清单中的任一单元格。

（2）在"数据"选项卡的"排序和筛选"组中选择"筛选"命令，数据清单中每个字段名旁边将显示一个向下的小箭头，被称为"筛选箭头"。单击筛选箭头，弹出筛选列表，在列表中选中需要的数据，也可以选择自定义筛选方式，在筛选列表中，常见的自定义筛选方式有：文本筛选、数字筛选、日期筛选等。选择它们中的任何一个，都会弹出对应的下拉列表，里面有具体的自定义筛选方式。

如果需要取消自动筛选，只需在"数据"选项卡的"排序和筛选"组中选择"筛选"命令，筛选箭头消失，筛选被取消，显示所有数据。

在 Excel 中，增加了更加人性化的"搜索"功能，对于数据量庞大的表格，可以快速而直接地搜索到目标数据。在"数据"选项卡的"排序和筛选"组中选择"筛选"命令为数据清单应用自动筛选，单击需要搜索的某列筛选按钮，在展开的筛选下拉列表的"搜索"文本框中输入要搜索的内容，单击"确定"按钮，在原数据清单中显示搜索的结果。

2．高级筛选

当筛选条件比较多或者用自动筛选无法解决时，可以选用高级筛选功能来对数据清单进行筛选。所谓高级筛选，其实是根据"条件区域"来筛选。其操作步骤如下。

（1）建立条件区域，比如 B10:D11 区域，如图 4-28 所示。条件区域一般与数据清单相隔一行或一列以上，与数据清单隔开。

	A	B	C	D	E	F	G
1	姓名	语文	数学	英语	计算机	总成绩	
2	张娜	100	118	90	93	401	
3	杨洋	90	120	90	88	388	
4	王浩	90	110	95	86	381	
5	李岚	103	117	100	85	405	
6	赵昆	105	110	100	80	395	
7	周君	108	105	105	87	405	
8							
9							
10		语文	数学	计算机			
11		>90	>=102	<=90			
12							

图 4-28　高级筛选—建立条件区域

（2）在数据清单中选择任一单元格，选择"数据"选项卡中"排序和筛选"组的"高级"命令，打开"高级筛选"对话框，如图 4-29 所示。

图 4-29 "高级筛选"对话框

（3）在"方式"选项区中选中"在原有区域显示筛选结果"单选按钮，可将筛选结果显示在原数据清单中；选中"将筛选结果复制到其他位置"单选按钮，可将筛选结果显示在其他工作表中。

（4）在"列表区域"和"条件区域"文本框中输入要筛选的数据区域和含有筛选条件的条件区域，或者直接用鼠标在工作表中选定。

（5）如果要筛选掉重复的记录，则选中"选择不重复的记录"复选框。

当需要取消高级筛选时，可以选择"数据"选项卡中"排序和筛选"组的"取消"命令，筛选被取消，显示所有数据。

在 Excel 中，除使用条件格式、排序、筛选及分类汇总这些分析工具来分析和整理数据外，还可以用数据工具来完成一些对数据的特殊处理，这些数据工具集中在"数据"选项卡的"数据工具"组中。详细介绍如下。

（1）分列：将工作表中的一个单元格内容分成多个单独的列。

（2）删除重复项：删除工作表中所有有重复项，只保留唯一值。

（3）数据验证：可以防止在单元格中输入无效的数据，如可以设置只允许输入某个范围内的证书或者指定的文本长度等规则。

（4）合并计算：将多个数据区域的内容合并到一个区域中，系统会自动将标签相同的数据项进行合并，即使各区域中标签的位置不同也可以完成合并计算。

（5）模拟分析：在单元格中更改值，以查看这些更改将如何影响工作表中公式结果的过程。有 3 种模拟分析工具，分别是方案管理器、模拟运算表和单变量求解。方案管理器和模拟运算表可获取一组输入值并确定可能的结果。模拟运算表仅可以处理一个或两个变量，但可以接受这些变量的众多不同的值；一个方案可具有多个变量，但它最多只能容纳 32 个值。单变量求解与方案管理器和模拟运算表的工作方式不同，前者获取结果并确定生成该结果的可能的输入值。

4.4.6 图表

图表比数据更有说服力，Excel 能将电子表格中的数据转换成各种类型的统计图表，使数据看上去更加直观、简洁、明了，有助于用户分析和处理数据。当工作表中的数据源发生变化时，图表中相应的部分也会自动更新。

1. 建立图表

图表是工作表数据的图形表示，图表随工作表数据更改而更新。建立图表的操作步骤如下。

（1）选定生成图表的数据区域，包括行、列标题和数据，这样才能在图表中完整显示。

（2）创建图表。在"插入"选项卡的"图表"组中单击"推荐的图表"按钮，打开"插入图表"对话框，如图 4-30 所示，在该对话框中选择所需的图表类型，单击"确定"按钮，生成默认效果的图表。

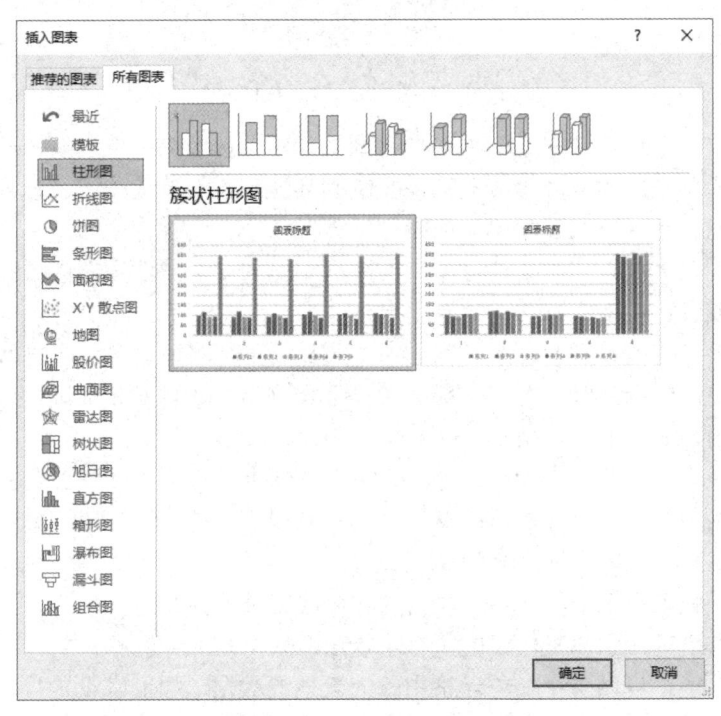

图 4-30 "插入图表"对话框

Excel 提供了多种图表类型，每种图表类型又可分为几个子图表类型，常见的图表类型有：柱形图、折线图、饼图、条形图、面积图等。

2. 编辑图表

在创建好图表之后，可以根据需要对图表进行修改和调整，包括调整图表的位置和大小，以及数据的增加、删除和修改等。

（1）改变图表的位置和大小。

图表建立后，如果对位置不满意，可以将它移到目标位置。方法是鼠标指针移至图表中，当指针变为"十"字箭头时，按下鼠标左键，拖动图表到新的位置后，释放鼠标左键即可。

要改变图表的大小，将鼠标移到尺寸柄上，当鼠标指针变成双向箭头时拖动尺寸柄到单实线所示的合适大小时松开鼠标。

在 Excel 中，图表的大小也可以使用功能区进行设置：单击"图表工具"的"格式"选项卡，在"大小"组中单击对话框启动启按钮，打开"设置图表区格式"对话框，用户可以在此对话框中设置图表的大小。

（2）更改图表类型。

在图表建立好以后，也可以更改图表类型。在图表区中单击，功能区选项卡多出"设计""布局""格式"3个"图表工具"选项卡，选择"设计"选项卡，在"类型"组中单击"更改图表类型"按钮，打开"更改图表类型"对话框，选择图表类型和子图表类型后单击"确定"按钮。

（3）图表数据的增删和修改。

要增加或删除图表中的数据，先单击图表，单击"图表工具"的"设计"选项卡，在"数据"组中单击"选择数据"按钮，打开"选择数据源"对话框，如图 4-31 所示，在该对话框的"图表数据区域"文本框中输入新的数据区域地址，或者单击其右侧的单元格引用按钮直接选择新的数据区域。

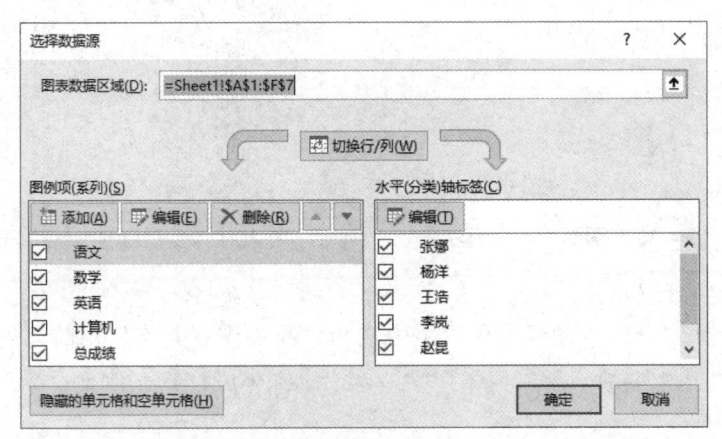

图 4-31 "选择数据源"对话框

修改图表中数据时，只需修改工作表单元格中的数据，图表中的数据可随之改变。

（4）设置图表标签。

图表标签通常包括图表标题、坐标轴、图例、数据标签及模拟运算表等。用户可以设置是否在图表中显示这些标签以及设置它们的格式。在 Excel 2019 中，设置标签的命令按钮位于"图表工具"的"设计"选项卡的"图表布局"组中，如图 4-32 所示。

图 4-32 "图表工具"的"设计"选项卡"图表布局"组

① 设置图表标题。在"图表布局"组中选择"添加图表元素"中的"图表标题"命令，在展开的下拉列表中选择图表标题的位置，随后，在图表上方被插入了"图表标题"4 个字，单击并输入所需的标题文字即可。

②设置坐标轴标题。在"图表布局"组中选择"添加图表元素"中的"坐标轴标题"命令,从展开的下拉列表中选择"主要横坐标轴标题"或"主要纵坐标轴标题"命令,从下级列表中选择需要的标题位置,随后,在图表上添加了坐标轴标题占位符,单击并输入所需的实际坐标轴标题文字即可。

③设置图例。在"图表布局"组中选择"添加图表元素"中的"图例"命令,在展开的下拉列表中选择需要的图例位置,如图4-33所示。

④设置数据标签。在"图表布局"组中选择"添加图表元素"中的"数据标签"命令,在展开的下拉列表中选择数据标签的位置,如图4-34所示。如果要隐藏数据标签,只需在"标签"组中选择"添加图表元素"中的"数据标签"命令,从展开的列表中选择"无"命令即可。

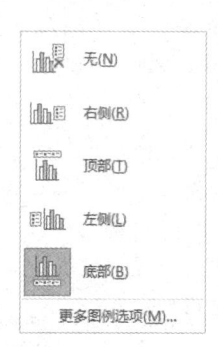

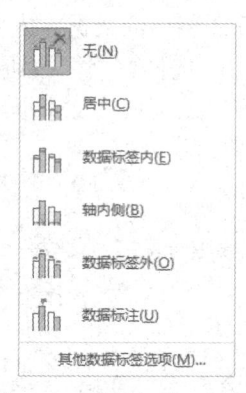

图4-33 "图例"下拉列表　　　　图4-34 "数据标签"下拉列表

(5) 设置坐标轴和网格线。

①设置坐标轴。在"图表布局"组中选择"添加图表元素"中的"坐标轴"命令,在展开的下拉列表中选择"主要横坐标轴"或"主要纵坐标轴"命令,从下级列表中选择需要的坐标轴即可。

②设置网格线。在"图表布局"组中选择"添加图表元素"中的"网格线"命令,在展开的下拉列表中选择"主轴主要网格线"或"主轴次要网格线"命令,从下级列表中选择需要的网格线即可。

(6) 图表的格式化。

如果对生成的图表样式不满意,还可以对图表中的每个项目进行格式设置,实现对图表的美化。图表中的项目包括图表区、绘图区、数据系列、数据点、坐标轴、网格线、图例、图表标题等,所有关于它们的设置,只需右击对应的项目,在弹出的快捷菜单中选择对应的项目格式,便会打开对应项目的设置对话框,在其中进行设置即可。

例如,需要对图表标题进行设置,右击图表标题后在弹出的快捷菜单中选择"设置图表标题格式"命令,打开"设置图表标题格式"对话框,在其中进行设置。另外,对于图表中的所有文字对象都可以通过"开始"选项卡的"字体"组设置字体格式。

除自己设置图表格式外,应用图表的内置样式是使图表拥有专业外观的最快捷的方法。选择图表,在"图表工具"的"设计"选项卡"图表样式"组中选择一种图表样式,随即工作表中的图表会应用该样式。

（7）分析图表数据。

用户还可以为图表添加趋势线、折线、误差线等来分析图表。

用户可以为图表添加趋势线来分析数据在几个周期后的趋势走向等，具体步骤如下：选中工作表中已创建的图表，在"图表布局"组中选择"添加图表元素"中的"趋势线"命令，在展开的下拉列表中选择某种趋势线（如"线性趋势线"）。如果需要修改设置的趋势线格式，则选择"趋势线"中的"其他趋势线选项"命令，弹出"设置趋势线格式"对话框，用户可以在其中设置线条颜色、线型、阴影等。

其他分析线的添加与趋势线的添加类似，这里不再重复说明。

设置快速布局：在"图表布局"组中单击"快速布局"的下拉按钮，在展开的下拉列表中选择需要的布局方式，如图 4-35 所示。

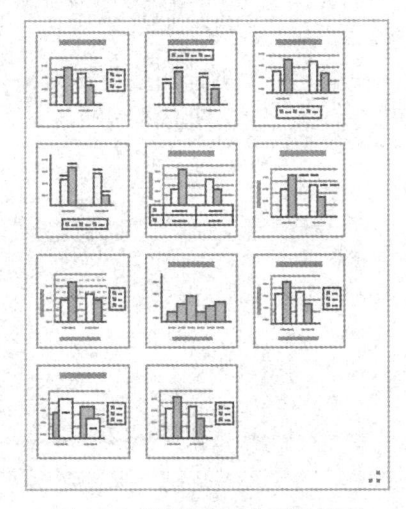

图 4-35 "快速布局"下拉列表

4.4.7 迷你图的使用

迷你图与工作表上的图表不同，迷你图不是对象，实际上是以单元格为绘图区域的一个微型图表，可提供数据的直观表示，显示数据系列中的趋势，或者突出显示最大值和最小值等。虽然行或列中呈现的数据很有用，但很难一眼看出数据的分布形态，在数据旁边放置迷你图将达到最佳表示效果，其主要特点如下。

- 迷你图可以通过清晰简明的图形方式显示相邻数据的趋势。
- 迷你图只需占用少量的空间。
- 方便用户快速查看迷你图与其基本数据之间的关系。
- 当数据发生改变时，迷你图会进行相应的更改。
- 不仅可以为一行或一列数据创建一个迷你图，还可以通过选择与基本数据相对应的多个单元格来同时创建若干迷你图。

1. 创建迷你图

迷你图的类型通常包括 3 种：折线类型、柱形类型及盈亏类型。具体创建步骤如下。

（1）在"插入"选项卡的"迷你图"组中选择某迷你图类型（如"折线图"），弹出

"创建迷你图"对话框。

（2）在"创建迷你图"对话框中设置"数据范围"和放置迷你图的"位置范围"，如图 4-36 所示。

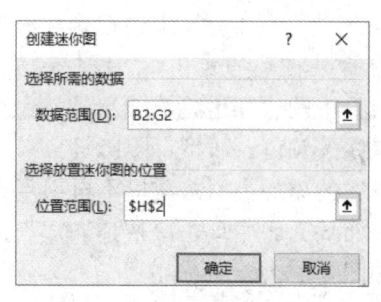

图 4-36 "创建迷你图"对话框

（3）单击"确定"按钮，在单元格中创建的迷你图效果如图 4-37 所示。向下拖动单元格 H4 右下角的填充柄至单元格 H6，迷你图会被自动填充，如图 4-38 所示。

图 4-37 迷你图效果

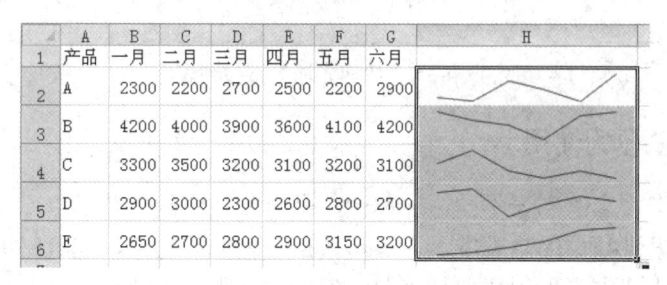

图 4-38 自动填充迷你图效果

2．编辑迷你图

创建好的迷你图可以更改类型、更改数据范围、显示数据点、设置样式等。

（1）更改迷你图类型。选择已创建的迷你图，在"迷你图工具"的"设计"选项卡的"类型"组中选择其他类型迷你图即可。如图 4-39 所示为选择"柱形图"后的效果。

（2）更改数据范围。选择已创建的迷你图，在"迷你图工具"的"设计"选项卡的"迷你图"组中单击"编辑数据"的下拉按钮，从下拉列表中选择"编辑组位置和数据"命令，弹出"编辑迷你图"对话框，将数据范围重新设置即可。

（3）显示数据点。默认情况下创建的迷你图并没有显示数据标记。选择已创建的迷你图，在"迷你图工具"的"设计"选项卡的"显示"组中选中设置迷你图的数据标记。

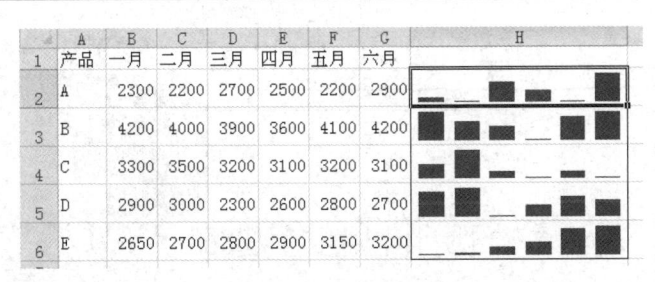

图 4-39　柱形迷你图

（4）设置样式。选择已创建的迷你图，在"迷你图工具"的"设计"选项卡的"样式"组中单击"其他"按钮，从样式库中选择应用一种迷你图样式。单击"样式"组的"迷你图颜色"和"标记颜色"的下拉按钮，从下拉列表中可以选择需要的颜色美化迷你图。

4.4.8　数据透视表和数据透视图

数据透视表和数据透视图是 Excel 2019 的"利器"，能够让庞大而略显凌乱的数据表瞬间变得有条理起来。其中，数据透视表是一种对大量数据快速汇总和建立交叉列表的交互式动态表格，能够对行、列进行转换以查看源数据的不同汇总结果，并显示不同页面以筛选数据，还可以根据需要显示区域中的明细数据，帮助用户分析、组织数据。它有机地综合了数据排序、筛选、分类汇总等数据分析的优点，是最常用、功能最全的 Excel 数据分析工具之一。数据透视图是另一种数据表现形式，与数据透视表不同的地方在于它允许选择适当的图表及多种颜色来描述数据的特性。

1. 创建数据透视表

以健康检查表为例，为了查看不同专业、不同性别学生身高的平均值，可进行以下操作。

（1）在"插入"选项卡的"表格"组中单击"数据透视表"的下拉按钮，在展开的下拉列表中选择"数据透视表"命令，打开"创建数据透视表"对话框。

（2）在"创建数据透视表"对话框中选择要分析的数据和放置数据透视表的位置（"新工作表"或"现有工作表"），单击"确定"按钮。

（3）随后，在指定的位置创建了一个数据透视表模板，并自动在右侧显示"数据透视表字段列表"窗格，如图 4-40 所示，在该窗格中根据自己的设计需要，用鼠标拖动这些字段，放置在左边数据透视表模板相应的位置即可。例如，将"专业"字段拖到"行"上；"性别"字段拖到"列"上；"身高"字段拖到"值"区域并双击，打开"值字段设置"对话框，选择"平均值"汇总方式，如图 4-41 所示，单击"确定"按钮。创建好的数据透视表如图 4-42 所示。

2. 设置和编辑数据透视表

（1）字段设置和值字段设置。

被添加到数据透视表"值"区域的字段称为值字段，而其他 3 个区域的字段称为"字段"。通常，字段设置除可以更改字段的名称外还可以设置字段的分类汇总和筛选、布局

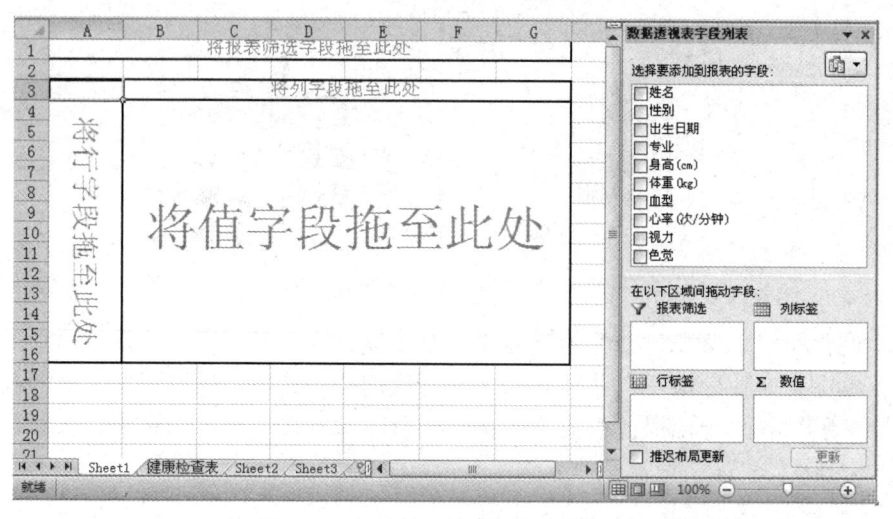

图 4-40　创建的"数据透视表模板"

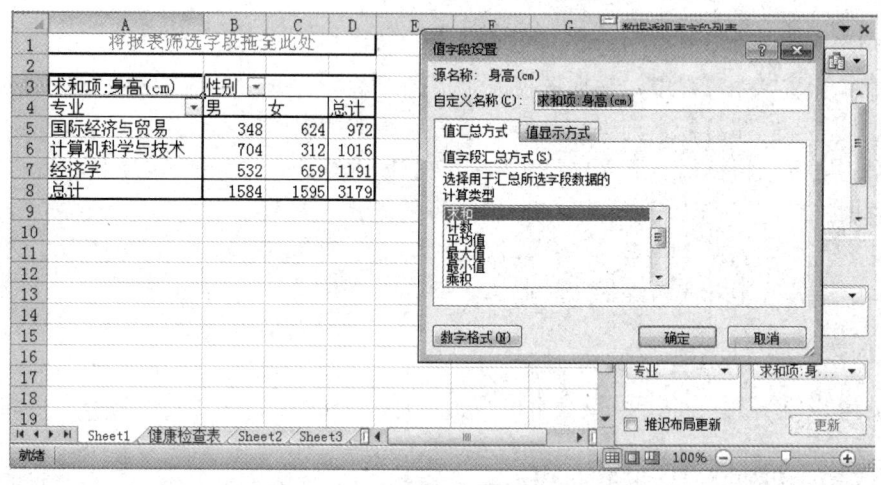

图 4-41　"值字段设置"对话框

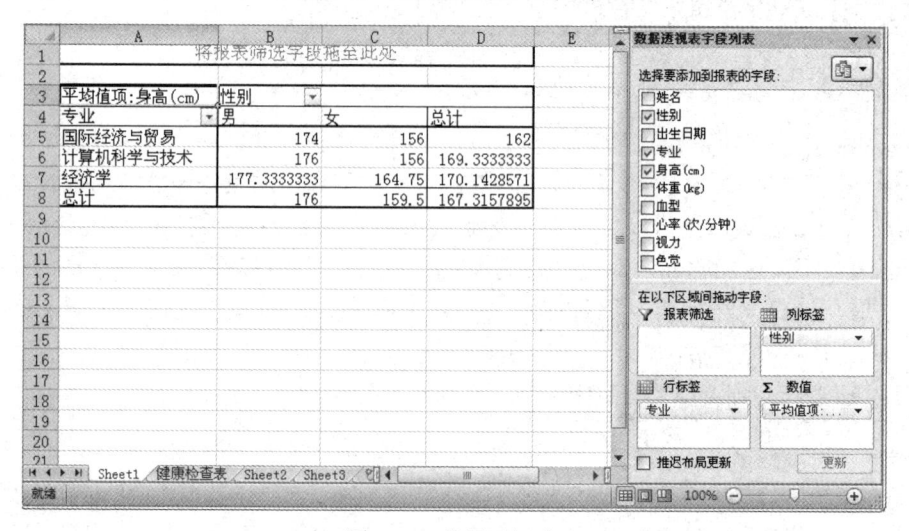

图 4-42　数据透视表

和打印等选项，而值字段还可以设置值的汇总方式、显示方式和数字格式等。所有这些属性的设置都可以通过对话框进行，右击需要修改的字段，在弹出的快捷菜单中选择"字段设置"或"值字段设置"命令，打开"字段设置"或"值字段设置"对话框，更改需要的设置即可。

（2）设置数据透视表计算方式。

① 按值汇总。选择某数据透视表，单击"数据透视表工具"的"选项"选项卡的"计算"组中的"按值汇总"下拉按钮，在展开的下拉列表中选择需要的值汇总方式。

② 值显示方式。选择数据透视表，单击"数据透视表工具"的"选项"选项卡的"计算"组中的"值显示方式"下拉按钮，在展开的下拉列表中选择需要的值显示方式。

③ 域、项目和集。使用 Excel 中的公式在数据透视表中创建计算字段和计算项，使得数据透视表的计算更加灵活。计算字段是通过对表中现有的字段执行计算后得到的新字段；计算项是在已有的字段中插入的新项，是通过对该字段现有的其他项执行计算后得到的。一旦创建了自定义的字段或项，Excel 就允许在表格中使用它们，它们就像是在数据源中真实存在的。

- 添加计算字段。选择某数据透视表，单击"数据透视表工具"的"选项"选项卡的"计算"组中的"域、项目和集"下拉按钮，在展开的下拉列表中选择"计算字段"命令，弹出"插入计算字段"对话框，在其中输入计算字段的名称和公式，如图 4-43 所示。
- 添加计算项。单击要创建计算项的对应字段名，在"数据透视表工具"的"选项"选项卡的"计算"组中单击"域、项目和集"下拉按钮，在展开的下拉列表中选择"计算项"命令，弹出打开"在'**'中插入计算字段"对话框，在其中输入计算项的名称和公式，"在'性别'中插入计算字段"对话框如图 4-44 所示。

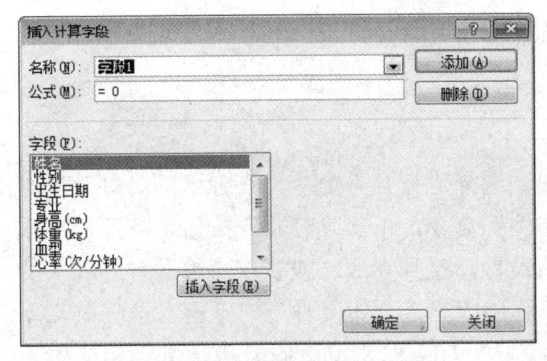

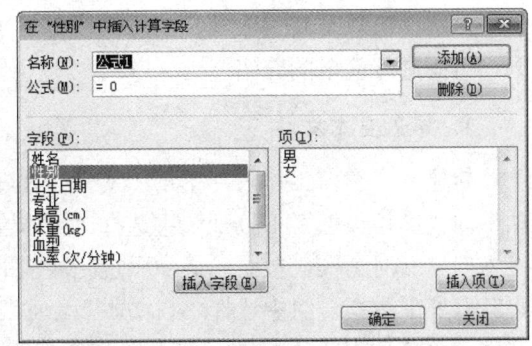

图 4-43 "插入计算字段"对话框　　图 4-44 "在'性别'中插入计算字段"对话框

3．美化数据透视表

为了使数据透视表拥有更加专业的外观，可以使用内置样式来快速美化数据透视表，如果对内置样式不满意，还可以自定义数据透视表样式。

（1）应用数据透视表样式。

选择某数据透视表，在"数据透视表工具"的"设计"选项卡的"数据透视表样式"组中单击"其他"下拉按钮，显示整个数据透视表样式下拉列表，从中选择需要的样式即可。

（2）新建数据透视表样式。

选择某数据透视表，在"数据透视表工具"的"设计"选项卡的"数据透视表样式"组中单击"其他"下拉按钮，在展开的下拉列表中选择"新建数据透视表样式"命令，弹出"新建数据透视表快速样式"对话框，从中选择需要设置的表元素，并单击"格式"按钮进行设置。

4．创建数据透视图

数据透视图与数据透视表不同的地方在于，它可以选择适当的图形、多种色彩来描述数据的特性，更加形象化地体现数据情况。用户可以直接根据数据创建数据透视图，也可以根据已经创建好的数据透视表来创建数据透视图。

（1）根据数据透视表创建数据透视图。

选择某数据透视表，在"数据透视表工具"的"设计"选项卡的"工具"组中单击"数据透视图"按钮，弹出"插入图表"对话框，选择需要的图表类型，单击"确定"按钮即可生成对应的数据透视图。

（2）直接根据数据创建数据透视图。

在"插入"选项卡的"表格"组中单击"数据透视表"的下拉按钮，在展开的下拉列表中选择"数据透视图"命令，打开"创建数据透视表及数据透视图"对话框。在对话框中选择要分析的数据和放置数据透视表及数据透视图的位置，单击"确定"按钮。此后，在创建数据透视表的同时也创建了数据透视图。

4.4.9 外部数据的导入

一些已有的数据文件，如文本文件、数据库文件中的数据等可以直接导入 Excel 工作表中，这样可以节省输入数据的时间，提高工作效率。而不同的文件导入方式也有一些不同，下面进行简单的介绍。

1．导入文本文件

新建一个空白工作表，单击"文件"按钮，选择"打开"命令，在弹出的"打开"对话框的"文件类型"下拉列表中选择"文本文件"命令，单击"打开"按钮，打开"文本导入向导"对话框，按照向导步骤进行相应的设置，直到完成。或者在"数据"选项卡的"获取外部数据"组中选择"自文本"命令，弹出"导入文本文件"对话框，选择某文本文件，单击"导入"按钮，打开"文本导入向导"对话框，按照向导步骤进行相应的设置，直到完成。

2．导入数据库文件

Excel 可以从其他数据库文件中批量导入数据，如 Access 数据库文件。在"数据"选项卡的"获取外部数据"组中选择"自 Access"命令，弹出"选取数据源"对话框，选中相应的 Access 数据库文件，单击"打开"按钮，选择需要打开的数据库文件中的表，最后选择存放数据的第一个单元格，单击"确定"按钮。

3. 导入 XML 文件

在"数据"选项卡的"获取外部数据"组中单击"自其他来源"下拉按钮,在展开的下拉列表中选择"来自 XML 数据导入"命令,弹出"选取数据源"对话框,选中相应的 XML 文件,单击"打开"按钮,导入所需的 XML 文件。

4.4.10 打印

用户在创建、编辑和格式化工作表后,可以将其保存或者打印出来。在打印之前,可以先对工作表进行"页面设置""打印预览"等操作,然后再打印输出。

1. 页面设置

页面设置可以改变打印方向、纸张大小、页边距及页眉页脚等。在"页面布局"选项卡的"页面设置"组中有"页边距""纸张方向""纸张大小"等各种命令,可选择需要的命令进行设置。或者在"页面布局"选项卡的"页面设置"组中单击对话框启动器按钮,在弹出的"页面设置"对话框中进行设置,如图 4-45 所示。

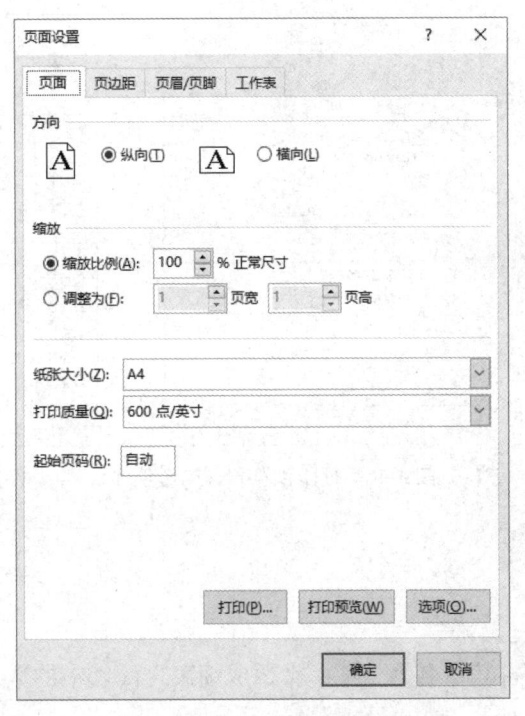

图 4-45 "页面设置"对话框

(1)选择"页面"选项卡,可以设置如下内容:在"方向"选项区中,可以设置纸张的打印方向(横向或纵向);在"缩放"选项区中的"缩放比例"微调框中选择缩放百分比,可调范围在 10%~400%之间;在"纸张大小"下拉列表中选择纸张的类型。

(2)选择"页边距"选项卡,可以设置页边距(上、下、左、右 4 个方向打印区域与纸张边缘之间的留空距离)和页面居中方式。

(3)选择"页眉/页脚"选项卡,可以设置预定义的页眉页脚格式。如果要删除已经添加的页眉或页脚，则在"页眉"或"页脚"下拉列表中选择"无"命令。

（4）选择"工作表"选项卡，可以设置如下内容：在"打印区域"选项区中可以选择需要打印的区域；在"打印标题"选项区中可以设置顶端和左端的标题；还可以选择是否打印网格线、行号列标，以及设置打印顺序等。

2. 打印输出

完成工作表的编辑和页面设置后，便可打印工作表了。在 Excel 2019 中，打印预览功能和打印功能被放在了一起。具体打印步骤如下。

（1）选择"文件"中的"打印"命令，打开打印预览和打印选项面板。

（2）选项面板右侧是打印预览的效果，如图 4-46 所示，可以单击右下角的"缩放到页面"按钮和"显示边距"按钮查看工作表的打印效果、设置页边距等。若对预览结果满意，可以打印输出。

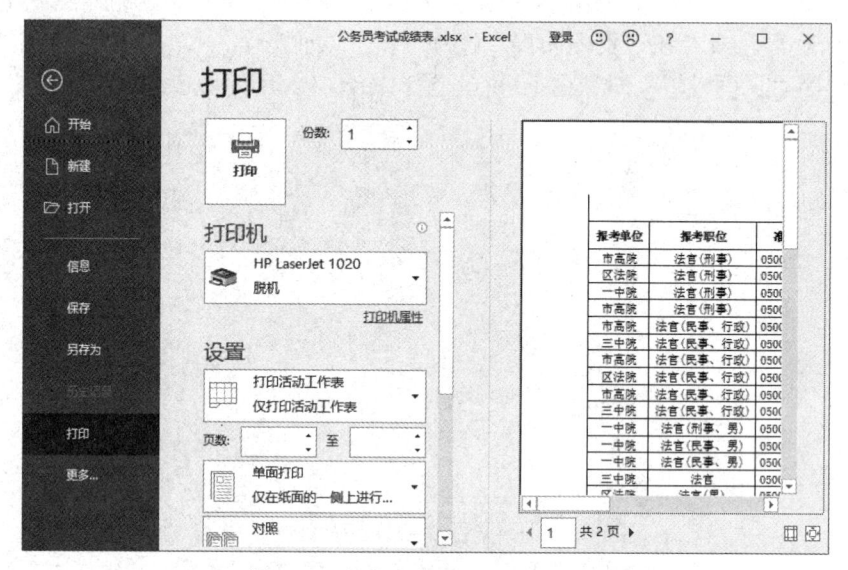

图 4-46　打印预览和打印选项面板

4.5　习题

（1）新建工作表，将其命名为"期中考试成绩表"，表中的数据见表 4-13。

表 4-13　期中考试成绩表

学　号	姓　名	高等数学	大学语文	英　语	计 算 机
001	杨平	88	65	82	89
002	张小东	85	76	90	95
003	王晓杭	89	87	77	92
004	李立扬	90	86	89	96
005	钱明明	73	79	87	88
006	程坚强	81	91	89	90

(续表)

学　号	姓　　名	高 等 数 学	大 学 语 文	英　语	计 算 机
007	叶明放	86	76	78	80
008	周学军	69	68	86	99
009	赵爱军	85	68	56	81
010	黄永抗	95	89	93	86

① 在表格的下方增加一行，行标题为"平均成绩"，求得每门课程的平均成绩（小数取 2 位），填入相应的单元格中。

② 在表格的右边增加一列，列标题为"总分"，求得每位学生的总分，填入相应的单元格中。

③ 将"学号""姓名""总分"列所在单元格区域的内容复制到另一张工作表的 A1:C11 区域中，取名为"期中总成绩表"，要求"期中总成绩表"中的"总分"会随"期中考试成绩表"的变化而变化，并按"总分"列降序排列。

④ 根据"期中总成绩表"中"总分"列的数据在该表上创建一个"饼图"，显示在 D1:H11 区域，要求以"姓名"为"图例项"，图例位于图表中"靠左"。

（2）如何创建和使用迷你图？

（3）什么叫数组公式？数组公式在操作上有什么特点？

（4）如何理解单元格引用时的绝对地址和相对地址？

（5）在单元格中如何输入分数（如 1/3）？如何输入文本类型数字（如 00001）？如何实现自定义列表输入？如何在一个单元格中输入两行数据？

（6）在 Sheet3 的 A1 单元格中设置只能录入 5 位数字或文本。当录入位数错误时，提示错误原因，样式为"警告"，错误信息为"只能录入 5 位数字或文本"。在 Sheet5 中设置 A 列中不能输入重复的数值。

（7）使用实例分析比较函数 VLOOKUP 和 HLOOKUP 的应用。

（8）在 B1 单元格中输入时间值，使用 ROUND 函数将其舍入最接近的小时数、最接近的分钟数、最接近的 15 分钟的倍数。

（9）贷款 100 万元，年限 10 年，贷款利率 5%，每月应偿还多少金额（月末）？

（10）如何创建数据透视图表？

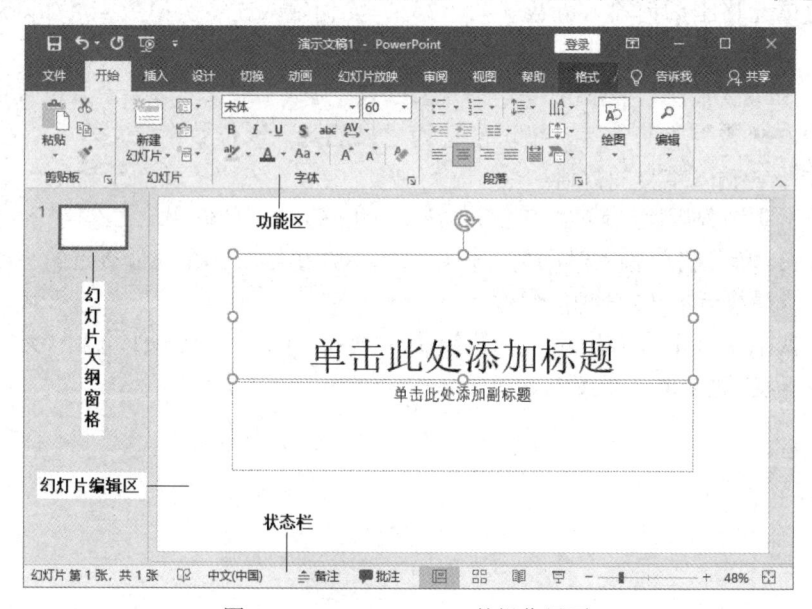

第 5 章　PowerPoint 2019 高级应用

Microsoft PowerPoint（简称 PowerPoint）是办公软件 Microsoft Office 家族中的一员，是一个功能很强的演示文稿制作工具。PowerPoint 主要用于幻灯片的制作和演示，利用 PowerPoint 不仅可以制作出包含文字、图像、音频和视频的多媒体演示文稿，还可以创建高度交互的演示文稿，并可以通过计算机网络进行演示。

5.1　演示文稿的制作

5.1.1　PowerPoint 2019 操作界面和视图

1．PowerPoint 2019 操作界面

启动 PowerPoint 2019 后，用户可以看到如图 5-1 所示的操作界面，该操作界面主要分为 4 个区域，分别是"功能区"、"幻灯片/大纲窗格"、"幻灯片编辑区"和"状态栏"。

图 5-1　PowerPoint 2019 的操作界面

（1）功能区。

PowerPoint 2019 的功能区是用户对幻灯片进行设置、编辑和查看效果的命令区，相当于 PowerPoint 2003 及更早版本中的菜单栏和工具栏。功能区上的常用命令主要分布在 9 个选项卡中，分别为"文件""开始""插入""设计""切换""动画""幻灯片放映""审阅""视图"选项卡，它们的主要用途如下。

① "文件"选项卡用于创建新文件、打开或保存现有文件和打印演示文稿。

② "开始"选项卡用于插入新幻灯片、将对象组合在一起以及设置幻灯片上的文本格式。

③ "插入"选项卡用于将表、形状、图表、页眉或页脚插入演示文稿中。

④ "设计"选项卡用于自定义演示文稿的背景、主题设计和颜色或页面设置。

⑤ "切换"选项卡用于对幻灯片应用、更改或删除切换效果。

⑥ "动画"选项卡用于对幻灯片上的对象应用、更改或删除动画。

⑦ "幻灯片放映"选项卡用于放映幻灯片放映、设置自定义幻灯片放映和隐藏幻灯片。

⑧ "审阅"选项卡用于检查拼写、更改演示文稿中的语言或比较当前演示文稿与其他演示文稿的差异。

⑨ "视图"选项卡主要用于查看幻灯片母版、备注母版、幻灯片浏览,还可以在这里打开或关闭标尺、网格线和绘图指导等。

(2) 幻灯片/大纲窗格。

幻灯片/大纲窗格由"幻灯片"和"大纲"两个选项卡组成。使用"幻灯片"选项卡可以轻松实现插入、删除、移动、复制、隐藏幻灯片和设置幻灯片版式等操作。使用"大纲"选项卡有助于组织和编辑演示文稿的内容,可方便调整项目内容的大纲级别。

(3) 幻灯片编辑区。

幻灯片编辑区由"幻灯片"窗格和"备注"窗格组成,"幻灯片"窗格以大视图形式显示当前幻灯片,演示文稿中的所有幻灯片都是在此处编辑完成的,在此窗格中能够轻松添加、编辑和设置文本、图片、表格、SmartArt 图形、图表、图形对象、文本框、视频、音频、超链接和动画等各种对象,除了幻灯片切换和动画等需放映的效果,这里显示了幻灯片的最终设计外观。"备注"窗格位于编辑区的下方,可在此输入幻灯片的相关备注,备注信息在演示文稿放映时不会出现,当其被打印为备注页时才显示。

(4) 状态栏。

状态栏用于显示当前编辑的幻灯片的所处状态,主要包括幻灯片的总页数和当前页码、语言状态、幻灯片视图状态和幻灯片的缩放比例等。

2. PowerPoint 2019 的视图

在 PowerPoint 2019 中,可用于编辑、打印和放映演示文稿的视图有:
- 普通视图;
- 幻灯片浏览视图;
- 备注页视图;
- 幻灯片放映视图;
- 阅读视图;
- 母版视图。

在功能区"视图"选项卡的"演示文稿视图"组和"母版视图"组中进行操作,可以切换到各种视图。在这些视图中,普通视图、大纲视图、幻灯片浏览视图、备注页视图和阅读视图是最常用的视图,本节只介绍这几个视图,关于母版视图的内容将在后面进行介绍。这几个视图的切换也可以通过状态栏的视图按钮来实现，如图 5-2 所示。

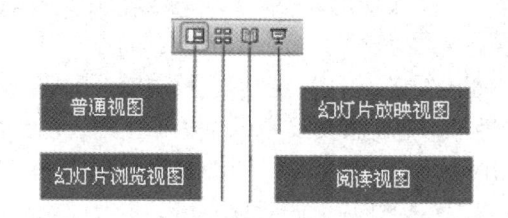

图 5-2　状态栏的视图按钮

（1）普通视图。

普通视图是主要的编辑视图，也是 PowerPoint 的默认视图，其用于撰写或设计演示文稿。该视图有 3 个工作区域。

① 左侧为可在幻灯片文本大纲（"大纲"选项卡）和幻灯片缩略图（"幻灯片"选项卡）之间切换的选项卡。"大纲"选项卡的区域是撰写、组织内容的理想场所；"幻灯片"选项卡以缩略图显示演示文稿中的幻灯片，方便遍历演示文稿和重新排列、添加或删除幻灯片。

② 右侧为"幻灯片"窗格，显示当前幻灯片的大视图，可以添加文本，插入图片、表格、SmartArt 图形、图表、图形对象、文本框、视频、音频、超链接和动画等。

③ 底部为"备注"窗格，主要应用于当前幻灯片的备注。

（2）幻灯片浏览视图。

幻灯片浏览视图以缩略图的形式显示幻灯片，在结束创建或编辑演示文稿后，通过幻灯片浏览视图以图片的形式显示整个演示文稿，便于实现重新排列、添加或删除幻灯片以及预览切换和动画效果。

（3）阅读视图。

在阅读视图中看到的效果就是观众将来看到的效果，如果只想审阅演示文稿，但又不想使用全屏的幻灯片放映视图，那么就可以使用阅读视图。这种视图通常用于只是个人查看演示文稿的场合，而非通过大屏幕向观众放映演示文稿的场合。

（4）幻灯片放映视图。

幻灯片放映视图主要用于向观众放映演示文稿。在这种视图下，幻灯片会占据整个计算机屏幕，且可以看到图形、时间、影片、动画元素以及幻灯片切换效果。若要退出幻灯片放映视图，可以按 Esc 键。

5.1.2　创建演示文稿

通常，人们把用 PowerPoint 制作出来的各种演示材料统称为"演示文稿"，这些材料包括文字、表格、图形、图像及音频等，将这些材料以页面的形式组织起来，再进行编排后向人们展示播放。因为这种播放形式像放映幻灯片，所以人们习惯上将这样的页面称为"幻灯片"。

制作演示文稿的主要目的是展示，所以在制作过程中需考虑幻灯片的感观和效果，丰富的文字效果与醒目的图文混排将更能表现演讲者的创意和观点，这些修饰效果需要通过插入图片、艺术字、SmartArt 图形、表格、图表、超链接和动作按钮等操作来辅助实现。

1．创建演示文稿

首先要创建演示文稿，然后才能对演示文稿进行编辑。PowerPoint 为用户提供了多种新建演示文稿的方法，常用的方法有：新建空白演示文稿、使用样本模板、使用主题、根据现有内容新建等。

在 PowerPoint 的功能区单击"文件"选项卡（或者按"Alt+F"组合键），打开 Backstage 视图，然后选择"新建"命令，出现如图 5-3 所示的"新建"窗口。

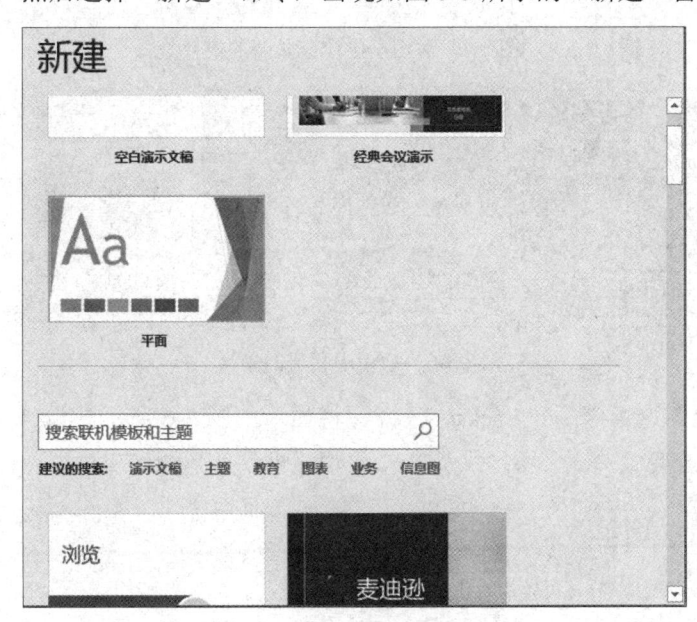

图 5-3 PowerPoint 新建演示文稿可用的模板和主题

（1）新建"空白演示文稿"。

选择此项后 PowerPoint 会打开一个没有任何设计方案和示例文本的空白幻灯片，用户可以根据需要设计、添加多张幻灯片。

（2）从"联机模板和主题"中搜索模板新建演示文稿。

模板是由系统提供的已经设计好的演示文稿，由于模板提供了一些预配置的设置，包括预先定义好的文本、页面结构、标题格式、配色方案和图形等元素，用户可以根据自己的需要进行修改，因此相对于从头开始创建演示文稿来说，模板可以帮助人们更快速地创建演示文稿。PowerPoint 提供了多种模板，除了系统预安装的模板，用户还可以从 office.com 网站上下载更多模板。如图 5-4 所示是一个适用于学校家长会的模板，此模板由多张幻灯片组成，可以通过替换文本，或添加或删除幻灯片来完成演示文稿的制作。而如图 5-5 所示是一个适用于相册的模板，此模板已包含了示例照片，用户只要将示例照片替换为自己的照片就可快速创建一个相册。

（3）根据"联机模板和主题"搜索主题新建演示文稿。

主题是一组用来设置演示文稿统一外观的元素集合，包含对颜色、字体和图形等各种元素的控制。PowerPoint 提供了多种设计主题，通过主题可以使演示文稿具有统一的风格，大大简化了演示文稿的制作过程，同时使演示文稿的设计达到专业设计师的水准。其实，在 Office 2019 中，PowerPoint、Excel 和 Word 使用的主题是相同的。

图 5-4　适用于学校家长会的模板

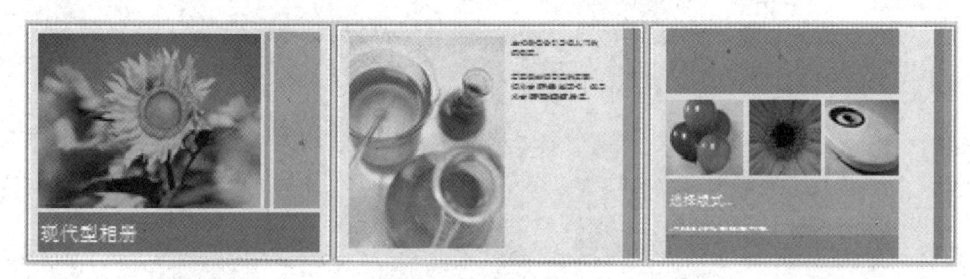

图 5-5　适用于相册的模板

单击"主题"选项卡后，Backstage 视图将显示如图 5-6 所示的设计主题，用户可在其中选择自己喜欢的主题，如图 5-7 所示，单击"创建"按钮即可。

图 5-6　PowerPoint 提供的部分设计主题

（4）保存演示文稿。

演示文稿编辑好了以后，需要将其保存，否则所做的工作将丢失。保存后，演示文稿会另存为计算机上的一个文件，以后就可以打开该文件，对该文件进行修改或打印了。可以直接单击快速访问工具栏上的"保存"按钮完成对演示文稿的保存，如图 5-8 所示，也可以选择"文件"选项卡中的"保存"或"另存为"命令。

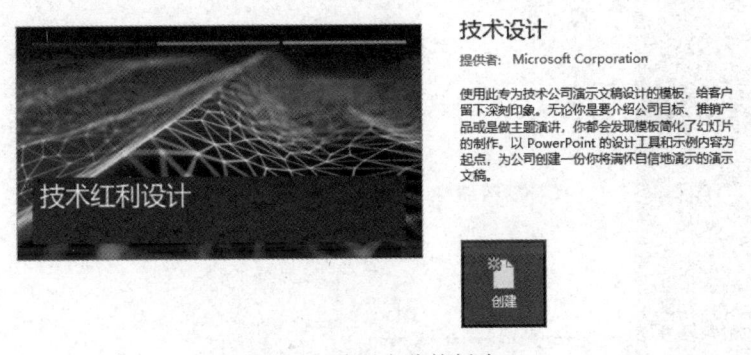

图 5-7 演示文稿的创建

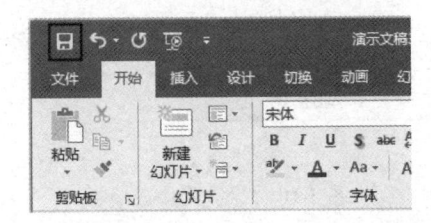

图 5-8 快速访问工具栏的"保存"按钮

如果想要将已创建的演示文稿保存为模板，以便日后能够重复应用此演示文稿，则可以按下列步骤实现。

① 单击"文件"选项卡，然后单击"另存为"按钮，弹出"另存为"对话框。

② 在"另存为"对话框中，将"保存类型"设置为"PowerPoint 模板"。保存的位置会自动更改为"自定义 Office 模板"文件夹，如图 5-9 所示。

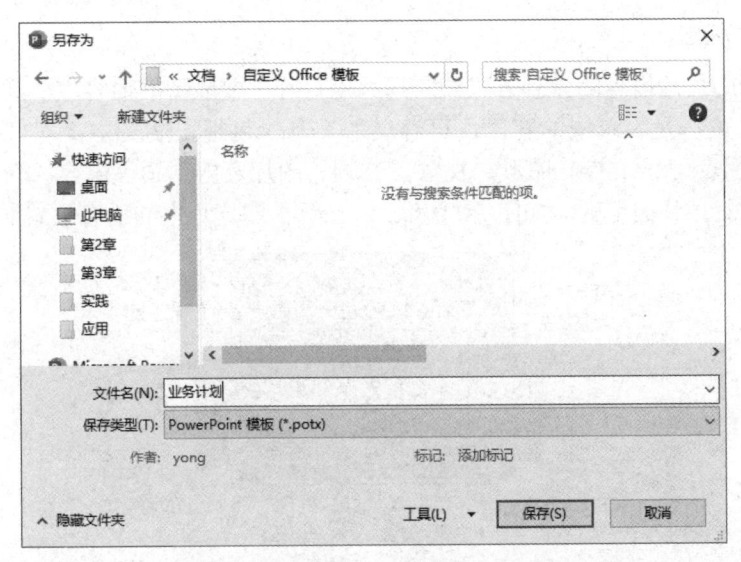

图 5-9 保存模板的"另存为"对话框

③ 输入模板的名称，然后单击"保存"按钮。这样，今后就可以使用这个模板新建演示文稿了，如图 5-10 所示。

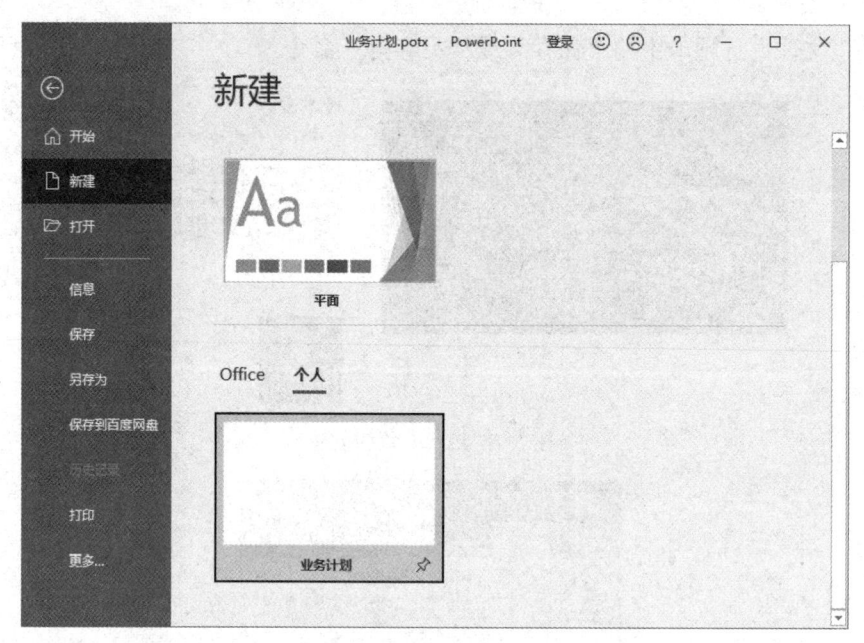

图 5-10 "个人"中的模板

在 PowerPoint 的文件格式中，".ppsx"类型是一种放映格式，它的特点是双击此文件时，演示文稿将直接呈现为放映视图，观众可以直接看到演示文稿中设计的幻灯片动画元素、切换效果及多媒体效果，因此，在幻灯片编辑完成后，并准备将其展示给观众时，用户也可以选择此类型来保存演示文稿。

另外，在 PowerPoint 2019 中，系统还允许将演示文稿保存为"PowerPoint 97–2003 演示文稿（*.ppt）"，不过一些新功能和效果可能会丢失。

2. 幻灯片版式

版式是指幻灯片内容的排列方式和布局。幻灯片上要显示的内容主要通过占位符来排列和布局，占位符是版式中的容器，可容纳如文本（包括正文文本、项目符号列表和标题）、表格、图表、SmartArt 图形、视频、音频、图片及剪贴画等内容。除了内容布局，版式中还包含幻灯片的主题。如图 5-11 所示，显示了幻灯片中的所有版式元素。

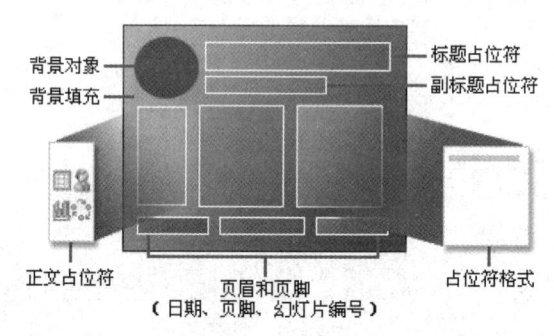

图 5-11 幻灯片中的所有版式元素

通过在幻灯片中巧妙地安排多个对象的位置，从而更好地吸引观众的注意力。因此，版式设计是幻灯片制作的重要环节，一个好的布局常常能够产生良好的演示效果。要对幻灯片应用版式，可采用下列步骤。

（1）切换到"普通"视图，在幻灯片/大纲窗格中选择"幻灯片"选项卡。

（2）选中要应用版式的幻灯片。

（3）在"开始"选项卡上的"幻灯片"组中单击"版式"按钮，在版式列表中选择所需的版式，如图 5-12 所示。或者，右击选中的幻灯片，在弹出的快捷菜单中选择"版式"命令，再在版式列表中选择所需的版式。

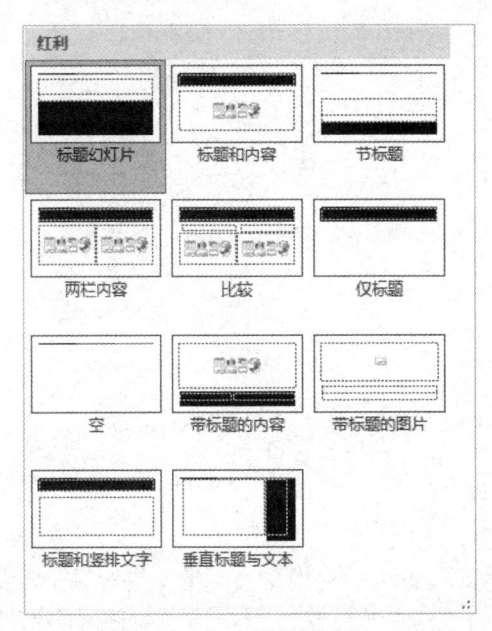

图 5-12　选择版式

PowerPoint 提供了多种内置幻灯片版式，如"标题幻灯片""标题和内容""节标题""两栏内容""比较""仅标题""空"等，用户也可以创建满足特定需求的自定义版式，自定义版式可以通过"视图"选项卡的"母版视图"组中的"幻灯片母版"实现，关于幻灯片母版的相关内容将在后面进行介绍。

3．幻灯片基本操作

制作的演示文稿通常由不止一张幻灯片组成，很多情况下还需要对幻灯片的排列顺序进行调整，而对于一些多余的幻灯片或出错的幻灯片又需要将其进行删除。因此，在幻灯片的制作过程中经常会涉及新建幻灯片、移动或复制幻灯片、删除幻灯片等基本操作。

（1）新建幻灯片。

如果要在某幻灯片之后插入一张新幻灯片，可以先在幻灯片/大纲窗格选中此幻灯片，然后根据不同的需要采用两种方法添加新幻灯片。

① 如果希望新幻灯片的版式与选中的幻灯片的版式一样，那么只需右击选中的幻灯片，在弹出的快捷菜单中选择"新建幻灯片"命令，如图 5-13 所示。

② 如果想新建一个不同于选中幻灯片版式的幻灯片，则可以单击"开始"选项卡的"幻灯片"组中的"新建幻灯片"下拉按钮，在弹出的下拉列表中选择指定的版式，如图 5-14 所示。

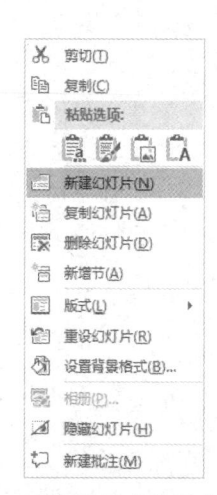

图 5-13　利用快捷菜单新建幻灯片 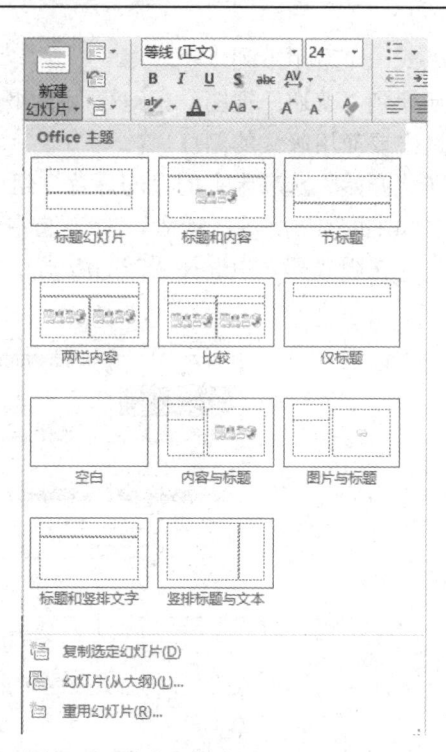　　　　图 5-14　单击"新建幻灯片"下拉按钮

（2）移动和复制幻灯片。

幻灯片在演示文稿中的位置可能会根据实际情况进行调整，最直接的移动幻灯片的方法是在幻灯片/大纲窗格的"幻灯片"选项卡中选中要移动的幻灯片，按住鼠标左键并拖动到合适的位置，释放鼠标左键即可将幻灯片移动到目标位置。

复制幻灯片的操作与移动幻灯片的操作方法相似，最常用的方法是在幻灯片/大纲窗格的"幻灯片"选项卡中选中要复制的幻灯片，按住 Ctrl 键的同时按住鼠标左键，将幻灯片拖动到合适的位置，释放鼠标左键即可将幻灯片复制到目标位置。另外，还可以右击需要复制的幻灯片，在如图 5-13 所示的快捷菜单中选择"复制幻灯片"命令即可在当前选中的幻灯片下方插入一张相同的幻灯片。

（3）删除幻灯片。

删除幻灯片的操作比较简单，最常用的方法是在幻灯片/大纲窗格的"幻灯片"选项卡中选中要删除的幻灯片，直接按 Delete 键即可，也可以在如图 5-13 所示的快捷菜单中选择"删除幻灯片"命令。

（4）隐藏幻灯片。

有时不需要播放所有幻灯片，用户可将某几张幻灯片隐藏起来，而不必将这些幻灯片删除，操作步骤如下。

① 切换到幻灯片浏览视图，选择要隐藏的幻灯片。

② 打开"幻灯片放映"选项卡，选择"设置"组中的"隐藏幻灯片"命令，或者右击需要隐藏的幻灯片，在弹出的快捷菜单中选择"隐藏幻灯片"命令。操作后，隐藏的幻灯片旁边会显示隐藏幻灯片图标，图标中的数字为幻灯片的编号。

第 5 章　PowerPoint 2019 高级应用

隐藏幻灯片的操作也可以直接在普通视图中完成，先在幻灯片/大纲窗格的"幻灯片"选项卡中右击要隐藏的幻灯片，在弹出的快捷菜单中选择"隐藏幻灯片"命令。隐藏的幻灯片只是在播放演示文稿时不显示，它仍然被保留在文件中。

（5）将幻灯片组织成节的形式。

在 PowerPoint 2019 中，可以使用节的功能来组织幻灯片，就像使用文件夹组织文件一样，达到分类和导航的效果，这在处理大演示文稿时非常有用。如果已经对幻灯片分过节，则可以在普通视图中查看节，如图 5-15 所示，也可以在幻灯片浏览视图中查看节，如图 5-16 所示。

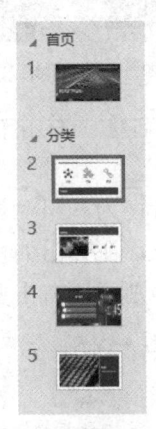

图 5-15　在普通视图中查看节

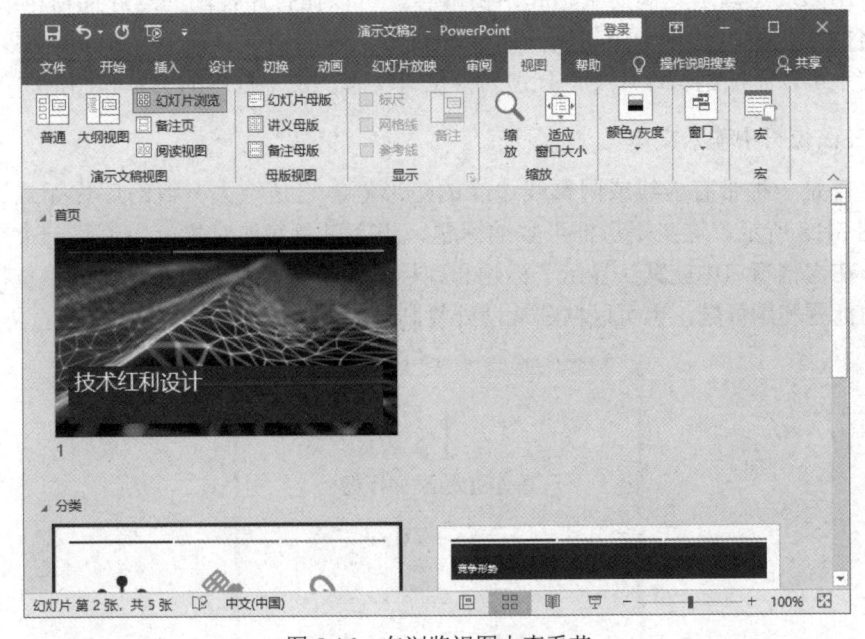

图 5-16　在浏览视图中查看节

幻灯片分节操作的步骤如下。

① 在普通视图或幻灯片浏览视图中，在要新增节的两个幻灯片之间单击鼠标右键，然后在弹出的快捷菜单中选择"新增节"命令，如图 5-17 所示。

图 5-17 新增节

② 为节重新指定一个更有意义的名称。右击节标记，在弹出的快捷菜单中选择"重命名节"命令即可。

分完节后，节内的多张幻灯片将被视为一组对象，可以对整组的幻灯片进行移动，具体的实现方法如下：右击该节的节标记，在弹出的快捷菜单中选择"向上移动节"或"向下移动节"命令。如果要取消某个节，则可以右击要删除的节，在弹出的快捷菜单中选择"删除节"命令即可。

5.1.3 编辑文本

文本用来表达演示文稿的主题和主要内容，可以在普通视图的幻灯片窗格或幻灯片/大纲窗格的"大纲"选项卡中编辑文本，并设置文本的格式。在 PowerPoint 中，有 3 种类型的文本可以添加到幻灯片中，分别为占位符文本、文本框中的文本和图形中的文本。

1. 在占位符中输入文本

占位符是一种带有虚线或阴影线边缘的矩形框，它是绝大多数幻灯片版式的组成部分，如图 5-18 所示。这些矩形框可容纳标题、正文以及其他对象。当新建一个空白的幻灯片时，在文档窗口中就默认显示了标题和副标题占位符，可以直接在这些占位符中输入幻灯片的标题和副标题，也可以粘贴从别处复制过来的文本。

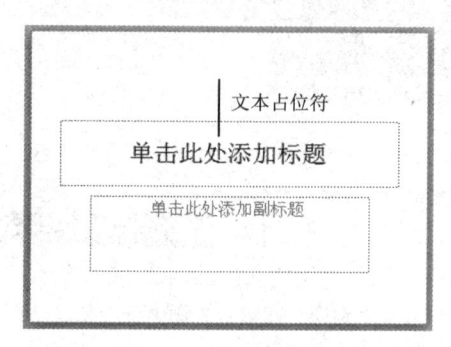

图 5-18 文本占位符

除了输入文本，还可以调整占位符的大小和位置，并设置它们的边框、填充、阴影和三维效果等形状格式。

2. 在文本框中输入文本

使用文本框可以将文本放置到幻灯片的任何位置，例如，可以创建文本框并将它放在图片旁边来为图片添加标题，也可以使用文本框将文本添加到自选图形中。文本框具有边框、填充、阴影或三维效果等属性。

3. 在自选图形中输入文本

在自选图形中添加文本信息，可以更直观地表达内容，此外，添加的文本被附加到自选图形中，可随图形移动或旋转。在自选图形中添加文本的操作步骤如下。

（1）如果要添加成为自选图形一部分的文本，并实现在移动图形时移动文本，可以首先选中幻灯片中的自选图形，然后在其中输入文本。

（2）如要添加独立于自选图形的文本，并实现在移动图形时不移动文本，则必须在自选图形中添加文本框，然后在文本框中输入文本。

输入文本内容后，通常还需要对文本内容设置字体格式和段落格式等，这些格式的设置方法与 Word 中的设置方法基本相同，主要由"开始"选项卡的"字体"组和"段落"组中的相关命令实现，这里不再赘述。

5.1.4 编辑图形元素

要制作出一份富有感染力的演示文稿，往往需要为演示文稿插入图片和艺术字等。除可以插入剪辑管理器中的剪贴画外，还可以在幻灯片中插入其他图片文件。使用艺术字这种特殊的文本效果，则可以方便地为演示文稿中的文本增添艺术效果。

1. 插入图片

可以将已经保存在计算机中的图片文件直接插入演示文稿中，操作步骤如下。

（1）在"插入"选项卡中单击"插入图片"按钮，打开"插入图片"对话框，在该对话框中选中需要插入的图片，如图 5-19 所示。

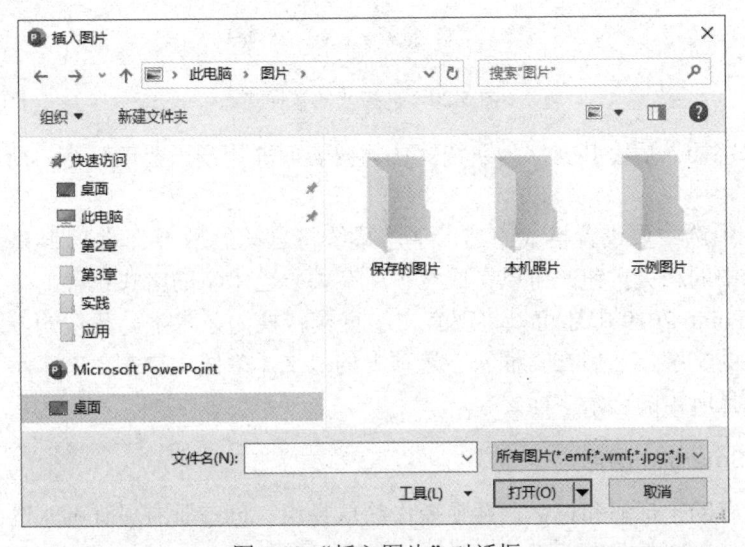

图 5-19 "插入图片"对话框

（2）单击"打开"按钮，将图片插入演示文稿中，适当调整图片的大小和位置即可。如果单击"打开"按钮右侧的下拉按钮，在弹出的下拉菜单中选择"链接到文件"命令，则将把选择的图片以链接的方式插入幻灯片中，当图片的源文件发生变化时，幻灯片中的图片也会随之发生变化。

插入剪辑管理器中的剪贴画的操作步骤和上述步骤类似。对幻灯片中插入的各种图片不满意时，可以对图片进行处理，如缩放、裁剪、改变图片的亮度和对比度等，设置图片格式时，可以先选中图片，然后使用"图片工具-格式"选项卡中的相关按钮或在"设置图片格式"对话框中进行。

在 PowerPoint 2019 中，用户还可以快速地将屏幕的截图插入幻灯片中，而无须退出正在使用的程序。插入屏幕截图时，既可以插入整个程序窗口，也可以使用"屏幕剪辑"工具选择窗口的一部分。

2．插入艺术字

为了美化演示文稿，除把文本设置成多种字体外，还可以使用具有多种特殊艺术效果的艺术字。具体操作步骤如下。

（1）单击"插入"选项卡的"文本"组中的"艺术字"下拉按钮，如图 5-20 所示，打开艺术字列表，选择一种合适的艺术字样式。

图 5-20　选择艺术字样式

（2）艺术字插入后，其文字为系统默认的内容而非用户所需的内容，所以还需更改其中的文本内容。

在幻灯片中选中要设置格式的艺术字，系统将自动显示"绘图工具-格式"选项卡。使用该选项卡中的相关按钮，可以完成几乎所有关于艺术字的格式设置。

在 PowerPoint 2019 中还可以将现有文字直接转换为艺术字。具体的方法是先选定要转换为艺术字的文字，然后在"插入"选项卡的"文本"组中单击"艺术字"按钮，在艺术字列表中选择所需的艺术字样式。

3．插入 SmartArt 图形

使用插图有助于理解和记忆，并使操作简单易用。创建具有设计师水准的插图或图形很困难，尤其当用户是非专业设计人员时。使用早期的 Office 版本，创建一个复杂的图形

需要花费大量的时间来进行以下操作：使各形状大小相同并对齐；使各形状内的文本格式匹配；手动设置各形状的格式，使其与文档的风格一致等。但是，自从 Office 2007 面世后，这样的局面就改变了。Office 2007 和 Office 2019 都可以通过使用 SmartArt 图形来解决这方面的问题，只需操作鼠标就可以创建出具有设计师水准的插图和图形。SmartArt 提供了诸如列表、流程图、组织结构图和关系图等各式模板，大大简化了创建复杂形状的过程。

根据不同的应用，SmartArt 图形提供了不同的图形类型，而每种图形类型又包含了若干种布局，用户可以在 office.com 网站上找到更多的 SmartArt 图形。在创建 SmartArt 图形之前，用户通常需要考虑幻灯片将传达什么信息给观众，信息需以什么布局方式呈现，不过由于 SmartArt 图形可以快速轻松地切换布局，因此用户可以逐个尝试不同类型的布局，直至找到一个最适合的布局为止。表 5-1 粗略地描述了各类 SmartArt 图形的用途，可供用户选择 SmartArt 图形时参考。

表 5-1　各类 SmartArt 图形的用途

类　　型	作　　用
列表	显示无序信息
流程	在流程或时间线中显示步骤
循环	显示连续的流程
层次结构	创建组织结构图
关系	对连接进行图解
矩阵	显示各部分如何与整体关联
棱锥图	显示与顶部或底部最大一部分之间的比例关系
图片	图片主要用来传达或强调内容

另外，由于文字量会影响外观和布局中需要的形状个数，因此还要考虑使用的文字量。通常，仅在表示提纲要点，形状个数不多或文字量较小时，SmartArt 图形最有效。如果文字量较大，则会分散 SmartArt 图形的视觉吸引力，使这种图形难以直观地传达信息。

下面介绍在幻灯片中插入 SmartArt 图形的方法，具体操作步骤如下。

（1）选择要插入 SmartArt 图形的幻灯片。

（2）单击"插入"选项卡的"插图"组中的"SmartArt"按钮。

（3）单击所需的布局，然后单击"确定"按钮。SmartArt 将被插入并显示"在此处键入文字"对话框，在对话框的各形状中输入相应文字。

对于已插入的 SmartArt 图形，若需编辑其格式，则可以使用 SmartArt 工具，具体的实现步骤如下。

（1）单击已插入到幻灯片的某个 SmartArt 图形，SmartArt 图形将被选中，同时显示 SmartArt 工具，如图 5-21 所示。

图 5-21　SmartArt 工具

（2）在"SmartArt 工具"中的"设计"选项卡或"格式"选项卡中，编辑所选的 SmartArt 图形，如图 5-22 所示。

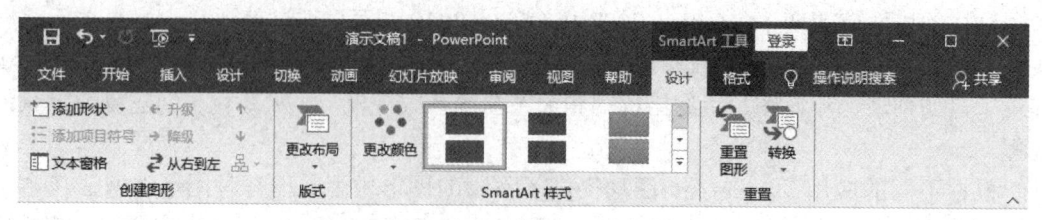

图 5-22　SmartArt 工具的"设计"选项卡

（3）编辑结束后，单击幻灯片中除 SmartArt 图形外的任意位置，结束使用 SmartArt 工具。

4．插入表格

在使用 PowerPoint 制作数据类型的演示文稿时，往往需要在幻灯片中插入表格，并为表格设置不同的边框、背景和色彩等，使表格具有特殊的显示效果，以更加形象地表达演示文稿中所要介绍的内容。

在幻灯片中插入表格的具体操作如下。

（1）选择要添加表格的幻灯片。

（2）在"插入"选项卡的"表格"组中，单击"表格"。在"插入表格"对话框中，可以通过下面两种方式插入表格。

- 单击鼠标左键不放并移动鼠标指针以选择所需的行数和列数，如图 5-23 所示，然后释放鼠标按钮。
- 选择"插入表格"命令，在弹出的对话框中设置"列数"和"行数"。

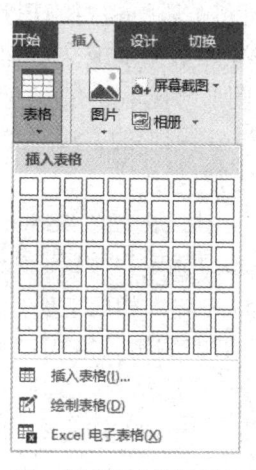

图 5-23　直接移动鼠标插入表格

5．插入图表

与文字数据比较，形象直观的图表更加容易理解。在幻灯片中插入图表，可以更形象地反映各种数据的关系。PowerPoint 附带了一种 Microsoft Graph 的图表生成工具，它能提供各种不同的图表以满足用户的需要，使图表制作过程简便、更智能。

（1）在幻灯片中，单击要插入图表的占位符。
（2）在"插入"选项卡的"插图"组中单击"图表"按钮或者在占位符中单击"图表"按钮。
（3）选择需要的图表类型，并单击"确定"按钮。
（4）在打开的 Excel 工作表的示例数据区域中，替换已有的示例数据和轴标签，最后关闭 Excel。

5.1.5 插入多媒体元素

在演示文稿中使用音频、视频等多媒体元素，能将演示文稿制作为声色动人的多媒体文件，使得幻灯片的展示方式更多元化，使展示效果更具感染力。

通常，在幻灯片中插入音频和视频文件之前需要确定音频和视频的格式是否可用。一般情况下，PowerPoint 兼容的音频格式有 wav、wma、midi、mp3、au、aif 等，而兼容的视频格式有 avi、wmv、mpeg、asf、mov、3gp、swf、mp4 等。

1. 在幻灯片中插入音频

可以将计算机本地、网络或剪辑管理器中的音频添加到幻灯片中，插入音频后，幻灯片上会显示一个表示音频的图标。可以将音频设置为在显示幻灯片时自动开始播放，也可以将音频设置为在单击鼠标时才开始播放。

在幻灯片中插入音频的方法如下。
（1）单击要添加音频的幻灯片。
（2）在"插入"选项卡的"媒体"组中，单击"音频"按钮。
（3）如果要插入计算机中的音频，则选择"PC 上的音频"命令，在弹出的对话框中选择需要的音频。

将音频添加到幻灯片后，通常要设置它的播放选项，设置方法如下。
（1）在幻灯片上选择音频图标。
（2）在"音频工具"的"播放"选项卡的"音频选项"组中，如图 5-24 所示，根据需要执行下列操作。

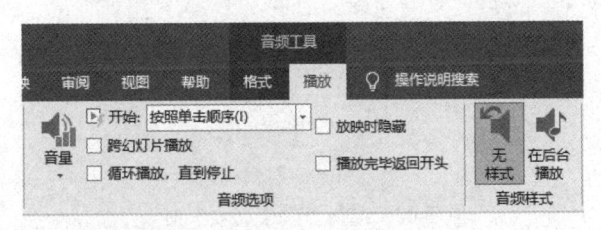

图 5-24 "音频工具"的"播放"选项卡

- 若要在放映该幻灯片时自动开始播放音频，则在"开始"列表中选择"自动"命令。
- 若要在幻灯片上单击音频图标时才开始播放音频，则在"开始"列表中选择"单击时"命令。
- 无论是选择"自动"命令，还是选择"单击时"命令，当切换到下一张幻灯片时，音频就会停止播放，若希望幻灯片切换到后面的其他幻灯片时音频继续播放，则应在"开始"列表中选择"跨幻灯片播放"命令。
- 若要连续播放音频直至手动停止它，则选中"循环播放，直到停止"复选框。
- 若在幻灯片放映时不希望显示音频图标，则可以选中"放映时隐藏"复选框。

在设计演示文稿时，经常会遇到为指定的幻灯片添加背景音乐的情况，在如图5-25所示的演示文稿中，共有6张幻灯片，如果只想为第2张到第5张幻灯片添加背景音乐，则可以按下面的方法实现。

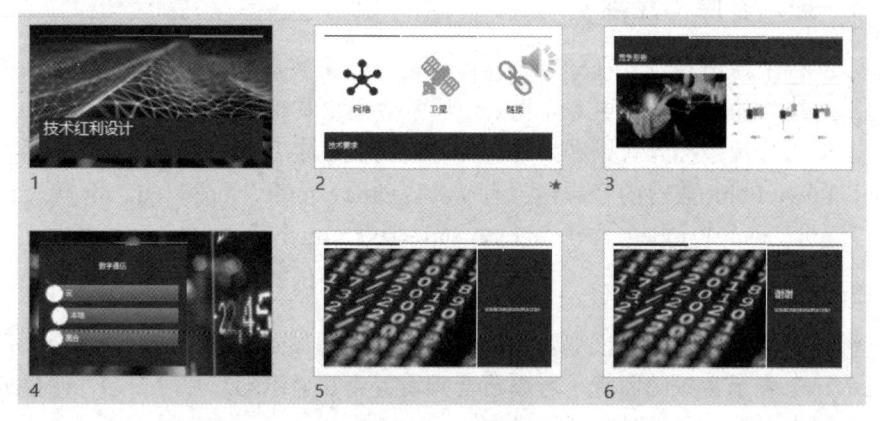

图5-25 为第2张到第5张幻灯片添加背景音乐

（1）在普通视图中，选定第2张幻灯片，并在此幻灯片上插入需要的音频。

（2）选定幻灯片上的音频图标，单击"动画"选项卡的"高级动画"组中的"动画窗格"按钮，弹出"动画窗格"窗格，单击音频对象右边的下拉按钮，在弹出的下拉菜单中选择"效果选项"命令，如图5-26所示。

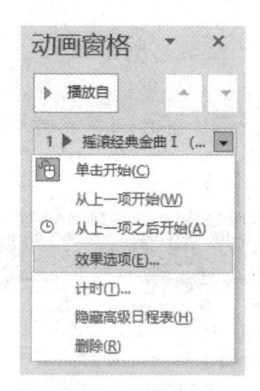

图5-26 选择"效果选项"命令

（3）在弹出的"播放音频"对话框的"停止播放"选项区中选中"在 x 张幻灯片后"单选钮，输入数字4，如图5-27所示，这里的数字是指需要播放背景音乐的幻灯片数量，最后单击"确定"按钮。

2. 在幻灯片中插入视频

单击"插入"选项卡的"媒体"组中的"视频"下拉按钮，在弹出的下拉菜单中选择

"此设备"或"联机视频"命令，如图 5-28 所示，插入视频的方法与插入音频的方法相似，这里不再展开讨论。

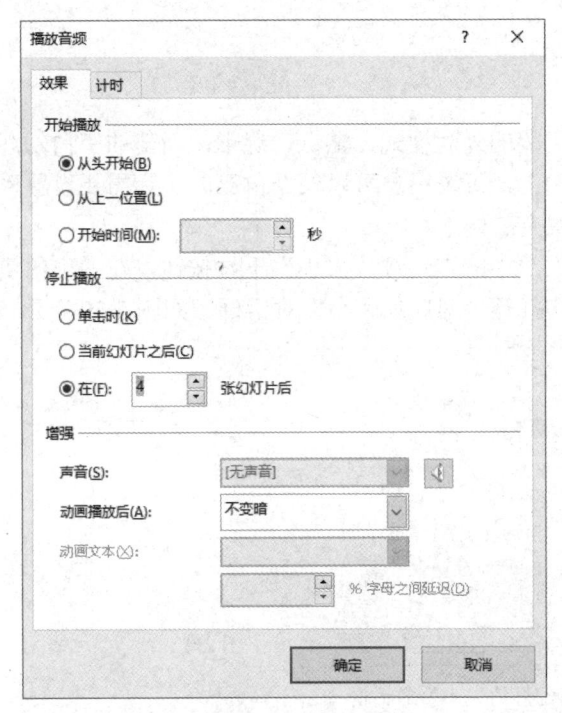

图 5-27 "播放音频"对话框

图 5-28 选择"此设备"或"联机视频"命令

若选择"联机视频"命令，则会打开如图 5-29 所示的对话框，输入联机视频的地址后，单击"插入"按钮，即可插入在线视频。

图 5-29 "从网站插入视频"对话框

5.2 布局和美化

5.2.1 设置幻灯片页面

幻灯片的页面设置关系到整个演示文稿的外观样式，默认情况下，新建的空白幻灯片的"幻灯片大小"一般为"全屏显示(4:3)"，不过用户可以根据自己的实际需要设置"幻灯片大小"，以及幻灯片的"方向"。设置方法如下。

（1）单击"设计"选项卡"自定义"组中的"幻灯片大小"下拉按钮，在弹出的快捷菜单中选择"自定义幻灯片大小"命令，打开"幻灯片大小"对话框，如图5-30所示。

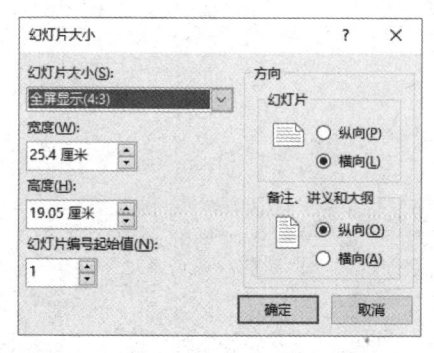

图 5-30 "幻灯片大小"对话框

（2）在"幻灯片大小"下拉列表中选择一种预设的幻灯片大小，如果想自定义幻灯片的宽度和高度，则直接在"宽度"和"高度"数值框中输入具体的数字。

（3）如有需要，可在"幻灯片编号起始值"数值框中输入设定值。

（4）如有需要，可在"方向"选项中设置"幻灯片"的页面方向或"备注、讲义和大纲"的页面方向。

5.2.2 添加页眉和页脚

要将页眉和页脚信息应用到幻灯片上，可在"插入"选项卡的"文本"组中，单击"页眉和页脚"按钮，弹出如图5-31所示的"页眉和页脚"对话框，在该对话框可执行的操作如下。

- 若要添加自动更新的日期和时间，则选中"日期和时间"复选框，并选中"自动更新"单选钮，然后选择日期和时间格式；若要添加固定日期和时间，则选中"固定"单选钮，然后键入日期和时间。
- 若要添加幻灯片编号，则选中"幻灯片编号"复选框。
- 若要添加页脚文本，则选中"页脚"复选框，再输入文本。
- 若想避免页脚中的文本显示在标题幻灯片上，则选中"标题幻灯片中不显示"复选框。
- 若要向当前幻灯片或所选的幻灯片中添加信息，则单击"应用"按钮。
- 若要向演示文稿中的每张幻灯片添加信息，则单击"全部应用"按钮。

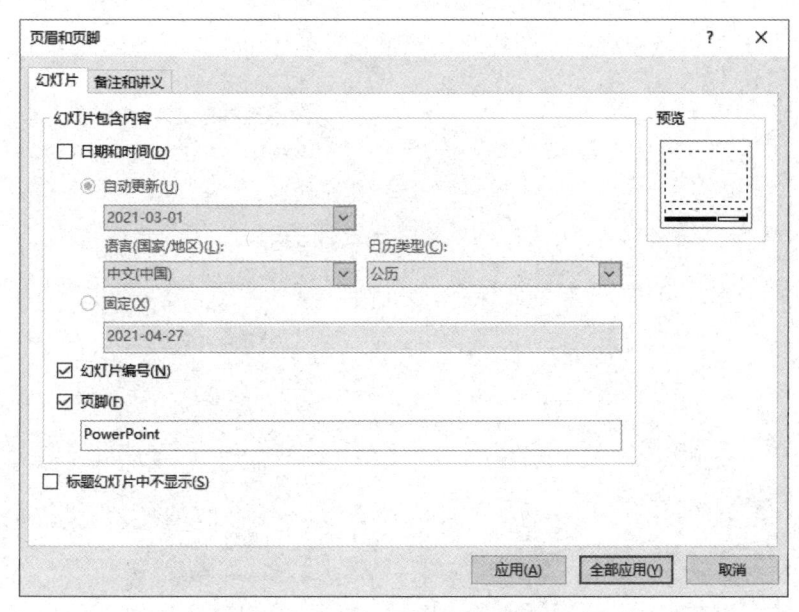

第 5 章　PowerPoint 2019 高级应用　　151

图 5-31　"页眉和页脚"对话框

除能为幻灯片添加页眉和页脚外，也可以为备注与讲义设置页眉和页脚，内容包含日期和时间、页码、页眉和页脚，设置的方法与幻灯片页眉和页脚的设置方法相似，此处不再赘述。

5.2.3　幻灯片背景

为美化幻灯片，可以为幻灯片添加背景。在 PowerPoint 中可以通过"纯色填充"、"渐变填充"、"图片或纹理填充"和"图案填充"等多种方式来设置幻灯片背景，下面介绍纯色填充和图片或纹理填充的设置方法。

（1）使用纯色作为幻灯片背景。

① 单击要添加背景的幻灯片。若要选择多张幻灯片，则先单击某张幻灯片，然后按住 Ctrl 键的同时单击其他幻灯片。

② 在"设计"选项卡的"自定义"组中，单击"设置背景格式"按钮，弹出"设置背景格式"窗格。

③ 在"填充"区域中选中"纯色填充"单选钮，如图 5-32 所示。

④ 在"颜色"下拉列表中选择所需的颜色。

⑤ 若要更改背景透明度，则移动"透明度"滑块，透明度百分比可以从 0%（完全不透明）变化到 100%（完全透明）。

⑥ 若只对所选幻灯片应用颜色，则直接关闭窗格；若要对演示文稿中的所有幻灯片应用颜色，则单击"应用到全部"按钮。

（2）使用图片或纹理作为幻灯片背景。

① 单击要添加背景的幻灯片。

② 在"设计"选项卡的"自定义"组中，单击"设置背景格式"按钮，弹出"设置背景格式"窗格。

③ 在"填充"区域中选中"图片或纹理填充"单选钮,如图 5-33 所示。

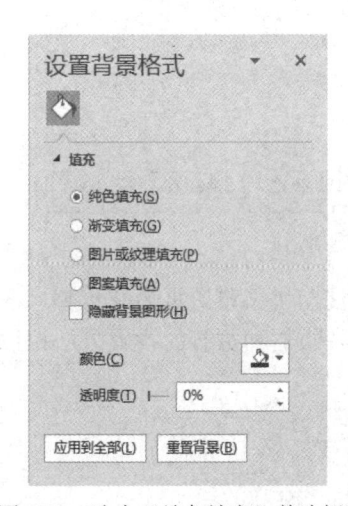

图 5-32 选中"纯色填充"单选钮　　图 5-33 选中"图片或纹理填充"单选钮

若插入来自文件的图片,则单击"插入"按钮。

④ 若只对所选幻灯片应用图片或纹理,则直接关闭窗格;若要对演示文稿中的所有幻灯片应用图片或纹理,则单击"应用到全部"按钮。

⑤ 在"设置背景格式"窗格的"填充"区域中,还有一个"隐藏背景图形"复选框,它用于设置是否显示模板中的背景图形,如果只想显示用户自定义的背景,则可以选中此复选框,否则模板的背景和用户设置的背景将会一同显示在幻灯片中。

5.2.4 幻灯片主题

幻灯片主题是主题颜色、主题字体和主题效果三者的结合。PowerPoint 提供了多种幻灯片主题,协调使用配色方案、背景、字体样式和占位符位置等。使用 PowerPoint 内置的幻灯片主题,可以轻松快捷地更改演示文稿的整体外观。

1. 自定义主题

在 PowerPoint 提供的幻灯片主题中,通过更改颜色、主题字体和主题主题效果,生成自定义主题,具体操作步骤如下。

(1)更改主题颜色。主题颜色包含 4 种文字/背景颜色、6 种着色颜色及 2 种超链接颜色。

① 在"设计"选项卡的"变体"组中单击下拉按钮,在弹出的下拉列表中选择"颜色"→"自定义颜色"命令,弹出如图 5-34 所示的"新建主题颜色"对话框。

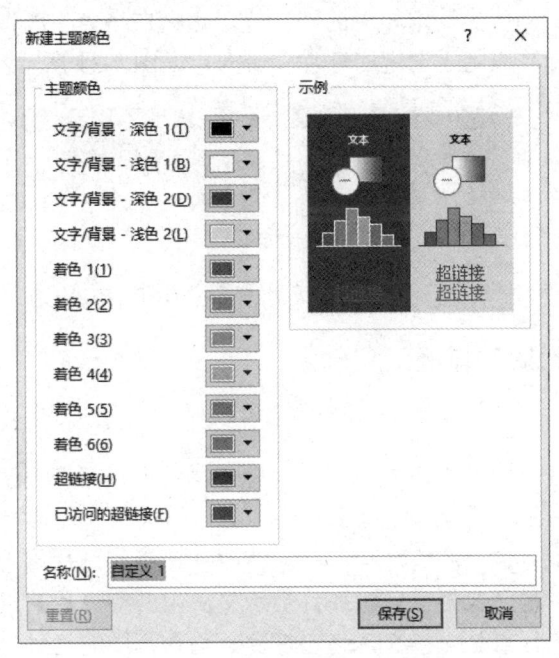

图 5-34 "新建主题颜色"对话框

② 在"主题颜色"区域中单击某种主题颜色名称右侧下拉按钮,在弹出的下拉列表中选择一种颜色,在"示例"区域中可以看到设置效果。

③ 在"名称"文件框中,为主题颜色输入适当的名称,然后单击"保存"按钮。

(2)更改主题字体。更改现有主题的标题和正文文字的字体,旨在使其与演示文稿的样式保持一致。具体操作步骤如下。

① 在"设计"选项卡的"变体"组中单击下拉列按钮,在弹出的下拉列表中选择"字体"→"自定义字体"命令。

② 在"标题字体"和"正文字体"下拉列表中选择要使用的字体。

③ 在"名称"文本框中,为主题字体输入适当的名称,然后单击"保存"按钮。

(3)选择一组主题效果。主题效果是线条与填充效果的组合,用户无法创建自己的主题效果集,但可以选择在自定义主题中使用的效果,在"设计"选项卡的"变体"组中单击下拉按钮,在弹出的下拉列表中选择"效果"命令,然后选择要使用的效果即可。

(4)保存主题。保存对现有主题的主题颜色、主题字体和主题效果的更改,便可以将该主题应用于其他演示文稿。保存方法如下。

① 单击"设计"选项卡的"主题"组中的下拉列表。

② 在弹出的下拉列表中选择"保存当前主题"命令,弹出"保存当前主题"对话框。

③ 在"文件名"文本框中,为主题输入适当的名称,然后单击"保存"按钮。

2. 将主题应用于演示文稿

要将主题应用于演示文稿,只需在"设计"选项卡的"主题"组中选择要应用的主题。将鼠标指针停留在该主题的缩略图上时，可预览应用了该主题的当前幻灯片的外观。

默认情况下，PowerPoint 会将主题应用于整个演示文稿，若要将不同的主题应用于演示文稿的不同幻灯片，则可先选定相应的幻灯片，然后右击"主题"组中的某个主题，在弹出的快捷菜单中选择"应用于选定幻灯片"命令，如图 5-35 所示。

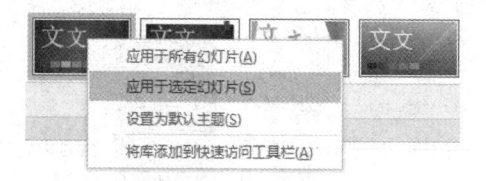

图 5-35　将主题应用于选定的幻灯片

5.2.5　幻灯片母版和模板

1. 幻灯片母版

幻灯片母版是幻灯片层次结构中的顶层幻灯片，用于存储有关演示文稿的主题和幻灯片版式的信息，包括背景、颜色、字体、效果、占位符大小和位置等。

每个演示文稿至少包含一个幻灯片母版。修改和使用幻灯片母版的主要优点是可以对演示文稿中的每张幻灯片（包括以后添加到演示文稿中的幻灯片）进行统一的样式更改。使用幻灯片母版的另一优点是无须在多张幻灯片上输入相同的信息，因此可以大大节省幻灯片的设计时间。

在"视图"选项卡的"母版视图"组中单击"幻灯片母版"按钮，进入到幻灯片母版的编辑视图，如图 5-36 所示。默认情况下，演示文稿的母版由 12 张幻灯片组成，其中包含 1 张主母版和 11 张幻灯片版式母版。编辑美化母版的操作包括设置母版的背景样式、设置标题和正文的字体格式、选择主题、页面设置等，这些操作可以在"幻灯片母版"选项卡中实现，在母版幻灯片中设置的格式和样式都将被应用到演示文稿中。

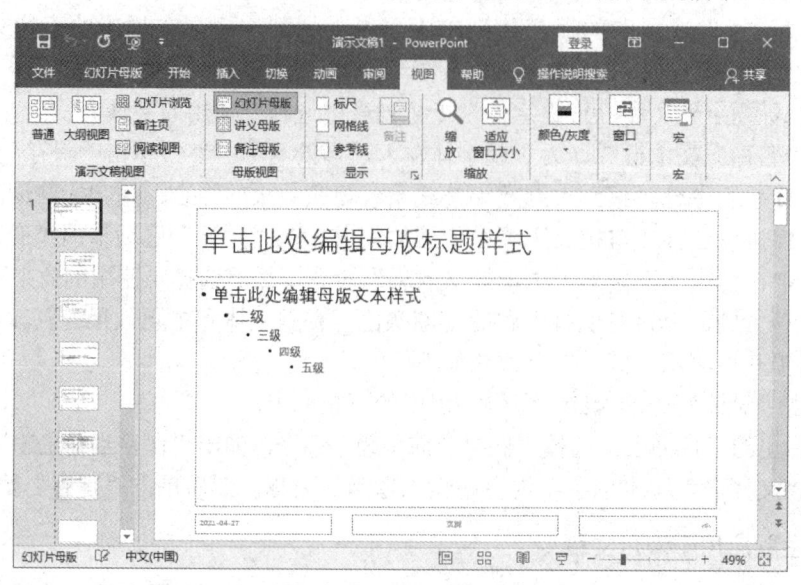

图 5-36　幻灯片母版的编辑视图

在幻灯片母版中，除应用系统自带的幻灯片母版版式外，还可以根据需要添加版式母版。单击"幻灯片母版"选项卡"编辑母版"组中的"插入版式"按钮，此时将插入一张新的版式母版，在新建的版式母版中，用户可以自定义版式的内容和样式。单击"插入占位符"下拉按钮弹出下拉列表，该下拉列表包含了内容、文本、图片、图表、表格、媒体等10种占位符，用户可根据需要进行选择，当鼠标指针变成十字形时，在幻灯片中的适当位置绘制对应的占位符即可。

每个主题与一组版式相关联，每组版式与一个幻灯片母版相关联，因此，若要使演示文稿包含两个或更多主题，则需要为每个主题分别插入一个幻灯片母版。

要为一个演示文稿应用多个幻灯片母版，可单击"幻灯片母版"选项卡"编辑母版"组中的"插入幻灯片母版"按钮，然后将主题应用于各幻灯片母版。

PowerPoint 不仅为用户提供了幻灯片母版，用于确定演示文稿的样式和风格，而且还为用户提供了讲义母版和备注母版。一般在放映演示文稿之前，我们可以将演示文稿的重要内容打印出来分发给观众，这种打印在纸张上的幻灯片内容被称为讲义，而讲义母版实际上是用于设置讲义的外观样式的。若要将内容或格式应用于演示文稿中的所有备注页，就需要通过备注母版来更改。讲义母版视图和备注母版视图都可以在"视图"选项卡的"母版视图"组中打开，其外观样式的设置方法与幻灯片母版的设置方法相似。

2. 幻灯片模板

母板设置完成后，可以将它保存为演示文稿模板（.potx 文件），以便重复使用和共享。模板包含版式、主题、背景样式和内容。用户可以创建自定义模板，还可以在 office.com 及其他合作伙伴的网站上下载可应用于演示文稿的免费模板。

（1）模板的创建。修改演示文稿的母板后，若要保存为模板，则执行"文件"→"另存为"命令，在"另存为"对话框的"保存类型"列表中，选择"PowerPoint 模板（.potx）"命令，然后单击"保存"按钮。

（2）模板调用。可以应用 PowerPoint 的内置模板、自己创建的模板或从 office.com 及其他第三方网站上下载的模板。执行"文件"→"新建"命令，选择合适的模板，如图 5-37 所示。

图 5-37 选择合适的模板

5.3 设置动画

5.3.1 自定义动画

使用自定义动画功能,可以为幻灯片中的文本、图片、声音、图像、图标和其他对象设置动画效果、动画声音和定时功能,这样就可以突出重点,控制信息的流程,并提高演示文稿的趣味性。设置自定义动画效果的操作步骤如下。

(1) 在幻灯片普通视图下选择要添加自定义动画的幻灯片,选择"动画"选项卡,此时功能区会呈现与动画设置有关的功能组,如图 5-38 所示。

图 5-38 "动画"选项卡下的各种功能组

(2) 在幻灯片中选中需要设置动画的对象,在"动画"选项卡的"高级动画"组中单击"添加动画"按钮,弹出如图 5-39 所示的动画效果列表,在该列表中选择一种合适的动画效果即可。

图 5-39 动画效果列表

其中,"进入""强调""退出"三个选项区的区别如下。
- "进入"表示使文本或对象以某种效果进入幻灯片。
- "强调"表示文本或对象进入幻灯片后为其增加某种效果。
- "退出"表示使文本或对象以某种效果在某一时刻离开幻灯片。

为对象添加动画效果之后,可进一步设置动画的触发方式及其他效果。动画的触发方式有 3 种,可在"动画"选项卡的"计时"组的"开始"下拉列表中设置,如图 5-40 所示。
- "单击时":表示鼠标在幻灯片上单击时开始播放动画。
- "与上一动画同时":表示上一对象的动画开始播放的同时,当前对象的动画也开始播放。
- "上一动画之后":表示在上一对象的动画播放结束后才开始播放当前对象的动画。

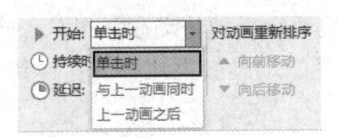

图 5-40 动画开始时机

在"计时"组中,还可以设置动画效果的持续时间、相对于上一动画的延迟时间及动画的播放顺序。若想设置更多效果,则可单击"动画"组的对话框启动按钮,然后在弹出的对话框中进行设置,如图 5-41 所示。在此对话框中,"重复"表示动画效果的重复次数;"触发器"是指幻灯片中的图片、形状、按钮、文字或文本框之类的对象,单击它们可引发某项操作。

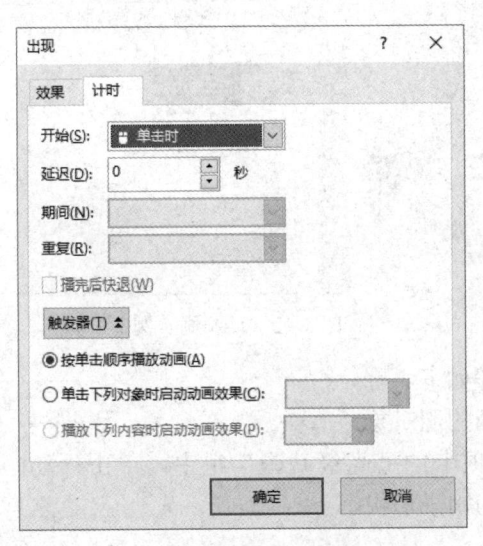

图 5-41 "出现"对话框

在 PowerPoint 中还可以使用"动作路径"扩展动画效果。动作路径是一种不可见的轨迹,可以将幻灯片上的图片、文本或形状等对象放在动作路径上,使它们沿着动作路径运动。例如,可以为对象添加进入或退出幻灯片的"动作路径",使其按照指定的路径进入或退出幻灯片。为某个对象添加"动作路径"的方法与添加预设动画效果的方法相似,选中对象后，在"动画"选项卡"动画"组中单击下拉按钮，在弹出的下拉列表中选择"动作路径"下面的一种路径即可。如果选择了预设的动作路径，如"线条""弧线""转弯""形状""循环"等，则所选路径会以虚线的形式出现在选定的对象之上，其中绿色箭头表示路径的开头位置，红色箭头表示结束位置。如果希望对象按自己手绘的路径运动，则需选择"自定义路径"命令，此时鼠标指针将变为钢笔形状，然后在幻灯片的某处单击确定路径的开始位置，按住鼠标左键不放，移动鼠标指针画出路径，当鼠标指针达到结束位置时双击即可。

5.3.2 应用动画刷复制动画

在 PowerPoint 的以前版本中，为幻灯片中的某个对象设置了动画效果后，就无法将这个动画效果复制给其他对象了。但是，在 PowerPoint 2019 中，新增了一个名为"动画刷"的工具，使用该工具可以快速轻松地将动画效果从一个对象复制到另一个对象上，如图 5-42 所示是一个将"动作路径"动画效果从方块复制到圆上的示例。

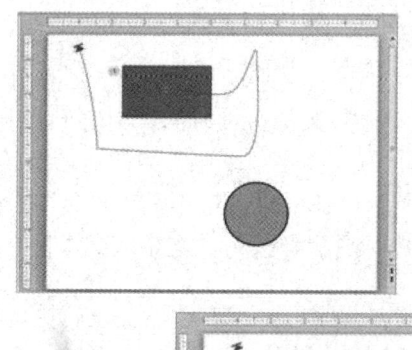

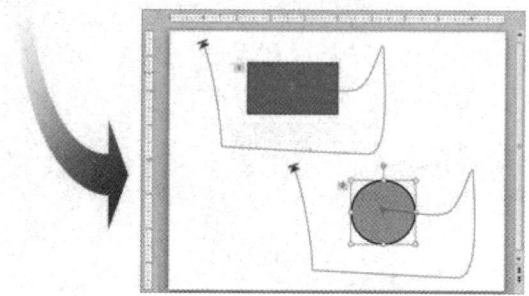

图 5-42 动画刷实例

复制动画的操作步骤如下。
（1）选择要复制动画的源对象。
（2）在"动画"选项卡的"高级动画"组中，单击"动画刷"按钮，如图 5-43 所示，此时鼠标指针将变为刷子形状。

图 5-43 使用动画刷

（3）在幻灯片中单击要应用动画的目标对象。

5.3.3 动作按钮和超链接

在 PowerPoint 中，超链接是从一张幻灯片到另一张幻灯片、网页、电子邮件或文件等的连接，超链接本身可能是文本、图片、图形、形状或艺术字等对象。动作按钮是指可以添加到演示文稿中的内置按钮形状，可为其定义超链接，从而在单击或鼠标移动时执行相应的动作。

1．插入超链接

如果超链接指向另一张幻灯片，则目标幻灯片将显示在 PowerPoint 演示文稿中。如果超链接指向某个网页、网络位置或不同类型文件，则系统会在应用程序或 Web 浏览器中显示目标页或目标文件。要说明的是，超链接必须在放映演示文稿时才能被激活。

创建超链接的步骤如下。

（1）选择用于插入超链接的文本或对象。

（2）在"插入"选项卡的"链接"组中，单击"超链接"按钮，打开如图 5-44 所示的"插入超链接"对话框。

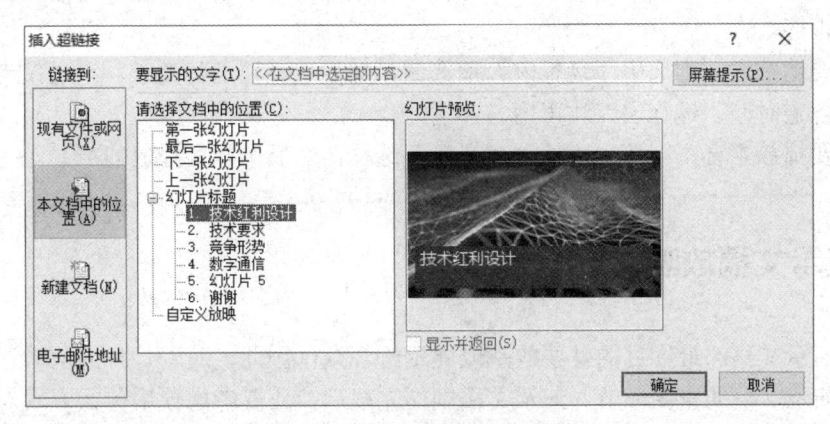

图 5-44 "插入超链接"对话框

（3）在"插入超链接"对话框左边的"链接到"列表中，选择期望创建的超链接类型，并在中间的列表中选择超链接对象，单击"确定"按钮。

2．插入动作按钮

放映演示文稿时，可以通过单击或移动动作按钮执行以下操作。

- 转到下一张幻灯片、上一张幻灯片、第一张幻灯片、最后一张幻灯片、最近观看的幻灯片、特定编号的幻灯片、其他 PowerPoint 演示文稿或网页。
- 运行程序。
- 运行宏。
- 播放音频。

插入动作按钮的操作步骤如下。

（1）在"插入"选项卡的"插图"组中，单击"形状"下拉按钮，在弹出的下拉列表中选择一个动作按钮，如图 5-45 所示。

图 5-45　动作按钮

（2）在幻灯片上绘制动作按钮。
（3）在弹出的"操作设置"对话框中进行设置。
- 若要在幻灯片放映过程中，单击动作按钮时产生该按钮的行为，则选择"单击鼠标"选项卡。
- 若要在幻灯片放映过程中，鼠标指针移动动作按钮时产生该按钮的行为，则选择"鼠标悬停"选项卡。

（4）设置单击或鼠标指针移动动作按钮时要执行的动作。
- 若只在幻灯片上显示该动作按钮，不指定相应动作，则选中"无动作"单选钮。
- 若要创建超链接，则选中"超链接到"单选钮，然后选择超链接动作的目标对象（下一张幻灯片、上一张幻灯片、最后一张幻灯片或另一个 PowerPoint 演示文稿）。
- 若要运行某个程序，则选中"运行程序"单选钮，单击"浏览"按钮，找到要运行的程序。
- 若要运行宏，则选中"运行宏"单选钮，然后选择要运行的宏，不过仅当演示文稿包含宏时，"运行宏"才可用。
- 若要播放声音，则选中"播放声音"复选框，然后选择要播放的声音。

5.4　演示文稿放映

制作演示文稿的最终目的是要放映或展示给观众，因此，对幻灯片的放映进行相关设置是制作演示文稿的重要环节。演示文稿制作完成后，还要考虑使用什么方式对演示文稿进行发布，PowerPoint 2019 为用户提供了比以往版本更丰富的输出方式，本节将介绍几种常用的方法。

5.4.1　幻灯片切换

幻灯片的切换效果是指在幻灯片放映期间，幻灯片进入和离开屏幕时产生的视觉效果。PowerPoint 允许控制幻灯片的切换速度、切换声音，以及对切换效果的属性进行自定义设置。设置幻灯片切换效果的操作步骤如下。

（1）在幻灯片/大纲窗格中选择要应用切换效果的幻灯片。
（2）在"切换"选项卡的"切换到此幻灯片"组中，选择幻灯片切换效果，如图 5-46 所示。若要查看更多切换效果，则可单击下拉按钮。
（3）修改切换效果。单击"切换到此幻灯片"组的"效果选项"下拉选项，在弹出的下拉列表中选择所需的命令。

第 5 章 PowerPoint 2019 高级应用

图 5-46 选择幻灯片切换效果

（4）若想让演示文稿中的所有幻灯片应用相同的切换效果，则在"切换"选项卡的"计时"组中，单击"全部应用"按钮。

除了幻灯片的切换方式，在"计时"组中还可以对切换效果的其他属性做进一步的修饰，主要包括：切换动画的持续时间、切换时的声音和换片方式等，如图 5-47 所示。

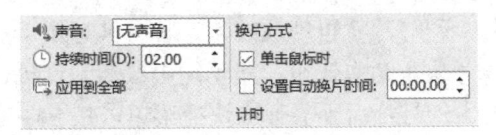

图 5-47 "计时"选项卡

5.4.2 放映设置和放映幻灯片

1. 放映设置

要设置演示文稿的放映方式，可在"幻灯片放映"选项卡的"设置"组中单击"设置幻灯片放映"按钮，打开"设置放映方式"对话框，如图 5-48 所示。

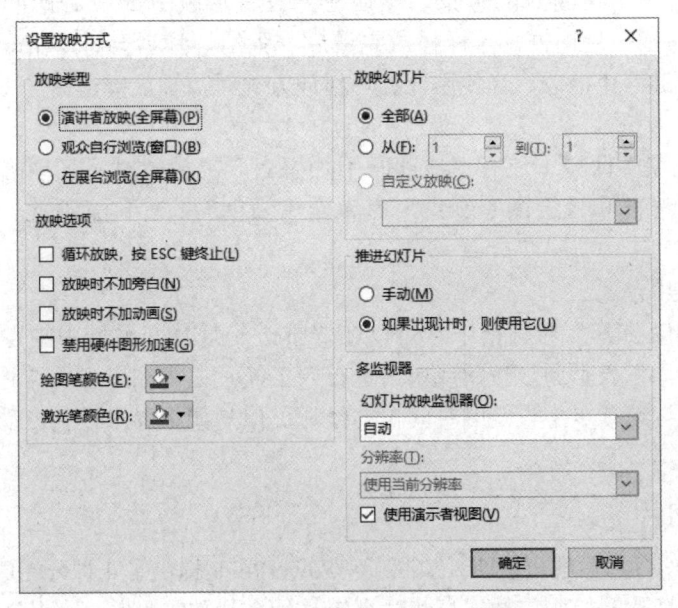

图 5-48 "设置放映方式"对话框

（1）设置放映类型。

PowerPoint 为演示文稿提供了 3 种不同的放映类型：演讲者放映、观众自行浏览和在展台浏览，这 3 种放映类型的特点如下。

① 演讲者放映（全屏幕）。

当选择该放映方式时，可全屏显示演示文稿，这是最常用的幻灯片放映方式，也是系统默认的设置。演讲者具有自主控制权，可以采用自动或人工的方式放映幻灯片，能够暂停幻灯片，添加会议细节或使用绘图笔在幻灯片上涂写，还可以在播放过程中录制旁白进行讲解。

② 观众自行浏览（窗口）。

当选择该放映方式时，幻灯片将在标准窗口中放映，其本质是将幻灯片按阅读视图放映，这种方式适用于小规模的演示。右击窗口后能弹出快捷菜单，提供幻灯片定位、编辑、复制和打印等命令，方便观众自己浏览和控制文稿。

③ 在展台浏览（全屏幕）。

当选择该放映方式时，幻灯片将自动放映，这种方式适用于展览会场等。观众可以更换幻灯片或单击超级链接对象和动作按钮，但不能更改演示文稿，幻灯片的放映只能按照预先的设置进行放映，右击幻灯片后不会弹出快捷菜单，按 Esc 键可停止放映。

（2）指定放映范围。

在"放映幻灯片"区域中可以指定幻灯片的放映范围。其中，"全部"表示演示文稿从第一张幻灯片开始放映，直到最后一张幻灯片停止放映；"从…到…"则表示从某一张幻灯片开始放映，直到另一张幻灯片停止放映。

（3）设置放映选项。

如果要设置演示文稿自动循环播放，首先必须在功能区的"切换"选项卡中预设好每一张幻灯片自动切换的间隔时长，然后在"设置放映方式"对话框中选择"循环放映，按 Esc 键终止"复选框，这样播放完最后一张幻灯片后会再从第一张幻灯片重新播放，直到按快捷键停止播放。当使用非循环播放方式时，播放完最后一张幻灯片后会退出幻灯片放映。

在"放映选项"区域中还有"放映时不加旁白""放映时不加动画""禁用硬件图形加速"3 个复选框和"绘图笔颜色""激光笔颜色"2 个下拉列表，用户可以根据需要选择。

（4）指定换片方式。

在"设置放映方式"对话框中，可以在"推进幻灯片"区域中指定幻灯片的换片方式。其中，"手动"表示通过按钮或单击进行人工换片；"如果出现计时，则使用它"则表示按照"切换"选项卡中设定的时间自动换片，但是如果尚未设置自动换片，则该单选钮无效。

2. 放映幻灯片

制作好一组幻灯片后就可以即兴放映了，PowerPoint 提供了 4 种开始放映的方式：从头开始、从当前幻灯片开始、广播幻灯片、自定义幻灯片放映，其中"从头开始"、"从当前幻灯片开始"和"自定义幻灯片放映"主要是从幻灯片的放映顺序进行区分的，不仅可以按顺序进行放映，还可以有选择地进行放映；而"广播幻灯片"是 PowerPoint 2019 的一项新功能，它可以帮助用户通过 Internet 向远程观众广播演示文稿，当用户在 PowerPoint 中放映幻灯片时，远程观众可以通过 Web 浏览器同步观看。

（1）设计幻灯片的同时查看放映效果。

对幻灯片设置完毕后，经常需要对幻灯片的放映进行预览，及时发现幻灯片放映过程中的问题，PowerPoint 允许用户设计幻灯片的同时查看放映效果，可一边放映幻灯片，一边修改幻灯片，方法如下。

① 选择"幻灯片放映"选项卡，然后在"开始放映幻灯片"选项组中，按住 **Ctrl** 键的同时单击"从当前幻灯片开始"按钮。

② 幻灯片会在桌面的左上角开始放映，如图 5-49 所示。在幻灯片放映的过程中，如发现某项内容出现错误或某个动态效果不理想，则可直接单击幻灯片编辑窗口，并定位到需要修改的内容上，进行必要的修改。

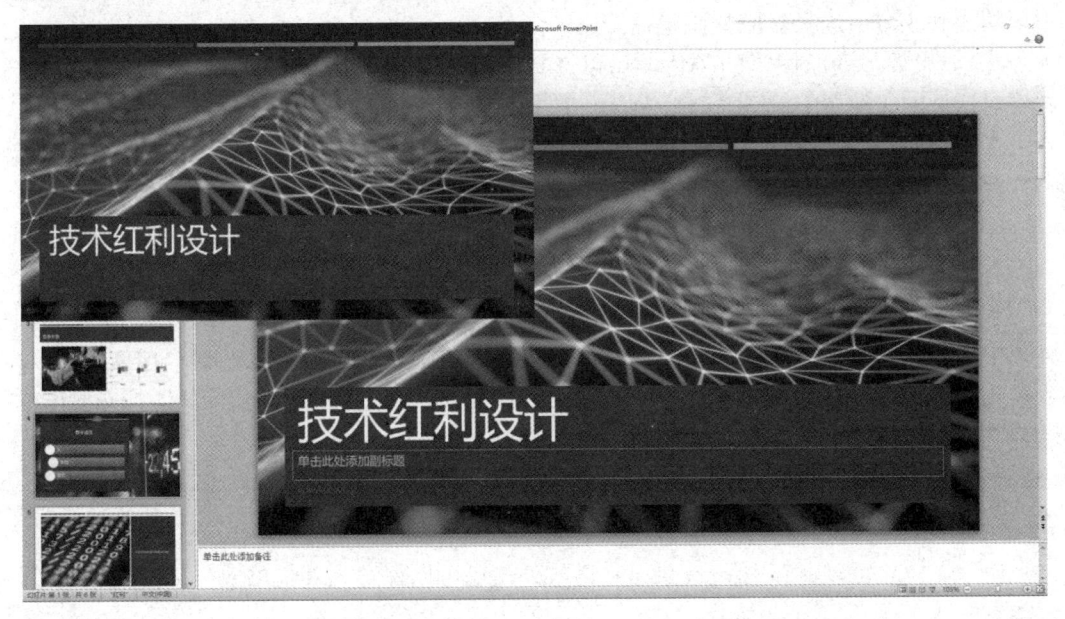

图 5-49 设计幻灯片的同时查看放映效果

③ 修改完成后，单击放映状态下的幻灯片（即左上角的幻灯片）即可继续播放幻灯片，以便查看和纠正其他错误。

（2）录制幻灯片演示。

录制幻灯片演示功能可以记录每张幻灯片的放映时间，同时允许用户使用鼠标、激光笔或麦克风为幻灯片添加注释，即制作者对幻灯片的一切相关注释都可以通过录制幻灯片演示功能记录下来，从而使幻灯片可以脱离讲演者而放映，大大提高幻灯片的互动性。录制幻灯片演示的操作步骤如下。

① 在"幻灯片放映"选项卡中的"设置"组中，单击"录制幻灯片演示"下拉按钮。

② 在弹出的下拉列表中选择"从头开始录制"或"从当前幻灯片开始录制"命令。

③ 在弹出的"录制幻灯片演示"对话框中选中"旁白、墨迹和激光笔"和"幻灯片和动画计时"复选框，并单击"开始录制"按钮。

④ 若要结束录制，则右击幻灯片，在弹出的下拉列表中选择"结束放映"命令。

操作结束后，每张幻灯片都会自动保存录制下来的放映计时，且幻灯片将自动切换到浏览视图，每张幻灯片下面都显示放映计时。

（3）控制幻灯片放映。

在放映过程中，除可以根据排练时间自动播放外，也可以指定放映某一页。右击幻灯片，在弹出的快捷菜单中可以选择"放映下一页"、"放映上一页"、"定位到某一页"和"结束放映"等命令。

（4）绘图笔的应用。

PowerPoint 提供了绘图笔功能，使用绘图笔可以直接在幻灯片上进行标注，在放映幻灯片的过程中对部分内容进行强调。操作步骤如下。

① 在放映过程中，右击幻灯片，在弹出的快捷菜单中选择"指针选项"命令，再从出现的级联菜单中选择对应的画笔命令。

② 如果要改变绘图笔的颜色，可以选择"墨迹颜色"命令，也可以在"设置放映方式"对话框中的"绘图笔颜色"下拉列表中选择所需的颜色。

③ 按住鼠标左键不放并移动鼠标，就可以在幻灯片上直接书写和绘画，但不会修改幻灯片本身的内容。

④ 如果要擦除标注内容，右击幻灯片，在弹出的快捷菜单中选择"指针选项"命令，再从出现的级联菜单中选择"擦除幻灯片上的所有墨迹"命令。

⑤ 当不需要使用绘图笔时，右击幻灯片，选择"指针选项"命令，再从出现的级联菜单中选择"箭头"命令，即可将鼠标指针恢复为箭头形状，也可以选择"指针选项"→"箭头选项"→"永远隐藏"命令，在剩余幻灯片的放映过程中，仍然可以右击幻灯片，然后从弹出的快捷菜单中选择相应的操作。

5.4.3　演示文稿输出

演示文稿除可以保存为.pptx 或.ppt 格式外，还可以保存为其他格式，以便在不同的场合能更好地呈现。

1．将演示文稿保存为视频

在 PowerPoint 2019 中，可以将演示文稿另存为 Windows Media 视频文件（.wmv 格式），这样可以使用户确信演示文稿中的动画、旁白和多媒体内容可以顺畅播放，分发时可更加放心。操作步骤如下。

（1）选择"文件"→"导出"命令，然后单击"创建视频"按钮，如图 5-50 所示。

（2）根据需要设置视频质量和大小。单击"创建视频"下的"全高清（1080p）"的下拉按钮，弹出下拉列表。

- 若要创建质量很高的视频（文件会比较大），则选择"超高清（4K）"或"全高清（1080p）"命令。
- 若要创建中等质量的视频，则选择"高清（720p）"命令。
- 若要创建质量较低的视频（文件比较小），则选择"标准（480p）"命令。

（3）单击"创建视频"按钮，在弹出的"另存为"对话框中，选择保存路径并输入视频名称，单击"保存"按钮。

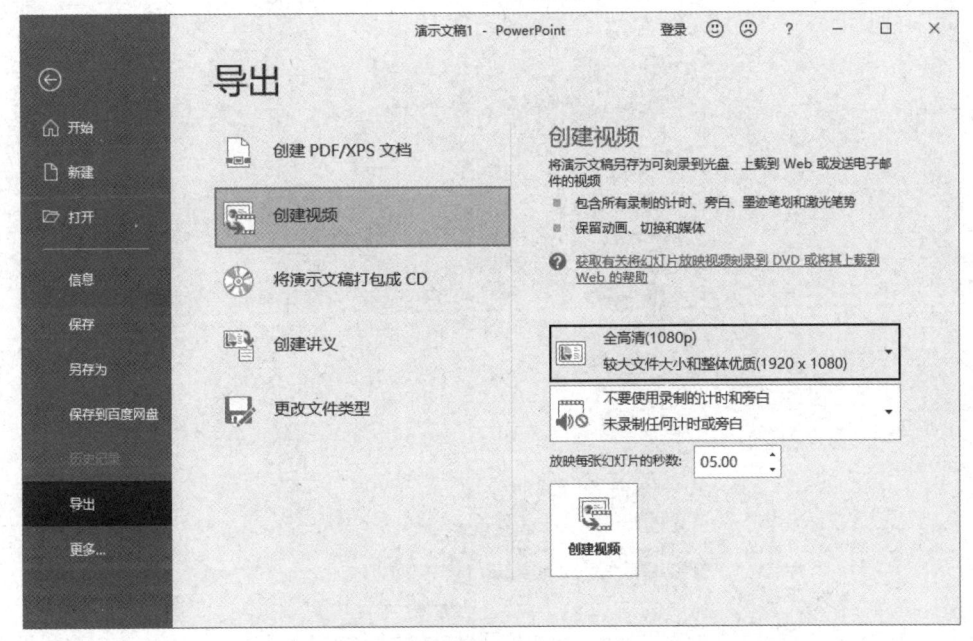

图 5-50 单击"创建视频"按钮

2. 将演示文稿保存为"PDF"或"XPS"文档

将演示文稿保存为"PDF"或"XPS"文档的好处在于这类文档在绝大多数计算机中的外观是一致的，字体、格式和图像不会受到操作系统版本的影响，且文档内容不容易被轻易修改，另外，在 Internet 上有许多此类文档的免费查看程序。将演示文稿保存为"PDF"或"XPS"文档的操作步骤如下。

（1）在"文件"选项卡中选择"导出"→"创建 PDF/XPS 文档"命令，再单击"创建 PDF/XPS"按钮。

（2）在弹出的"发布为 PDF 或 XPS"对话框的"保存类型"下拉列表中选择"PDF"或"XPS"文档类型。

（3）若有需要，则单击"发布为 PDF 或 XPS"对话框的"选项"按钮，在弹出的"选项"对话框中进行相应的设置，如图 5-51 所示。

（4）选择保存路径并输入文档名称，单击"发布"按钮。

3. 将幻灯片保存为图片文件

PowerPoint 还允许将演示文稿中的当前幻灯片或所有幻灯片保存为图片文件，且支持多种图片文件类型，包括 JPEG、PNG、GIF、TIF、BMP、WMF、EMF 等。操作的方法比较简单，选择"文件"→"另存为"命令，在弹出的"另存为"对话框中选择一种图片文件类型，再单击"保存"按钮，此时系统会弹出如图 5-52 所示的对话框，根据需要操作即可。

4. 打包演示文稿

PowerPoint 提供了文件"打包"功能，可以将演示文稿和所链接的文件一起保存到磁盘或 CD 中，以便演示文稿可以在其他没有安装 PowerPoint 的计算机上进行播放。

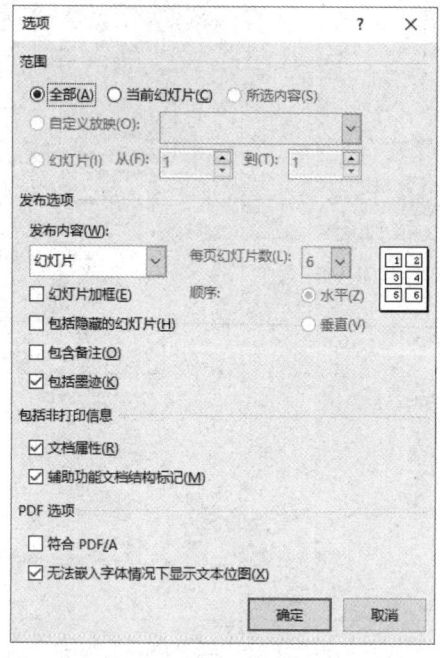

图 5-51 "选项"对话框

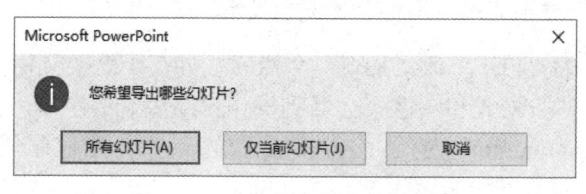

图 5-52 确定导出幻灯片的范围

打开准备打包的演示文稿,选择"文件"→"导出"→"将演示文稿打包成 CD"命令,再单击"打包成 CD"按钮,此时会弹出如图 5-53 所示的对话框。

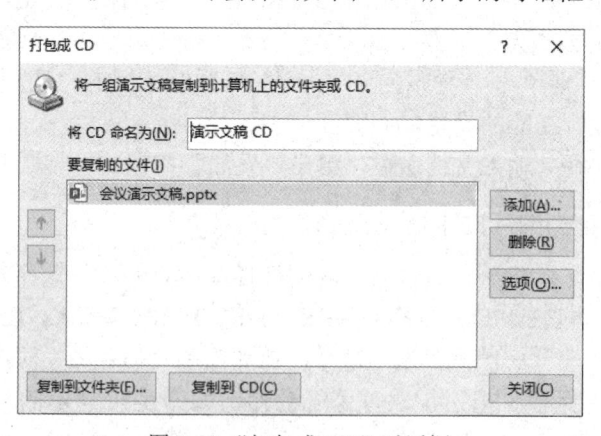

图 5-53 "打包成 CD"对话框

(1)在"将 CD 命名为"文本框中输入即将打包成 CD 的名称。
(2)默认情况下,所打包的 CD 将包含演示文稿中的链接文件和一个名为"PresentationPackage"的文件夹。如果需要更改默认设置,则可以在该对话框中单击

"选项"按钮，打开"选项"对话框，如图5-54所示，在该对话框中对包含的文件信息等选项进行设置，在"增强安全性和隐私保护"区域中，还可以设置"打开每个演示文稿时所用密码"，以及修改每个演示文稿时所用密码。

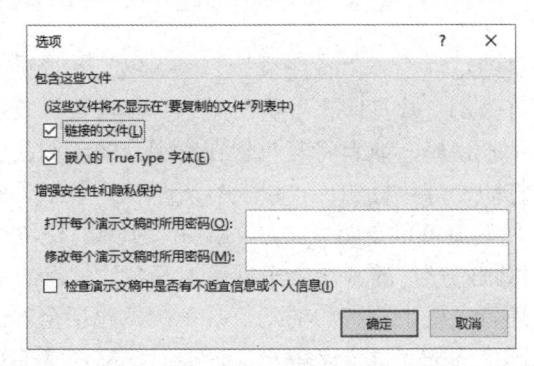

图 5-54 "打包成 CD"对话框关联的"选项"对话框

（3）设置完毕后，单击"确定"按钮，保存设置并返回"打包成 CD"对话框。如需要将多个演示文稿同时打包，则可以单击"添加"按钮，打开"添加文件"对话框，即可将要打包的新文件添加到 CD 中。

（4）单击"复制到文件夹"按钮，打开"复制到文件夹"对话框，在该对话框中可以指定路径，将当前文件复制到该位置上。

（5）单击"复制到 CD"按钮，打开"正在将文件复制到 CD"对话框，将刻录机托盘弹出，把一张有效的 CD 插入刻录机中，即可开始文件的打包和复制过程。

（6）单击"关闭"按钮，完成全部操作。

5．打印演示文稿

在 PowerPoint 中，使用彩色、灰度或纯黑白模式既可以打印整个演示文稿的幻灯片、大纲、备注和观众讲义，也可以打印特定的幻灯片、讲义、备注页或大纲页。打印演示文稿时，选择"文件"→"打印"命令，打开如图5-55所示的打印窗口。

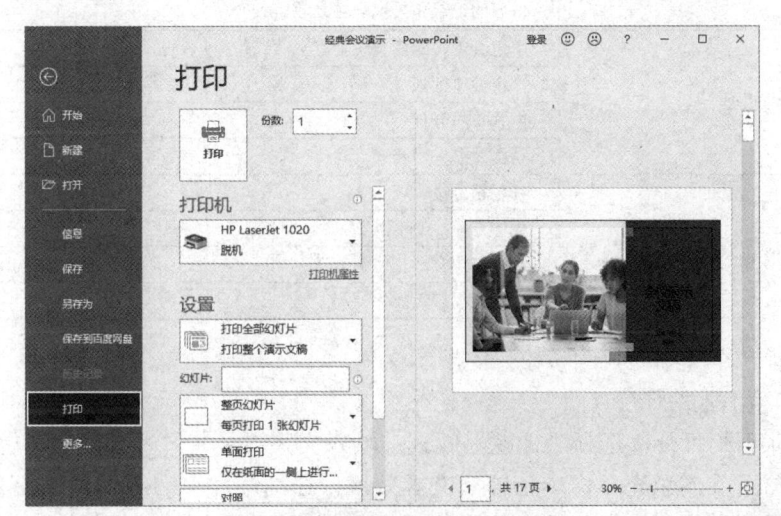

图 5-55 演示文稿的打印窗口

可以在"颜色"下拉列表中选择合适的颜色模式,因为大多数演示文稿在设计过程中使用"彩色"模式,而幻灯片和讲义通常使用"黑白"或"灰色"模式打印,所以在打印之前,建议在右侧预览窗格中查看幻灯片、备注和讲义的显示效果,以确定是否调整内容。

打印版式包括"整页幻灯片"、"备注页"、"大纲"和"讲义","整页幻灯片"表示直接打印幻灯片,每张幻灯片打印在一页纸上;"备注页"表示将幻灯片内容和备注信息打印出来以便在演示时使用,或者将其包含在给观众的印刷品中;"大纲"表示打印大纲中的所有文本或只打印幻灯片标题;"讲义"表示在一页纸上同时排版多张幻灯片并打印,每页纸上的幻灯片数量可以是1、2、3、4、6、9中的任意一个,当将每页纸上的幻灯片数量设为3时,每张幻灯片的旁边会出现可填写备注信息的空行。

另外,在此窗口中还可以设定要打印的幻灯片范围,包括全部幻灯片、所选幻灯片、当前幻灯片及自定义范围,选择"自定义范围"命令时,需在"幻灯片"文本框中输入各幻灯片编号或幻灯片范围,各编号须用无空格的逗号隔开,如1,3,5-12。当打印的份数多于1份时,在"设置"下拉列表中还可以选择是否逐份打印幻灯片。

5.5 习题

(1)应用 PowerPoint 2019 创建一个"个人电子相册"。以自己的成长经历为线索,使用照片的方式来展示个人成长的点滴,能恰当表达过去发生的令人印象深刻的快乐的事和难过的事。具体制作要求见表 5-2。

表 5-2 个人电子相册制作要求

项 目	要 求
内容	主题性原则强
	重点突出、详略得当
	内容的记载和呈现顺序合理
页面	用色合理、配色美观
	一致性原则强
	内容布局合理
	动画效果应用合理
技术	各种超链接合理
	操作方便,便于浏览
	图文混排合理、比例适当
	恰当表现排版技巧

(2)设计一个介绍"我的学校"的演示文稿。

① 制作第 1 张幻灯片

插入一张新幻灯片,选择"标题"版式;输入文字"××××学校欢迎您",自行设置字体、字号、文本填充、文本轮廓与文本效果;在幻灯片中插入代表学校 Logo 的图片文件;可以插入音频文件;自行设置所有幻灯片的设计主题。

② 制作第 2 张幻灯片

插入一张新幻灯片，选择"标题和内容"版式；输入标题文字"校园简介"，自行设置字体、字号、文本填充、文本轮廓与文本效果；修改一级项目符号及其颜色，分别输入文字"校园风光""学校专业""学校动态"，自行设置字体、字号；把"校园风光"超链接到第 3 张幻灯片；"学校专业"超链接到第 4 张幻灯片；"学校动态"超链接到第 5 张幻灯片。

③ 制作第 3 张幻灯片

插入一张新幻灯片，选择"图片和标题"版式；输入标题文字"校园风光"，自行设置标题文字的字体和字号；在图片位置插入三张学校照片，调整照片的大小与位置。

④ 制作第 4 张幻灯片

插入一张新幻灯片，选择"标题和内容"版式；输入标题文字"学校专业"，自行设置标题文本字体和字号；输入内容文本"计算机""动画""国际贸易"并分三行显示；自行设置文字内容的进入、强调与退出动画效果，"计算机""动画""国际贸易"分别按序设计动画效果。

⑤ 制作第 5 张幻灯片

插入一张新幻灯片，选择"标题和内容"版式；输入标题文字"学校动态"，插入一个与学校有关的视频文件，设置自动播放方式。

⑥ 在"幻灯片母版"中，插入幻灯片编号和日期。

⑦ 除第 1 张和第 2 张幻灯片外，在其余幻灯片中都插入一个返回第 2 张幻灯片的动作按钮。

（3）什么是动画的"进入"、"强调"和"退出"效果？

（4）在 PowerPoint 2019 中如何使用触发器功能？

（5）如何将演示文稿打包成 CD？

第 6 章　Office 2019 文档安全

随着 Office 办公软件应用的不断深入，越来越多的用户开始关注 Office 文档的安全问题。本章将介绍 Office 2019 文档的安全设置和保护等内容。

6.1　文档安全权限设置

Office 2019 提供了"信息权限管理（IRM）"功能，通过它可以有效地保护机密文件的内容，能帮助用户指定其他人操作文档的权限，如编辑、打印或复制文档内容等。IRM 对文档的访问控制保留在文档本身之中，即使文件被移动到其他地方，这种限制也始终存在。

打开 Office 2019 文档，选择"文件"→"信息"命令，单击"保护文档"下拉按钮，弹出如图 6-1 所示的下拉列表，选择"限制访问"命令。

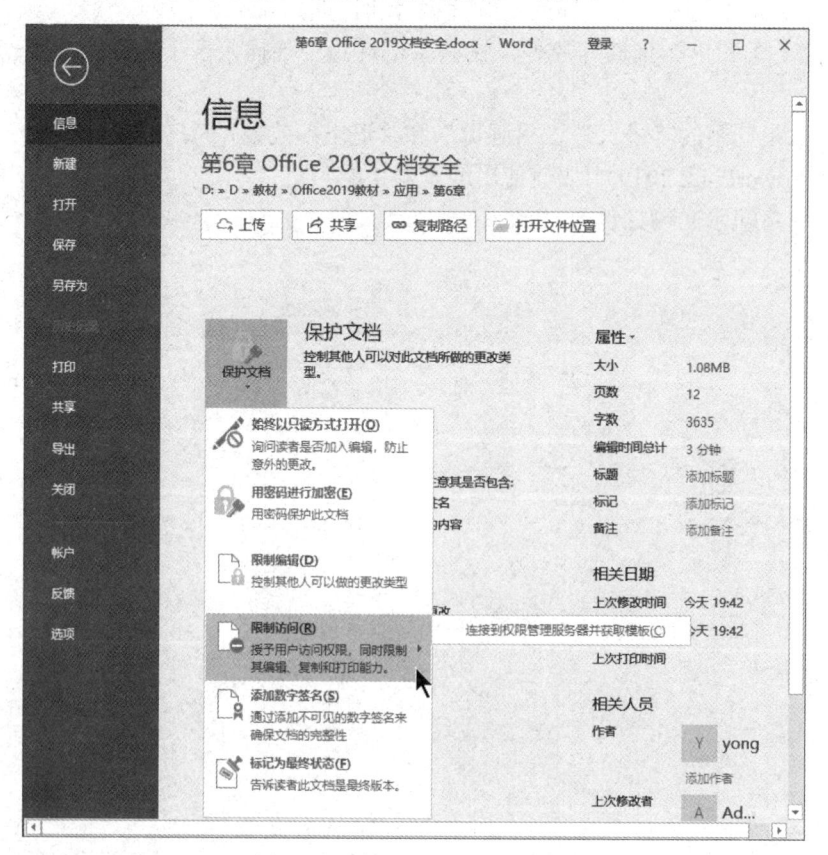

图 6-1　选择"限制访问"命令

6.2 Office 2019 文档保护

6.2.1 Word 文档保护

1. Word 文档保护机制

Office 2019 中的 Word 2019 继承并改进了文档保护功能，引入了格式设置限制和编辑限制两大保护机制。格式设置限制用于保护文档的部分或全部格式不被修改；编辑限制则允许用户进行修订、批注、填写窗体等操作，或者不做任何修改操作。

选择"文件"→"信息"→"保护文档"→"限制编辑"命令，或者在"审阅"选项卡的"保护"组中单击"限制编辑"按钮，打开"限制编辑"对话框，如图 6-2 所示。在该对话框中可以设置格式化限制、编辑限制和启动强制保护。

（1）格式化限制。

在如图 6-2 所示的"限制编辑"对话框中，选中"限制对选定的样式设置格式"复选框并单击"设置"按钮，打开"格式化限制"对话框，如图 6-3 所示。

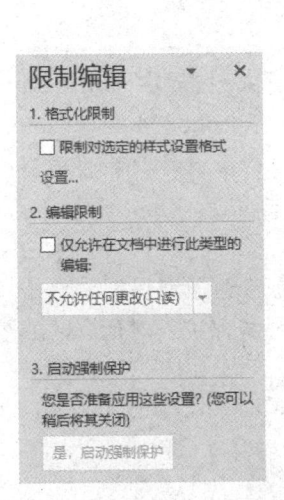

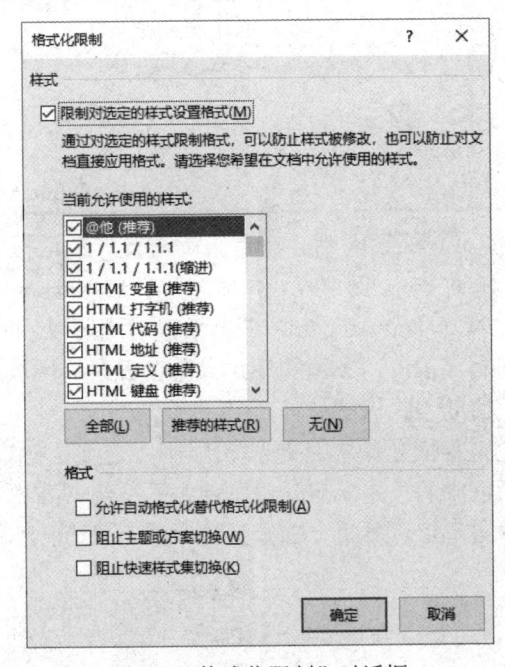

图 6-2 "限制编辑"对话框　　　　图 6-3 "格式化限制"对话框

当前允许在文档中使用的样式默认为全部样式。若单击"推荐的样式"按钮，则允许更改文档的基本样式；若单击"无"按钮，则不允许更改任何样式和格式。用户可根据实际需要进行设置。

（2）编辑限制。

在"限制编辑"对话框中选中"仅允许在文档中进行此类型的编辑"复选框，可以设置编辑限制。编辑限制分为"修订"、"批注"、"填写窗体"和"不允许任何更改（只读)"4 种,其中"修订"和"批注"功能已在第 3 章中有过详细介绍,这里不再赘述,"填写窗体"功能将在 Word 文档窗体保护部分进行介绍,接下来对"不允许任何更改(只读)"功能进行简要描述。

① 文档局部保护。编辑限制中的"不允许任何更改(只读)"功能可以保护文档或文档的局部不被修改。例如,选择文档的第 2、3、5~8 行,在"限制编辑"对话框的"例外项(可选)"下方选中"每个人"复选框,当启动强制保护后,所选区域会添加灰色底纹,并且用户只能在该区域中进行编辑,如图 6-4 所示。

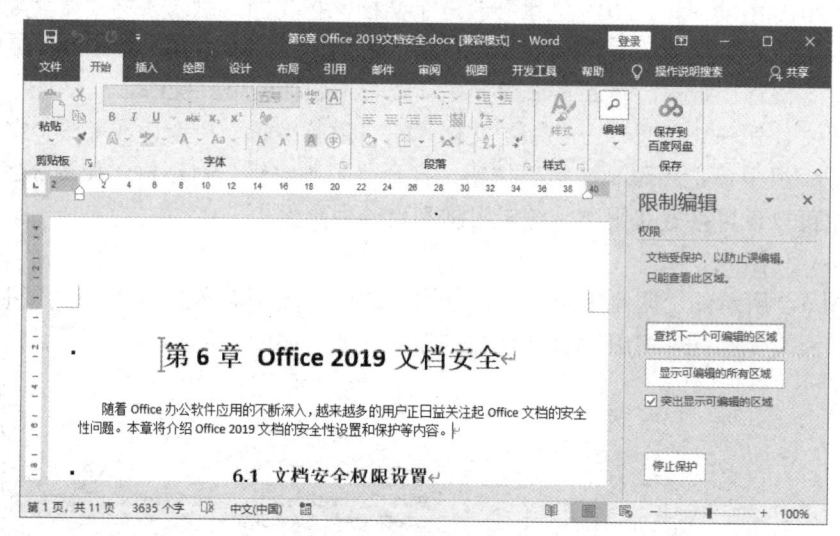

图 6-4 文档局部保护

② 多用户编辑限制。在"限制编辑"对话框中单击"更多用户"按钮,弹出"添加用户"对话框。例如,添加"zjc_1314@hotmail.com""lili8848_111@hotmail.com""lili8848_222@hotmail.com"3 个账户,则可以为不同的用户设置各自能够编辑的区域,当启动强制保护后,不同的用户只能在各自的区域中进行编辑。

(3) 启动强制保护。

无论是格式化限制还是编辑限制,若要生效,则必须启动强制保护。单击"限制编辑"对话框中的"是,启动强制保护"按钮,弹出"启动强制保护"对话框,如图 6-5 所示。设置密码后,单击"确定"按钮即可。

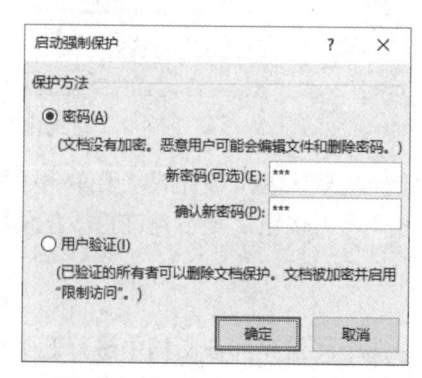

图 6-5 "启动强制保护"对话框

如果要解除文档保护，则单击"限制编辑"对话框中的"停止保护"按钮，取消密码即可。

2．Word 文档窗体保护

在 Word 中，还可以按节和窗体域来保护文档。下面介绍分节保护和窗体域保护。

（1）分节保护。

文档分节以后，可以以节为单位对文档进行保护。具体如下。

① 在"限制编辑"对话框中选中"编辑限制"下方的"仅允许在文档中进行此类型的编辑"复选框，并在下拉列表中选择"填写窗体"命令，如图 6-6 所示、

② 单击图 6-6 中的"选择节…"按钮，打开"节保护"对话框，选择一个或多个需要受保护的节，如图 6-7 所示。

③ 单击"限制编辑"对话框中的"是，启动强制保护"按钮，被设置为受保护的节将不允许用户进行更改，包括页眉和页脚等内容。

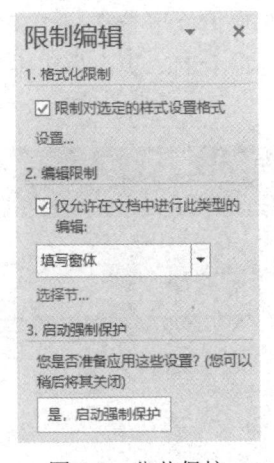

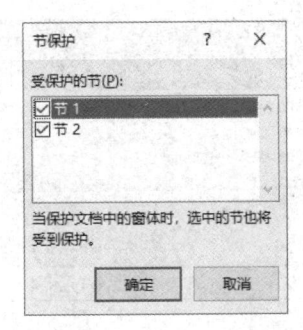

图 6-6　分节保护　　　　图 6-7　"节保护"对话框

（2）窗体域保护。

选择"开发工具"选项卡，在"控件"组中单击"旧式工具"下拉按钮，弹出下拉列表，如图 6-8 所示。在"旧式窗体"下方有多种类型的窗体域可供使用，下面主要介绍文字型窗体域、复选框型窗体域和下拉列表型窗体域。

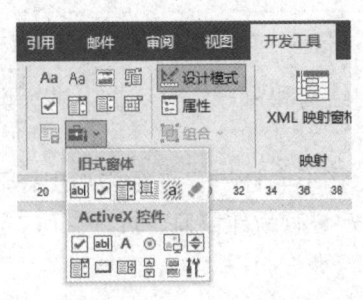

图 6-8　单击"旧式工具"下拉按钮

① 文字型窗体域。如果想允许用户在受保护的文档中输入文字，可使用文字型窗

体域。双击该域,打开"文字型窗体域选项"对话框,可进行设置。

② 复选框型窗体域☑。复选框型窗体域主要用于需要用户进行选择或判断的场合,在一些调查表中经常使用。双击该域,打开"复选框型窗体域选项"对话框,可进行设置。

③ 下拉列表型窗体域▤。下拉列表型窗体域允许用户在受保护的文档中选择列表中的选项。双击该域,打开"下拉列表型窗体域选项"对话框,进行设置,可以添加、修改和移动加载项。

在启用了"仅允许在文档中进行此类型的编辑"的"填写窗体"编辑限制以后,相应的文档只允许用户进行上述窗体域的操作。

6.2.2 Excel 文档保护

Excel 文档保护包括工作簿保护、工作表保护和单元格保护等。

1. 工作簿保护

(1)选择"文件"→"信息"命令,单击"保护工作簿"下拉按钮,在弹出的下拉列表中选择"保护工作簿结构"命令,或者在"审阅"选项卡的"更改"组中单击"保护工作簿"按钮,如图 6-9 所示。

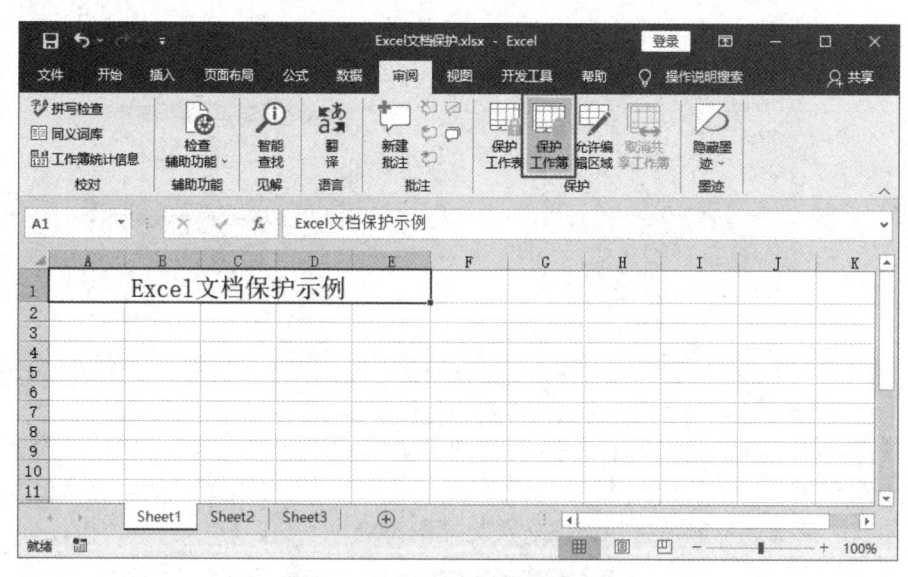

图 6-9 单击"保护工作簿"按钮

(2)在随后弹出的"保护结构和窗口"对话框中进行设置,并输入密码,如图 6-10 所示。

选中"结构"复选框后,将不允许用户进行添加工作表、移动工作表等操作;选中"窗口"复选框后,将禁止用户进行新建窗口、拆分窗口、关闭窗口等操作。

2. 工作表保护

(1)选择"文件"→"信息"命令,单击"保护工作簿"下拉按钮,在弹出的下拉列表中选择"保护当前工作表"命令,或者在"审阅"选项卡的"更改"组中单击"保护工作表"按钮。

（2）在随后弹出的"保护工作表"对话框中设置允许用户进行的操作，并输入密码，如图 6-11 所示。

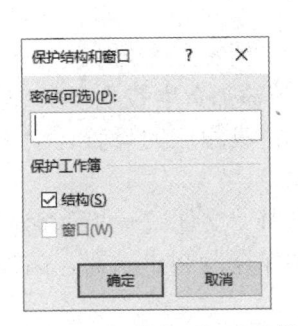

图 6-10 "保护结构和窗口"对话框　　图 6-11 "保护工作表"对话框

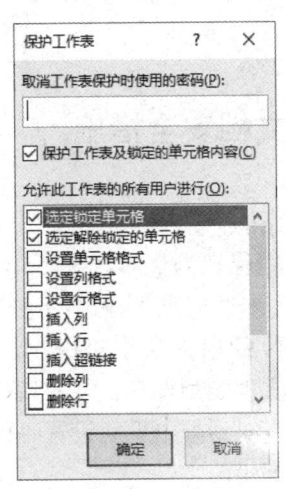

3．单元格保护

有时并不需要将整个工作表部保护起来，或者可以将某些区域开放给相关用户，这时可以使用"根据密码访问保护区域"和"设定权限访问保护区域"功能。

（1）"根据密码访问保护区域"。

① 在"审阅"选项卡的"更改"组中单击"允许用户编辑区域"按钮，打开"允许用户编辑区域"对话框，如图 6-12 所示。

② 单击"新建"按钮，打开"新区域"对话框，设置"引用单元格"的地址及"区域密码"等信息，如图 6-13 所示。

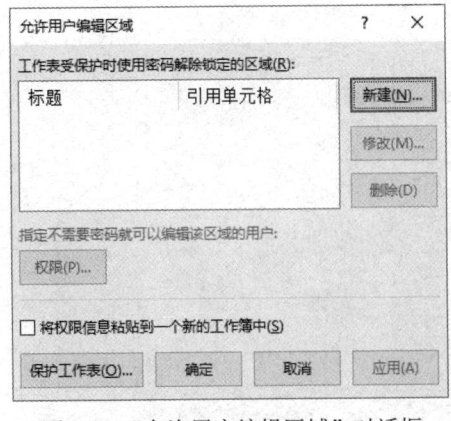

图 6-12 "允许用户编辑区域"对话框　　图 6-13 "新区域"对话框

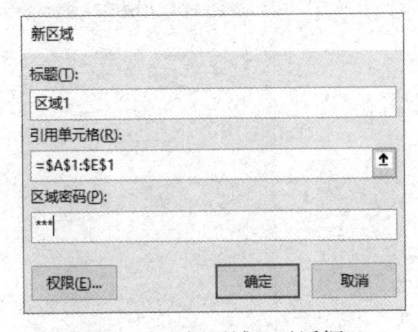

③ 单击"确定"按钮，返回"允许用户编辑区域"对话框。单击"保护工作表"按钮，设置允许用户进行的操作。

至此，在受保护的工作表的指定区域内，用户可以通过密码访问该区域。

(2)"设定权限访问保护区域"。

在"允许用户编辑区域"对话框中单击"权限"按钮,可以设置不需要密码的编辑区域权限。设定权限访问保护区域,允许特定的用户不需要密码就能访问受保护的工作表区域。

6.3 其他文档安全措施

除以上介绍的一系列文档保护方法外,还有一些文档安全措施可供用户选择。

(1)将文档标记为最终状态、用密码进行加密或添加数字签名。在 Word 2019 中,选择"文件"→"信息"→"保护文档"命令,完成相应的设置,对 Excel 2019 和 PowerPoint 2019 的相关设置方法类似。

(2)转换文件类型保存。文档编辑完成以后,选择"文件"→"另存为"命令,在弹出的"另存为"对话框中重新设置"保存类型",如保存为 PDF 文件,因为 PDF 文件是受保护且不可编辑的。

(3)防打开、防修改。在"另存为"对话框中单击"工具"按钮。在弹出的下拉列表中选择"常规选项"命令,在弹出的"常规选项"对话框中设置打开文件时的密码或修改文件时的密码,如图 6-14 所示。

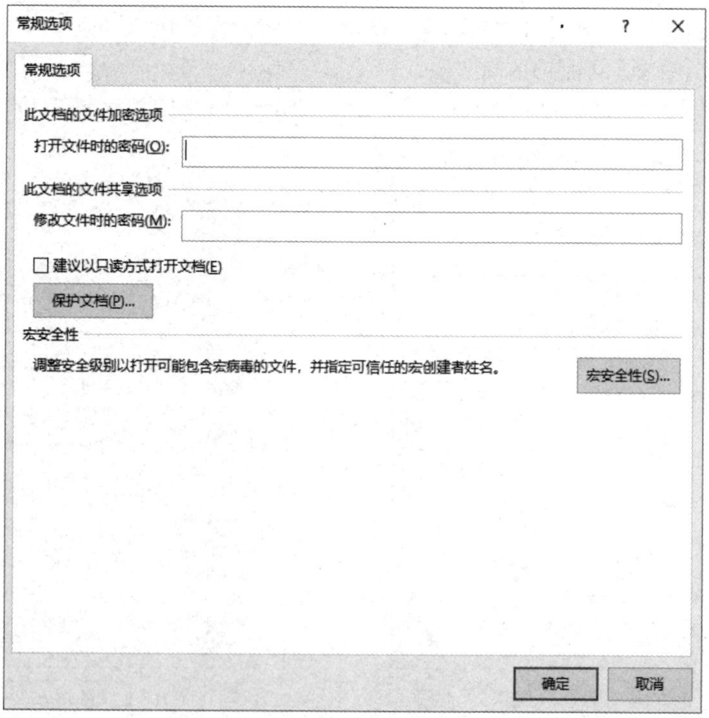

图 6-14 "常规选项"对话框

(4)防止泄露隐私。文件属性中往往包含一些作者、单位等信息,这些信息可能在某些场合中比较敏感,用户可以将其删除。选择"文件"→"信息"命令,单击"属性"下拉按钮，在弹出的下拉列表中选择"高级属性"命令，弹出"属性"对话框如图 6-15 所示。用户可以删除其中一些敏感信息。

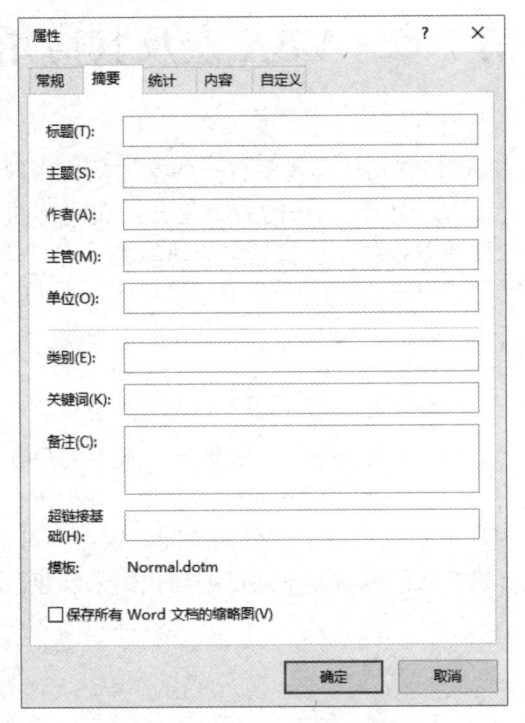

图 6-15 "属性"对话框

6.4 习题

（1）简述文档安全权限设置的操作步骤。
（2）如何实现 Word 文档的格式化限制和编辑限制？
（3）Word 文档窗体保护有哪几种形式？如何实现？
（4）Excel 文档保护有哪几种形式？如何保护 PowerPoint 文档？
（5）如何实现 Office 文档防打开、防修改和防止泄露隐私？

第 7 章　VBA 宏及其应用

在 Office 2019 中可以实现自动化操作，将一些常用的操作做成一个命令集合。当需要进行同样的操作时，可以直接使用制作的命令集合，在现有的文档上执行一次命令即可，而无须再按相同的步骤重复操作，这就是宏的功能。

7.1　宏的基本概念

在 Office 2019 中，宏是一系列命令的有序集合，其中的命令是以 Office 能直接识别的名字保存的。宏的使用可以减少复杂任务的操作步骤，使用宏命令可以显著地减少在创建、设置格式、修改和打印文档过程中所花费的时间。宏命令可以通过 Office 2019 内置的录制工具来创建，也可以在代码编辑器里通过编写代码来创建。

7.2　VBA 基础

VBA 的英文全称是 Visual Basic for Applications，即新一代的标准宏语言，它是一种通用的自动化编程语言。

7.2.1　VBA 语法基础

1. 数据类型

（1）Boolean。Boolean 用于保存逻辑值，可以是 True 或 False 中的任何一个值，占用 2 字节的存储空间，默认值为 False。

（2）Byte。Byte 只能保存正整数，占用 1 字节的存储空间，取值范围为 0~255，默认值为 0。

（3）Currency。Currency 用于保存货币值，占用 8 字节的存储空间，取值范围为 −922337203685477.5808~922337203685477.5807，默认值为 0。

（4）Date。Date 用于保存日期或时间。占用 8 字节的存储空间，取值范围为 1000 年 1 月 1 日~9999 年 12 月 31 日，默认值为 00：00：00。

（5）Decimal。Decimal 是一种包含以 10 的幂为刻度的十进制数的变体数据类型，只能通过 CDec 转换函数创建，它不是一种独立的数据类型。Decimal 数据类型占用 14 字节的存储空间，取值范围为 ±79228162514264337593543950335（不带小数点）或 ±7.9228162514264337593543950335（带 28 位小数点），默认值为 0。

（6）Double。Double 用于保存双精度浮点数，占用 8 字节的存储空间，负值的取值范围为-1.79769313486232E308～-4.94065645841247E-324，正值的取值范围为1.79769313486232E308～-4.94065645841247E-324，默认值为0。

（7）Integer。Integer用于保存-32768～32767的整数，其中第一位表示符号，占用2字节的存储空间，默认值为0。

（8）Long。Long用于保存占用4字节的存储空间的带符号的整数，其中第一位表示符号，取值范围为-2147483648～2147483647，默认值为0。

（9）Object。Object用于保存对某个对象的引用（地址），占用4字节的存储空间，可对任何对象引用，默认值为Nothing。

（10）Single。Single用于保存分数、带小数位或指数的数值等单精度数，占用4字节的存储空间，负值的取值范围为-3.402823E38～-1.401298E-45，正值的取值范围为1.401298E-45～3.402823E38，默认值为0。

（11）String。String用于保存字符串。其中，定长的String数据类型占用的存储空间为字符串的长度，取值范围为1～65400个字符，默认值等于该字符串长度的空格数。变长的String数据类型能动态地加长或缩短，其占用的存储空间为10字节加上字符串的长度，取值范围为0～20亿个字符，默认值为零长字符串（""）。

（12）Variant。Variant字符串类型的存储空间为22字节加上字符串的长度，其取值范围与变长字符串数据类型的取值范围相同，默认值为Empty。

Variant数字类型的存储空间为16字节，其取值范围与Double数据类型的取值范围相同，默认值为Empty。

（13）用户自定义类型。允许用户创建一种特殊的数据类型，这种数据类型由VBA的内部数据类型、数组、对象或其他用户定义类型组成，其存储空间为各组成部分的存储空间的总和，取值范围与各组成部分的数据类型的取值范围一致，其默认值为各组成部分的默认值。

2．常量（数）

常量即在程序执行过程中不发生改变的值或字符串。我们可以使用Const语句声明常量。如：

```
Const Rate=0.25
Const NumMonths As Integer=12
Public Const myName As String="BabyPig"
```

最后一个语句声明了一个公共常量，应放在模块中所有过程之前进行声明。

VBA自身包含有许多内置常数，它们的值都是VBA预先定义好的，使用内部常量时无须定义这些常数的值。下面是几个特殊的常量。

（1）vbNull。vbNull和VarType函数一起使用，用于确定变量是否包含Null。

（2）vbNullChar。vbNullChar用于赋值或检测Null字符，Null字符的值为Chr(0)，即vbNullChar常数相当于将变量赋值为Chr(0)，可用于检测变量，确定它的值是否为一个Null字符。

（3）vbNullString。vbNullString用于赋值或检测零长（空）字符串。

（4）Null关键字。将Null值赋给Variant变量后，可以通过调用IsNull函数来检测变量是否是 Null 值。

（5）vbEmpty。vbEmpty 用于检测某个 Variant 变量是否被初始化。

（6）Nothing 关键字。Nothing 关键字只能和对象变量一起使用，以确定变量是否具有有效的对象引用，此外，Nothing 关键字还可以用于销毁当前的对象引用。

3. 变量

变量的主要作用是存取数据和提供数据存放信息的容器。根据变量的作用域不同，可以把变量分为局部变量、全局变量，详细介绍见后面的变量（常量）作用域和生存期部分。

（1）声明变量。其语法为：

```
Dim <变量名> As <数据类型>
```

或

```
Private <变量名> As <数据类型>
```

或

```
Public <变量名> As <数据类型>
```

还有一种声明变量的方法，将一个字符（类型声明符）加在变量名称后面，从而声明变量的数据类型。如：

```
Dim MyVar%       表示将变量 MyVar 声明为整型。
```

常用的数据类型的类型声明符如下：

```
Integer  %
Long     &
Single   !
Double   #
Currency @
String   $
```

在模块前加入 Option Explicit 语句，将强制要求声明所使用的所有变量。

（2）对象变量。在使用对象模型的属性、方法和事件之前，必须创建一个对包含所需属性、方法和事件的类的引用。可以先声明一个局部对象变量用于存储该对象引用，然后把对象引用赋给该局部变量。

声明对象变量的方法和声明其他类型变量的方法大致相同。下面介绍 3 种声明对象变量的方法。

① Dim myObject As <库名>.<类名>

此方法指向类的类型库，但没有给该变量赋予任何类的实例。此时，变量 myObject 被赋值为 Nothing。若要用这种方法引用类，就必须利用"引用"对话框向工程添加一个对类模块的引用。若要将类的实例引用赋予该变量，则必须在使用该变量之前用 Set 语句赋值。如：

```
Set myObject=<库名>.<类名>
```

② Dim myObject As New <库名>.<类名>

此方法将类的新实例引用赋给 Object 变量。同样，要用这种方法引用类，则必须先利用"引用"对话框向工程添加一个对类模块的引用。

③ Dim myObject As Object

此方法将 myObject 变量声明为一般的 Object 数据类型，这在不能预先知道要创建的对象的数据类型时十分有用。此时，Object 变量被赋值为 Nothing。若将对象引用赋值给该变量，则必须使用 CreateObject 函数或 GetObject 函数。

可以用 Private 语句或 Public 语句替换 Dim 语句，且对象变量的作用域规则和其他类型变量的作用域规则一样。

（3）集合（Collection）对象。集合对象是其他对象的一个容器。一般情况下会用到以下 4 种方法。

① Add 方法。添加一项到集合中。除可以指定数据外，还可以指定键值，通过键值可以访问集合中的成员。

② Count 方法。返回集合中的项的个数。

③ Item 方法。通过集合中的索引（集合中项的序号）或键（假设该项添加到集合时已被指定）检索集合中的成员。

④ Remove 方法。通过集合中的索引或键删除集合中的成员。

4．运算符和表达式

运算符是用于完成操作的一系列符号，包括算术运算符、比较运算符、逻辑运算符、字符串运算符等。可用于连接一个或多个语言元素，或者完成一些运算以形成一个表达式。

表达式就是变量、常量、运算符的集合，可分为算术表达式、字符串表达式、赋值表达式、布尔表达式等。

5．数组

数组是一组拥有相同名称同类元素的集合。定义数组后，即创建了数组。数组中单个数据项被称为数组元素，用于访问数组元素的编号被称为数组索引号，最小索引号和最大索引号被称为边界。

在 VBA 中，根据数组元素个数是否变化，数组分为固定大小的数组和动态数组，根据数组的维数又可分为一维数组和多维数组。

（1）创建数组。用 Dim 语句来定义固定大小的数组，即声明一个数组。如：

```
Dim myArray(9) As Integer
```

上面的代码用于创建一个名为 myArray 且含有 10 个数组元素的一维数组。注意，所有 VBA 数组的下界均从 0 开始，因此上面的代码所创建的数组元素为 myArray(0)～myArray(9)。

在 Dim 语句中不指明数组元素的个数来声明动态数组，如：

```
Dim myDynamicArray() As Integer
```

使用 ReDim 关键字重新定义数组的大小，如：

```
ReDim myDynamicArray(10)
```

也可以用 ReDim 关键字同时声明一个动态数组并指定该数组的元素个数，如：

```
ReDim myDynamicArray(5) As Integer
```
VBA 没有限制重新定义动态数组大小的次数，但在重新定义数组大小时，原有的数组数据就会丢失。如果需要保留原来的数据，则可以使用 Preserve 关键字，如：
```
ReDim Preserve myDynamicArray(5)
```
需要注意的是，如果重新定义数组时减小了数组的大小，则会丢失被缩减的那部分元素的数据。

与声明变量一样，也可以用 Public 语句声明公共数组。

（2）确定数组的边界。可以使用 UBound 函数和 LBound 函数分别获取数组的最大边界和最小边界。

默认情况下，VBA 的数组的下界是从 0 开始的，可以在模块的声明部分使用 Option Base 语句改变模块中数组的起始边界。如：
```
Option Base 1
```
该语句使数组元素的索引号从 1 开始，也可以在定义数组时指定数组的上界和下界，如：
```
Dim <数组名>  (<下界> to <上界>)  As <数据类型>
```
（3）多维数组。多维数组可以在每个数组元素中存储一组数据，因此，多维数组的每个数组元素都包含一个数组。与一维数组相同，可以使用下面两种方法创建多维数组：

① Dim <数组名>(<数组元素数 1>，<数组元素数 2>，……) As <数据类型>。

② Dim <数组名>(<下界> to <上界>，<下界> to <上界>，……) As <数据类型>。

（4）引用数组中的元素。在数组定义后，可以使用数组名和一个索引号来引用数组中的某个特定元素。

6．内置函数

VBA 中包含各种内置函数，可以简化计算和操作。在 VBA 表达式中使用函数的方式与在工作表公式中使用函数的方法相同。

在 VBA 代码中，也可以使用很多 Excel 工作表函数，即使用 WorksheetFunction 对象调用工作表函数。但是，不能使用具有与 VBA 内置函数功能相同的工作表函数。

7．基本语句

（1）控制程序流程语句。

① GoTo 语句。GoTo 语句将程序转移到标签所在的位置后继续执行，但不能将程序转移到过程之外。例如，在进行错误捕捉时，发生错误后，程序被转移至标签所在的位置后继续执行。

② If…Then 语句。If…Then 语句用于条件判断，当满足条件时，执行相应的语句；当条件不满足时，执行其他的语句。

③ Select Case 语句。当需要做出 3 种或 3 种以上的条件判断时，可以使用 Select Case 语句。

（2）循环语句。

循环是指重复执行某段代码。在 VBA 中，有多种循环语句结构。

① For … Next 循环。
② Do … While 循环。
③ Do … Until 循环。

8. 过程

过程由一组能够完成操作任务的 VBA 语句组成。其语法为：

[Private→Public] [Static] Sub <过程名> ([参数])
[指令]
[Exit Sub]
[指令]
End Sub

说明：

① Private 为可选项。如果使用 Private 声明过程，则该过程只能被同一个模块中的其他过程访问。

② Public 为可选项。如果使用 Public 声明过程，则表明该过程可以被工作簿中的所有其他过程访问。但是如果用在包含 Option Private Module 语句的模块中，则该过程只能用于所在工程中的其他过程。

③ Static 为可选项。如果使用 Static 声明过程，则该过程中的所有变量均为静态变量，其值将被保存。

④ Sub 为必需项。Sub 表示过程开始。

⑤ <过程名>为必需项。可以使用任意有效的过程名，其命名规则通常与变量的命名规则相同。

⑥ 参数为可选项。参数表示一系列变量并用逗号分隔，这些变量用于接收传递到过程中的参数值。如果没有参数，则为空括号。

⑦ Exit Sub 为可选项。Exit Sub 表示在过程结束之前，提前退出过程。

⑧ End Sub 为必需项。End Sub 表示过程结束。

如果在类模块中编写子过程，并把它声明为 Public，它将成为该类的方法。

9. 函数

函数（Function）是能完成特定任务的相关语句和表达式的集合。当函数执行完毕时，它会向调用它的语句返回一个值。如果不显示指定函数的返回值类型，就返回默认的数据类型的值。声明函数的语法为：

[Private|Public] [Static] Function <函数名> ([参数]) [As 类型]
[指令]
[函数名=表达式]
[Exit Function]
[指令]
[函数名=表达式]
End Function

说明：

① Private 为可选项。如果使用 Private 声明函数，则该函数只能被同一个模块中的其他过程访问。

② Public 为可选项。如果使用 Public 声明函数，则表明该函数可以被所有 Excel VBA 工程中的所有其他过程访问。当不声明函数过程的作用域时，默认的作用域为 Public。

③ Static 为可选项。如果使用 Static 声明函数，则在调用时，该函数过程中的所有变量均保持不变。

④ Function 为必需项。Function 表示函数过程开始。

⑤ <函数名>为必需项。可以使用任意有效的函数名，其命名规则与变量的命名规则相同。

⑥ 参数为可选项。参数表示一系列变量并用逗号分隔，这些变量是传递给函数过程的参数值。参数必须用括号括起来。

⑦ 类型为可选项。类型表示指定函数过程返回的数据类型。

⑧ Exit Function 为可选项。Exit Function 表示在函数过程结束之前，提前退出过程。

⑨ End Function 为必需项。End Function 表示函数过程结束。

通常，在函数过程执行结束前给函数名赋值。

函数可以作为参数的组成部分。但是，函数只返回一个值，它不能执行与对象有关的动作。

如果在类模块中编写自定义函数并将该函数的作用域声明为 Public，这个函数将成为该类的方法。

10. 事件处理过程

要对一个控件事件编写事件处理程序，首先，应打开窗体的代码窗口，并从可用对象的下拉列表中选择所需的控件。然后，从该控件的可用事件下拉列表中选择所用的事件。此时，对事件处理程序的定义语句就会自动出现在代码窗口中，接着就可以直接编写事件处理程序了。

在 Excel 中，事件主要包括 Excel 应用程序事件、工作簿事件、工作表事件、图表事件、用户窗体事件等。

11. 类模块

类模块是存放共享变量以及共享代码的存储库。创建一个类模块，实际上也是在创建一个 COM（组件对象模型）接口。因此，类模块允许通过一个由属性、方法和事件组成的可编程接口向外界描述应用程序，同时保证保留对应用程序的控制权。也就是说，类模块能够让程序实现"封装"，这样，在其他工程中可以直接使用某类模块而不需要访问源代码。此外，可以使用类创建自己的库，如果想要使用类创建自己的库，则只需要在任何新的工程中添加一个对该类的引用。并且，如果要改变程序，则只需对类模块进行改动即可，而无须在程序的每个部分都做改动。

12. 属性过程

属性过程（Property Procedure）是特殊的过程，用于赋予和获取自定义属性的值。属性过程只能在对象模块（如窗体或类模块）中使用。属性过程包括 Property Let、Property Get 和 Property Set 共 3 种。

13. 调用子过程和函数过程

子过程可以用下面 3 种方法调用。

第一种，使用 Call 语句：

```
Call DoSomething(参数 1，参数 2，……)
```

如果使用 Call 语句，就必须用小括号将参数列表括起来。

第二种，直接利用过程名：

```
DoSomething 参数 1，参数 2，……
```

此时，不用在参数列表两边加上括号。

如果不想使用函数的返回值，则可以用上述方法中的任一方法调用函数。否则，可以用函数名作为表达式的组成部分，如：

```
If GetFunctionResult(parameter)=1 Then
```

如果将函数调用作为表达式的一部分，则参数列表必须放在小括号中。

第三种，使用 Run 方法。

14. 在过程间传递参数

在很多情况下，需要在子过程或函数中调用另一个自定义函数或子过程，这时，在被调用过程中就要用到在调用过程中使用的某个变量。因此，可把该变量作为参数传递给被调用过程。不管被调用过程是在同一模块、同一工程中的过程，还是在远程服务器上的类中的一个方法，从一个过程向另一个过程传递变量的原理都是一样的。被调用过程（而不是调用过程）决定了变量如何从调用过程传递到被调用过程。

（1）VBA 允许用两种不同的方式在过程和组件之间传递参数。在子过程或函数的定义部分，可以指定参数列表中的变量的传递方式：ByRef（按引用）或者 ByVal（按值）。

① ByRef。这是 VBA 中在过程间传递变量的默认方法。ByRef 是指按引用传递变量，即传递给被调用过程的是原变量的引用。因此，如果改变了被调用过程中的变量值，其变化就会反映到调用过程中的那个变量，因为它们实际上是同一个变量。

② ByVal。如果使用 ByVal 传递变量，则被调用过程获得的就是该变量的独立副本。因此，改变被调用过程中该变量的值不会影响调用过程中该变量原来的值。

（2）Optional。Optional 用来指定某个特定的参数。但并不一定要传递，即 Optional 为可选参数。但是，该参数必须放在最后。

（3）ParamArray。使用 ParamArray 能够使过程接收一组数目可变的参数。ParamArray 必须是列表中的最后一个参数，而且不能在使用了 Optional 的参数列表中使用 ParamArray。

15. 变量（常量）作用域和生存期

有时需要在工程内的所有过程中使用某个变量，而有时某些变量又只需要在某些特定的过程中用到，变量的这种可见性被称为变量作用域。

变量存在和作用的时间，被称为变量的生存期。

变量或常量在程序中声明的位置决定了变量的作用域和生存期。

总的说来，在模块的声明部分用 Private 声明的变量可以被模块中的所有过程使用；在模块的声明部分用 Public 声明的变量可以被整个工程使用；若某个对象引用指向某类模块，则在该类模块的声明部分用 Public 声明的变量可以被整个工程使用；在子过程或函数中用 Dim 语句声明的变量只能被声明这些变量的过程使用。

（1）过程级作用域。在一个过程（如子过程或函数）内声明的变量只能在该过程内使用，其生存期在执行了 End Sub 或 End Function 语句后结束。因此，可以在不同的过程中定义具有相同名称的不同变量。在过程中用 Dim 语句声明过程级作用域的变量。

此外，还有一种具有过程级作用域的特殊变量，被称为静态变量。静态变量是在过程中定义的，尽管这种变量也具有过程级作用域，但是它具有模块级的生存期。这意味着只能在定义静态变量的过程内使用这些变量，但是变量的值在两次过程调用之间是保持不变的。用 Static 关键字声明静态变量：

```
Static lngExcuted As Long
```

还可以声明一个过程为静态过程，在这种情况下，在过程中声明的所有变量都被认为是静态变量，而且它们的值在两次过程调用之间都会保持不变，如：

```
Static Procedure MyProcedure()
Dim iCtr As Integer
```

（2）模块级或私有作用域。具有模块级作用域的变量可以被某个模块内的所有子过程和函数使用，也可以在模块级生存期内将变量保存在内存中。

在模块的声明部分（即任何子过程或函数外），通过用 Dim 语句或 Private 语句声明变量来创建一个具有模块级作用域的变量。

（3）Friend 作用域。Friend 关键字只能用于在对象模块（如类模块或窗体模块）中的变量和过程的声明。用 Friend 声明的变量允许工程中的其他对象模块访问原模块中的变量或方法，但是无须使用 Public 语句声明这些变量或方法。

（4）公共作用域。在过程外使用 Public 语句声明的变量可以被当前工程中的所有模块使用。

16．注释

"注释"是指嵌入代码中的描述性文本。要在代码中插入注释，只需在前面加上单引号，即以单引号（'）开始。注释应当表达有用的信息。

7.2.2 常用 Office 对象

1．概述

对象（Object）是一些相关的变量和方法的软件集。VBA 是一种面向对象的编程语言。对象是 Visual Basic 的结构基础，VBA 应用程序就是由许多对象组成。VBA 对象模型就是应用程序对象布局的层次，因为一些对象被包含在其他对象中，这就决定了其外观显示为树状或者为层次结构。

对象可分为集合对象和独立对象。独立对象代表一个 Word 元素,如文档、段落、书签或单独的字符。集合也是一个对象,该对象包含多个其他对象,通常这些对象属于相同的类型;例如,一个集合对象可包含文档中的所有书签对象。修改与对象相关的方法或属性就可以定制对象,也可修改整个对象集合。

VBA 对象模型把后台复杂的代码和操作封装在易于使用的对象、方法、属性和事件中,这样开发者只需面对相对简单和直观的对象语法,提高了应用程序的简单性和可重复利用性。

2. Office 对象模型

VBA 将 Office 中的每个应用程序都看成一个对象。每个应用程序都由各自的 Application 对象代表。

(1)在 Word 中,Application 对象包含了 Word 的菜单栏、工具栏、Word 命令的相应对象,以及文档对象等。

(2)在 Excel 中,Application 对象包含了 Excel 的菜单栏、工具栏的相应对象,以及工作表对象和图表对象等。

(3)在 Access 中,Application 对象包含了 Access 的菜单栏、工具栏等的相应对象,以及报表对象和窗体对象等。

(4)在 Power Point 中,Application 对象包含了 PowerPoint 的菜单栏、工具栏等的相应对象,以及演示文档对象等。

3. VBA 对象模型基础语法

(1)属性。属性是对象的一种特性或该对象行为的一个方面。例如,文档属性包含其名称、内容、保存状态,以及是否启用修订。若要更改一个对象的特征,则可以修改其属性值。设置/修改对象属性的值,其格式为<object>.<property> = <value>,如:

```
CustFrm.Caption = CustomerForm
```

访问/获取对象属性的值,其格式为<variable> = <object>.<property>,如:

```
Dim var As Variant
Var = CustFrm.Caption
```

(2)方法。方法是对象可以执行的动作。例如,只要文档可以打印,Document 对象就具有 PrintOut 方法。方法通常带有参数,以限定执行动作的方式。如果对象共享相同的方法,则可以操作整个对象集合。引用对象方法,其格式为<object>.<methond> [<argument list>],如:

```
ActiveDocument.CheckGrammar
Documents.Open FileName := "c:\Report.doc"
```

(3)事件。VBA 以事件驱动为编程模型。程序是为响应事件而执行的。事件是一个对象可以辨认的动作,如使用鼠标单击或在键盘上按下某个按键等,并且可以编写一些代码针对此类动作做出响应。事件可以由系统触发,也可以由用户动作或程序代码的执行结果触发。

（4）使用对象变量。在进行程序设计时，采用这样的原则：如果要输入两次以上的同样对象的名字全称，就应当创建一个对象变量以节省输入时间。

把对象赋给变量，其格式为 Set <variable> = <object>，如：
```
Dim DocAdd As Object
Set DocAdd = Documents.Add
Dim DocAdd = Nothing   '释放内存
```
（5）使用集合对象：在大多数情况下，集合都是复数形式的单词。Add 方法可以添加集合项目，Count 属性可以表示集合中元素的数目。

4．VBE 中的对象工具和选项

（1）打开对象浏览器：选择"View"→"Object Brower"命令。

（2）打开在线帮助：选择"VBE"→"Help"→"MicroSoft Visual Basic Help"命令，或者按 F1 键。

（3）使用 List Properties/methods 选项：选择"VBE→Edit→List Properties/methods"命令。

（4）使用对象库：选择"Tools→References"命令，选择要添加的库。

5．Word 对象模型

Word 提供了数百个可交互的对象。这些对象排列在一个与用户界面密切相关的层次结构中。层次结构顶部的对象是 Application 对象。此对象表示 Word 的当前实例。Application 对象包含 Document、Selection、Bookmark 和 Range 对象。如图 7-1 所示为 Word 对象模型抽象图。

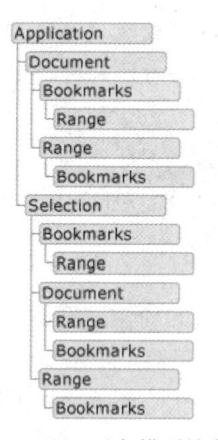

图 7-1 Word 对象模型抽象图

从图 7-1 中可以看到，对象会出现重叠。例如，Document 和 Selection 对象都是 Application 对象的成员，但是 Document 对象还是 Selection 对象的成员。Document 和 Selection 对象都包含 Bookmark 和 Range 对象。

除 Word 对象模型外，Visual Studio 中的 Office 项目还提供宿主项和宿主控件以扩展 Word 对象模型中的一些对象。

（1）Application 对象。Application 对象表示 Word 应用程序，是其他所有对象的父级。它的所有成员通常作为一个整体应用于 Word。可以使用该对象的属性和方法来控制 Word 环境。

在应用程序级外接程序项目中，可以使用 ThisAddIn 类的 Application 字段访问 Application 对象。在文档级项目中，可以使用 ThisDocument 类的 Application 属性访问 Application 对象。

（2）Document 对象。Microsoft.Office.Interop.Word.Document 对象是 Word 编程的中枢。它表示文档及其所有内容。当打开文档或创建新文档时，就创建了新的 Microsoft.Office.Interop.Word.Document 对象，该对象被添加到 Application 对象的 Documents 集合中。具有焦点的文档被称为活动文档。它由 Application 对象的 ActiveDocument 属性表示。

Visual Studio 中的 Office 开发工具通过提供 Microsoft.Office.Tools.Word.Document 类型来扩展 Microsoft.Office.Interop.Word.Document 对象。此类型是宿主项，利用它可以访问 Microsoft.Office.Interop.Word.Document 对象的所有功能，并添加其他事件及用于添加托管控件的功能。

在创建文档级项目时，可以在项目中使用生成的 ThisDocument 类访问 Microsoft.Office.Tools.Word.Document 成员。可以从 ThisDocument 类中的代码中使用 Me 或 this 关键字，或者从 ThisDocument 类的外部代码中使用 Globals.ThisDocument 访问 Microsoft.Office.Tools.Word.Document 宿主项的成员。例如，若要选择文档中的第一个段落，可以使用下面的代码：

```
This.Paragraphs[1].Range.Select();
```

在应用程序级项目中，可以在运行时生成 Microsoft.Office.Tools.Word.Document 宿主项，可以使用生成的宿主项将控件添加到关联的文档中。

（3）Selection 对象。Selection 对象表示当前选择的区域。当在 Word 用户界面中执行操作，如字号设置时，可以选择或显示文本然后应用格式设置。Selection 对象始终存在于文档中。如果未选中任何对象，则 Section 对象表示插入点。此外，所选内容可以包含多个不连续的文本块。

（4）Range 对象。Range 对象表示文档中的一个连续的区域，由一个起始字符位置和一个结束字符位置定义。Range 对象的数量并不局限于一个。可以在同一文档中定义多个 Range 对象。Range 对象具有以下特性。
- 组成成分可以是单独的插入点，也可以是一个文本范围或整个文档。
- 可以包含非打印字符，如空格、制表符和段落标记。
- 可以是当前所选内容所表示的区域，也可以表示当前所选内容之外的区域。
- 与始终可见的所选内容不同，它在文档中是不可见的。
- 它不随文档保存，仅存在于代码运行期间。

在向一个范围的末尾插入文本时，Word 会自动扩展该范围以包含插入的文本。

（5）内容控件对象。利用 Microsoft.Office.Interop.Word.ContentControl 可以控制输入，以及文本和 Word 文档中其他类型内容的表示形式。

（6）Bookmarks 对象。Microsoft.Office.Interop.Word.Bookmark 对象表示文档中同时具有起始位置和结束位置的连续区域。书签用于在文档中标记一个位置，或者用作文档中的文本容器。Microsoft.Office.Interop.Word.Bookmark 对象可以小到只有一个插入点，也可以大到整篇文档。Microsoft.Office.Interop.Word.Bookmark 与 Range 对象的不同之处在于它具有以下特点。

- 可以在设计时命名书签。
- 可随文档一起保存，因此当代码停止运行或文档关闭时，这些对象不会被删除。
- 书签可以隐藏或变得可见，方法是将 View 对象的 ShowBookmarks 属性设置为 False 或 True。

6. Excel 对象模型

由于 Excel 文档中的数据是高度结构化的，因此该对象模型也具有层次结构，并且简单明了。Excel 提供了数百个可以交互的对象，常用的对象有以下 4 种：Application、Workbook、Worksheet 和 Range，使用 Excel 完成的很多工作都是围绕这 4 个对象和它们的成员进行的。

（1）Application 对象。Application 对象表示 Excel 应用程序本身。Application 对象包含大量有关正在运行的应用程序、应用于该实例的选项，以及在该实例中打开的当前用户的对象的信息。在具体使用时，不应将 Excel 中 Application 对象的 EnableEvents 属性设置为 False。若将此属性设置为 False 则会阻止 Excel 引发任何事件，包括宿主控件的事件。

（2）Workbook 对象。Microsoft.Office.Interop.Excel.Workbook 对象表示 Excel 应用程序内的单个工作簿。

（3）Worksheet 对象。Microsoft.Office.Interop.Excel.Worksheet 对象是 Worksheets 集合的成员。Microsoft.Office.Interop.Excel.Worksheet 的许多属性、方法和事件与 Application 对象或 Microsoft.Office.Interop.Excel.Workbook 对象提供的成员完全相同或相似。

Excel 提供一个 Sheets 集合作为 Microsoft.Office.Interop.Excel.Workbook 对象的属性。Sheets 集合中的每个成员都是 Microsoft.Office.Interop.Excel.Worksheet 对象或 Microsoft.Office.Interop.Excel.Chart 对象。

（4）Range 对象。Microsoft.Office.Interop.Excel.Range 对象是 Excel 应用程序中最常用的对象。在处理 Excel 内的任何范围之前，必须将它表示为 Range 对象，并处理该对象的方法和属性。Range 对象表示单元格、行、列，包含一个或多个单元格区域，这些单元格区域也可能是不连续的，甚至是跨页分布的。

7.3 宏的制作和应用

7.3.1 设置 Word 文本格式

1. 将格式应用于选定内容

以下示例使用 Selection 属性将字符和段落格式应用于选定文本。使用 Font 属性获得字体格式的属性和方法，使用 ParagraphFormat 属性获得段落格式的属性和方法。

```
Sub FormatSelection()
    With Selection.Font
```

```
        .Name = "Times New Roman"
        .Size = 14
        .AllCaps = True
    End With
    With Selection.ParagraphFormat
        .LeftIndent = InchesToPoints(0.5)
        .Space1
    End With
End Sub
```

2. 将格式应用于某一区域

以下示例定义了一个 Range 对象，并引用了活动文档的前 3 个段落。通过应用 Font 对象和 ParagraphFormat 对象的属性来设置 Range 对象的格式。

```
Sub FormatRange()
    Dim rngFormat As Range
    Set rngFormat = ActiveDocument.Range( _
        Start:=ActiveDocument.Paragraphs(1).Range.Start, _
        End:=ActiveDocument.Paragraphs(3).Range.End)
    With rngFormat
        .Font.Name = "Arial"
        .ParagraphFormat.Alignment = wdAlignParagraphJustify
    End With
End Sub
```

3. 插入文字并应用字符和段落格式

以下示例在当前文档的上部添加了单词 Title。第一段文字居中对齐，并在该段落之后添加半英寸的间距。将单词 Title 的格式设为 24 磅的 Arial 字体。

```
Sub InsertFormatText()
    Dim rngFormat As Range
    Set rngFormat = ActiveDocument.Range(Start:=0, End:=0)
    With rngFormat
        .InsertAfter Text:="Title"
        .InsertParagraphAfter
        With .Font
            .Name = "Tahoma"
            .Size = 24
            .Bold = True
        End With
    End With
    With ActiveDocument.Paragraphs(1)
        .Alignment = wdAlignParagraphCenter
        .SpaceAfter = InchesToPoints(0.5)
```

```
        End With
    End Sub
```

4. 切换段前间距

以下示例可以切换选定内容中第一段的段前间距。宏将获取当前段前间距的值,如果该值为 12 磅,则删除段前间距格式(将 SpaceBefore 属性设为零)。如果段前间距的值为除 12 外的其他数值,则将 SpaceBefore 属性的值设为 12 磅。

```
Sub ToggleParagraphSpace()
    With Selection.Paragraphs(1)
        If .SpaceBefore <> 0 Then
            .SpaceBefore = 0
        Else
            .SpaceBefore = 6
        End If
    End With
End Sub
```

5. 切换加粗格式

以下示例可以切换选定文本的加粗格式。

```
Sub ToggleBold()
    Selection.Font.Bold = wdToggle
End Sub
```

6. 将边距增加 0.5 英寸

以下示例将左边距和右边距增加 0.5 英寸。PageSetup 对象包含文档的所有页面设置属性(左边距、右边距、下边距、纸张大小等)。LeftMargin 属性用于返回和设置左边距。RightMargin 属性用于返回和设置右边距。

```
Sub FormatMargins()
    With ActiveDocument.PageSetup
        .LeftMargin = .LeftMargin + InchesToPoints(0.5)
        .RightMargin = .RightMargin + InchesToPoints(0.5)
    End With
End Sub
```

7.3.2 VBA 在 Excel 中的应用

1. 宏和 Visual Basic 编辑器

(1)"开发工具"选项卡。

所有 Office 2019 应用程序都使用功能区。在功能区中有一个"开发工具"选项卡,在此可以访问 Visual Basic 编辑器和其他开发人员工具。由于 Office 2019 在默认情况下不显示"开发工具"选项卡,因此必须按以下步骤启用该选项卡,下面以 Excel 2019 为例进行说明。

① 选择"文件"→"选项"命令，打开"Excel 选项"对话框。

② 在该对话框左侧的列表中选择"自定义功能区"命令。

③ 在"从下列位置选择命令"下拉列表中选择"常用命令"命令。

④ 在右侧的"自定义功能区"下拉列表中选择"主选项卡"命令，然后选中"开发工具"复选框。

⑤ 单击"确定"按钮。

如图 7-2 所示为 Excel 2019 的"开发工具"选项卡，其中包括"Visual Basic""宏""宏安全性"等按钮。

图 7-2　Excel 2019 中的"开发工具"选项卡

（2）安全问题。

单击"宏安全性"按钮，指定哪些宏可以运行，以及应满足的条件。

当打开一个包含宏的工作簿时，在功能区和工作表之间出现"安全警告：宏已被禁用"提示信息，可单击"启用内容"按钮来启用宏。

此外，作为一种安全措施，不能以默认的 Excel 文件格式（.xlsx）保存宏，而必须将宏保存在具有特殊扩展名（.xlsm）的文件中。

（3）Visual Basic 编辑器。

下面介绍如何创建一个储存宏的新的空白工作簿，并以".xlsm"格式保存该工作簿。

① 创建一个空白工作簿。

② 单击"开发工具"选项卡的"宏"按钮。

③ 在弹出的"宏"对话框的"宏名称"文本框中输入"Hello"。

④ 单击"创建"按钮，打开 Visual Basic 编辑器，其中包含已输入的新宏的大纲，如图 7-3 所示。

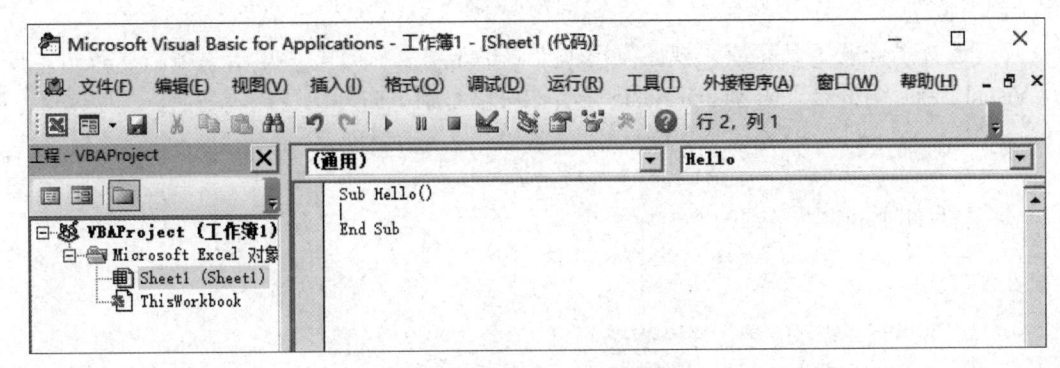

图 7-3　Visual Basic 编辑器

Visual Basic 编辑器包含下列代码：
```
Sub Hello()

End Sub
```
其中，Sub 代表子例程，可将它定义为"宏"。运行"Hello"宏即运行"Sub Hello()"与"End Sub"之间的任何代码。

现在，编辑该宏，输入以下代码：
```
Sub Hello()
    MsgBox ("Hello, world!")
End Sub
```
返回 Excel 的"开发工具"选项卡，再次单击"宏"按钮。在随后弹出的列表中选择"Hello"宏，然后单击"运行"按钮，显示包含文本"Hello, world!"的消息框。在消息框中单击"确定"按钮，关闭消息框并完成宏的运行。

如果未出现消息框，则应检查宏安全性设置并重新启动 Excel。

（4）使宏可供访问。

"宏"创建以后，可以从"视图"选项卡访问"宏"对话框。但是，如果要频繁使用某个宏，则建议使用快捷方式或"快速访问工具栏"按钮访问宏。

下面介绍如何在"快速访问工具栏"上为宏创建按钮。

① 选择"文件"→"选项"命令。

② 打开"Excel 选项"对话框，在左侧列表中选择"快速访问工具栏"命令。

③ 在"从下列位置选择命令："下拉列表中选择"宏"命令。在随后出现的列表中查找类似于"Book1!Hello"的文本，并选择该文本。

④ 单击"添加"按钮，将宏添加到右侧的列表中，然后单击"修改"按钮，选择与该宏关联的按钮图像。

⑤ 单击"确定"按钮。现在，在"快速访问工具栏"中就可以看到为宏创建的新按钮。

2. 可重命名工作表的宏

① 在"开发工具"选项卡中，单击"录制宏"按钮。

② 将该宏命名为 Rename Worksheets，将 Sheet1 重命名为 New Name，然后单击"停止录制"按钮。

③ 选择"开发工具"或"视图"选项卡，单击"宏"按钮，单击"编辑"按钮，打开 Visual Basic 编辑器。在 Visual Basic 编辑器可以看到下面的内容：

```
Sub RenameWorksheets()
'
' RenameWorksheets Macro
'
'
    Sheets("Sheet1").Select
    Sheets("Sheet1").Name = "New Name"
End Sub
```

Sub 行后面的四行为注释。任何以单引号开始的行均为注释，对宏执行的操作没有任何影响，可以删除。

接下来的行使用 Select 方法选择 Sheets 集合对象的 Sheet1 成员。在 VBA 代码中，在操作对象之前通常可以不选择对象，即使录制宏执行了此操作，也同样如此。换句话说，此行代码是多余的，因此也可删除它。

录制的宏的最后一行代码用于修改 Sheets 集合的 Sheet1 成员的 Name 属性。

经过更改后，现在录制的代码如下：

```
Sub RenameWorksheets()
    Sheets("Sheet1").Name = "New Name"
End Sub
```

手动将名称为"New Name"的工作表改回为"Sheet1"，然后重新运行该宏。此名称被改为"New Name"，验证了宏的功能。

此时的代码有一个限制，它只能对一个工作表进行更改。利用 VBA "For Each"循环构造可修改每个工作表的名称。For Each 循环可检查集合对象（如 Worksheets）中的每一项，还可用于对这些项中的部分或全部执行一个操作（如更改名称）。

单击"Visual Basic Conceptual Topics"（Visual Basic 概念性主题）按钮，再单击"Using For Each…Next Statements"（使用 For Each…Next 语句）按钮。使用"Using For Each…Next Statements"（使用 For Each…Next 语句）主题中的第 3 个示例，或直接编辑该宏：

```
Sub RenameWorksheets()
For Each myWorksheet In Worksheets
    myWorksheet.Name = "New Name"
Next
End Sub
```

其中，myWorksheet 是一个变量，也就是说，它表示的内容会发生变化。在这种情况下，myWorksheet 变量相继表示 Worksheets 集合中的每个工作表。

如果此时运行该宏，它会发生错误，因为 Excel 要求工作簿中的每个工作表都具有唯一的名称，但下一行代码为每个工作表赋予相同的名称：

```
myWorksheet.Name = "New Name"
```

为了可以确认 For Each 循环能正常运行，可将此行做如下更改。

```
myWorksheet.Name = myWorksheet.Name & "-changed"
```

此行代码用于将每个工作表的当前名称（myWorksheet.Name）更改为在当前名称后面追加"-changed"。

在实际应用中，往往要根据工作表中的内容来命名工作表名称，例如，从每个工作表的 B1 单元格获取信息，然后将获取的信息放入工作表名称中。继续编辑修改代码：

```
Sub RenameWorksheets()
For Each myWorksheet In Worksheets
    myWorksheet.Name = myWorksheet.Range("B1").Value
Next
```

```
End Sub
```
现在，在工作簿中创建如图7-4所示的工作表，然后运行该宏，可以看到3个工作表的名称被分别重命名为"医生""律师""工程师"。

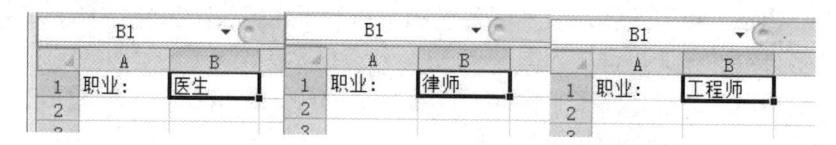

图7-4 RenameWorksheets 宏的示例数据

然而，如果工作簿中的任意 B1 单元格为空，则该宏就会失败。可以进一步修改代码，在 myWorksheet.Name 行之前添加如下代码：

```
If myWorksheet.Range("B1").Value <> "" Then
```
并且在 myWorksheet.Name 行之后添加如下代码：

```
End If
```

If…Then 语句的功能为：只要满足 If 中的条件，就执行 If 和 End If 之间的代码。在此示例中，下面的代码用于指定要满足的条件：

```
myWorksheet.Range("B1").Value <> ""
```

"<>"表示"不等于"，而中间没有任何内容的双引号表示一个空文本字符串，也就是说，无任何文本。因此，只有当 B1 单元格中的值不为空（即 B1 单元格中有文本）时，才会执行 If 和 End If 之间的代码。

对该宏可以做的另一个改进是在该宏的开头放置一个 myWorksheet 变量声明：

```
Dim myWorksheet As Worksheet
```

尽管在 VBA 中并不要求变量声明，但还是推荐使用变量声明！通过变量声明，可以更容易地跟踪变量及代码中的错误。

到此为止，该宏已经完成设计，必要时还可以包含一些注释来提示代码执行的操作。随着时间的推移，通常要修改和更新代码。如果没有注释，则可能很难理解代码的功能，尤其是在修改代码的人不是当初编写代码的人的情况下。例如，为 If 条件和重命名工作表的行添加注释，代码如下：

```
Sub RenameWorksheets()
Dim myWorksheet As Worksheet
For Each myWorksheet In Worksheets
    'make sure that cell B1 is not empty
    If myWorksheet.Range("B1").Value <> "" Then
        'rename the worksheet to the contents of cell B1
        myWorksheet.Name = myWorksheet.Range("B1").Value
    End If
Next
End Sub
```

为了测试该宏，将工作表重命名为 Sheet1、Sheet2 和 Sheet3，在一个或多个工作表中删除单元格 B1 中的内容。运行该宏，验证它是否重命名单元格 B1 中有文本的工作表，并且保留其他工作表的名称不变。该宏适用于任何数量的、混合了已填充的 B1 单元格与空的 B1 单元格的工作表。

3. 图表

Excel 中的一个常见任务是基于一个单元格区域创建图表，下面通过示例介绍图表的制作方法。

（1）创建一个名为 AssortedTasks 的新宏，然后在 Visual Basic 编辑器中输入以下文本：

```
Dim myChart As ChartObject
```

添加一行代码以创建图表对象，并将 myChart 变量分配给它：

```
Set myChart = ActiveSheet.ChartObjects.Add(100, 50, 200, 200)
```

括号中的数字决定图表的位置和大小。前两个数字是图表左上角的坐标，后面两个数字是宽度和高度。

（2）新建一个空的工作表，并运行该宏。由该宏创建的图表中没有数据，因此没有用。删除刚刚创建的图表，将以下几行代码添加到该宏的末尾：

```
With myChart
    .Chart.SetSourceData Source:=Selection
End With
```

这是 VBA 编程中的一个常用模式。首先，创建一个对象，将其分配给一个变量，然后使用 With…End With 对该对象执行操作。示例代码指示图表使用当前选择的内容作为其数据。其中，Selection 是 SetSourceData 方法的 Source 参数的值，而不是某个对象属性的值，因此，VBA 语法要求使用冒号和等于号(:=)替代一个等于号(=)来赋值。

在单元格区域 A1:A5 中输入一些数字，选中这些单元格，然后运行该宏。图表将按默认类型（条形图）显示，如图 7-5 所示。

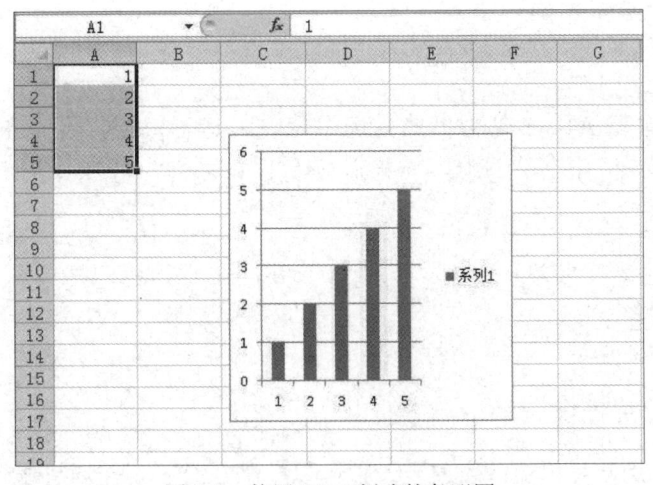

图 7-5　使用 VBA 创建的条形图

（3）如果不喜欢条形图，则可以使用如下代码，将条形图更改为其他类型的图表：

```
With myChart
```

```
        .Chart.SetSourceData Source:=Selection
        .Chart.ChartType = xlPie
    End With
```
xlPie 是内置常数（也称为"枚举常数"），图表类型的常数会在"XlChartType Enumeration"（XlChartType 枚举）下列出。用户可以修改此数据，例如，尝试将下面的代码添加到变量声明的后面：

```
    Application.ActiveSheet.Range("a4").Value = 8
```
用户可以获取输入，并使用该输入修改数据。代码如下：

```
    myInput = InputBox("Please type a number:")
    Application.ActiveSheet.Range("a5").Value = myInput
```
最后，将下面的代码添加到该宏的末尾：

```
    ActiveWorkbook.Save
    ActiveWorkbook.Close
```
现在，完整的宏如下：

```
    Sub AssortedTasks()
    Dim myChart As ChartObject
    Application.ActiveSheet.Range("a4").Value = 8
    myInput = InputBox("Please type a number:")
    Application.ActiveSheet.Range("a5").Value = myInput
    Set myChart = ActiveSheet.ChartObjects.Add(100, 50, 200, 200)
    With myChart
        .Chart.SetSourceData Source:=Selection
        .Chart.ChartType = xlPie
    End With
    ActiveWorkbook.Save
    ActiveWorkbook.Close
    End Sub
```
验证单元格区域 A1:A5 是否仍然为选中状态，运行该宏，在输入框中输入一个数字，然后单击"确定"按钮。此代码将被保存，工作簿将被关闭。重新打开工作簿，并注意对饼图的更改。

7.4 宏安全性

7.4.1 宏安全性设置

在 Excel 中，用户可以更改宏安全设置，以控制在打开工作簿时哪些宏将运行，以及在什么情况下运行。例如，可以根据宏是否由受信任的开发人员（编写程序代码的人员）进行了数字签名来决定是否运行宏。

1．宏安全设置及其作用

当安装了与 Office 2019 一起使用的防病毒软件时，如果工作簿中包含宏，则将在打开工作簿之前对其进行扫描，以检查是否存在已知的病毒。

（1）"禁用所有宏，并且不通知"。如果不信任宏，则选中此单选钮。此时，将禁用文档中的所有宏及有关宏的安全警告。如果有些文档包含的未签名宏是确实信任的，则可以将这些文档放入添加、删除或修改文件的受信任位置。受信任位置中的文档无须经过信任中心安全系统的检查便可运行。

（2）"禁用所有宏，并发出通知"。这是默认设置。如果希望禁用宏，但又希望存在宏时收到安全警告，则单击此按钮。这样，就可以选择在各种情况下启用这些宏的时间。

（3）"禁用无数字签署的所有宏"。除了宏由受信任的发布者进行数字签名，此单选钮与"禁用所有宏，并发出通知"单选钮相同，如果信任发布者，宏就可以运行。如果不信任该发布者，就会收到通知。这样，便可以选择启用那些已签名宏或信任发布者，将禁用所有未签名的宏，并且不发出通知。

（4）启用所有宏。系统不推荐启用所有宏，因为可能会运行有潜在危险的代码。

（5）信任对 VBA 工程对象模型的访问。此复选框供开发人员使用，专门用于禁止或允许任何自动化客户端以编程方式访问 VBA 对象模型。换句话说，它为编写用于自动执行 Office 程序，以及以编程方式操作 VBA 环境和对象模型的代码提供了一种安全选择。此复选框因每个用户和应用程序而异，默认情况下拒绝访问。通过此复选框，未授权程序很难生成损害最终用户系统的"自我复制"代码。要使任何自动化客户端能够以编程方式访问 VBA 对象模型，运行该代码的用户必须显式授予访问权。

2．更改宏安全设置

可以在"信任中心"对话框中更改宏安全设置，除非系统管理员为防止他人更改这些设置而更改了默认设置。

注意，在 Excel 中的"宏设置"中所做的任何更改仅应用于 Excel，而不会影响其他 Office 程序。

① 选择"文件"→"选项"命令，在弹出的"Excel 选项"对话框的左侧列表中选择"信任中心"。

② 单击"信任中心设置"按钮，弹出"信任中心"对话框。

Office 2019 还可以利用 Microsoft 验证码技术使宏创建者能够对文件或宏项目进行数字签名。用于创建此签名的证书可确认宏或文档是否源自签名者，并且签名还将确认宏或文档是否未被改动。在安装数字证书后，可以对文件和宏项目进行签名。

7.4.2 宏病毒

1．什么是 Office 宏病毒

随着商务应用软件变得越来越复杂，软件开发商开始在文档中提供编程语言，使用户能够修改和定制自己的操作。现在的大部分文字处理程序、电子表格和数据库都包含功能强大的程序语言，允许在文档中使用命令序列。这些命令序列或小程序就被叫作宏。因此数据文件（或称文档）不能感染病毒的定理已不再成立，因为很多文档都可能含有可执行指令。许多应用程序如 Word，都允许建立宏，宏在某个操作发生时可自动运行。若拥有以上这些条件，并导致恶意程序，这就是宏病毒的产生条件。

2．Office 宏病毒传染特性

宏病毒是在一些软件开发商在他们的产品中引入宏语言，并允许这些产品生成载有宏的数据文件之后出现的。例如，Office 系列软件包括很多 VB 程序语言，这些语言使得 Word 和 Excel 可以自动操作模板和文件的生成。第一个宏病毒 CONCEPT 是微软公司刚刚在 Word 中引入宏之后立刻出现的。

（1）以往的计算机病毒只感染程序，不感染数据文件，而宏病毒专门感染数据文件。宏病毒会感染.doc 文档文件和.dot 模板文件，被感染的文档文件会被改为模板文件。但文件的扩展名不一定被修改。而用户在另存文档时，就无法将该文档转换为任何其他格式，而只能存储为模板。

（2）感染宏病毒的文档无法使用"另存为"的方式将文档保存到其他磁盘目录中。

（3）病毒宏的传染方式通常是当使用 Word 打开一个带宏病毒的文档或模板时，激活了病毒宏，它将自身复制到 Word 的通用模板中，以后在打开或关闭文件时，宏病毒就会自动复制到该文件中。

（4）大多数宏病毒含有 autopen、autoclose、autonew 等自动宏。有些宏病毒还通过 filenew、fileopen、filesave、filesaveas、fileexit 等宏控制文件的操作。

（5）宏病毒必定包含对文档读/写操作的宏指令。

（6）宏病毒在".doc"文档和".dot"模板中是以 BFF 格式存放的，这是一种加密压缩格式，不同的 Word 版本格式可能不兼容这种格式。

7.5　习题

（1）简述 VBA 宏的基本概念。
（2）常用的 Word 对象有哪些？
（3）如何创建及调用一个 VBA 宏？
（4）为什么要设置宏安全性？如何设置宏安全性？
（5）什么是宏病毒？宏病毒有什么特点？

第 8 章　计算机网络与人工智能应用

计算机网络最早出现于 20 世纪 60 年代，从 ARPANET 到今天的互联网，经过几十年的发展，计算机网络的应用越来越普及。电子邮件、电子商务、远程教育、远程医疗、网络娱乐、在线聊天、IP 电话和其他网络信息服务已经渗入人们生活和工作的各个领域，网络在当今世界无处不在，它的发展促进了经济腾飞和产业转型，从根本上改变了人们的生活方式和价值观念。

8.1　计算机网络概述

计算机网络是指通过各种通信设备和线路将地理位置不同且具有独立功能的计算机连接起来，用功能完善的网络软件实现网络中资源共享和信息传输的系统。计算机网络是计算机技术和通信技术发展结合的产物。计算机网络中的计算机既能独立工作，同时也能实现信息交换、资源共享，以及各计算机间的协同工作。

1. 计算机网络的功能

（1）数据通信。数据通信即实现计算机与终端、计算机与计算机间的数据传输，是计算机网络的最基本功能，也是实现其他功能的基础。

（2）资源共享。计算机网络的主要功能是实现资源共享，网络中可共享的资源有硬件资源、软件资源和数据资源。网络用户可以共享分布在不同地理位置的计算机上的各种硬件、软件和数据资源。

（3）集中管理。计算机网络技术的发展和应用已经使现代化办公、经营管理等发生了革命性的变化。目前，已经有了许多 MIS 系统、OA 系统等，通过这些系统可以实现日常工作的集中管理，提高工作效率，增加经济效益。

（4）分布处理和负载平衡。网络技术的发展使得分布式计算成为可能。大型课题可以分为许许多多的小题目，由不同的计算机分别完成，然后再集中加以解决。负载平衡是指工作被均匀地分配给网络上的各台计算机。网络控制中心负责分配和检测，当某台计算机负载过重时，系统会自动转移部分工作到负载较轻的计算机中去处理。

（5）综合信息服务。在当今的信息社会中，计算机网络为政治、军事、文化、教育、卫生、新闻、金融、图书、办公自动化等各领域提供了全方位的服务，成为信息化社会中传达与处理信息不可缺少的有力工具。

2. 计算机网络的分类

关于计算机网络的分类没有一个统一的标准，可以按覆盖的地理范围分类，可以按网络拓扑结构分类，可以按网络的用途分类，也可以按网络的交换方式分类。下面介绍几种常见的分类方法。

（1）按覆盖的地理范围分类。按覆盖的地理范围可将计算机网络分为局域网（Local Area Network，LAN）、城域网（Metropolitan Area Network，MAN）、广域网（Wide Area Network，WAN）。

① 局域网：局域网覆盖范围小，分布在一个房间、一座建筑物或一个企事业单位内；地理范围一般在几千米以内，最长距离不超过 10km；具有数据传输速度快、误码率低、建设费用低、容易管理和维护等优点。局域网技术成熟、发展迅速，是计算机网络中最活跃的领域之一。

② 城域网：城域网的作用范围为一个城市，地理范围为 5～10km。一般为机关、企事业单位、集团公司等单位内部的网络。例如，一所学校有多个校区分布在城市的多个地区，每个校区都有自己的校园网，这些网络连接起来就形成了一个城域网。

③ 广域网：广域网的作用范围很大，将分布在不同地区的局域网和城域网连接起来，地理范围从几十公里到几千公里，连接多个城市或国家，形成国际性的远程网络。互联网就是最大的广域网。

（2）按拓扑结构分类。拓扑（Topology）是拓扑学中研究由点、线组成几何图形的一种方法。在计算机网络中，把计算机、终端和通信设备等抽象成点，把连接这些设备的通信线路抽象成线，并将由这些点和线所构成的拓扑称为网络拓扑结构。常见的网络拓扑结构有总线结构、星形结构、树形结构和环形结构等，如图 8-1 所示。

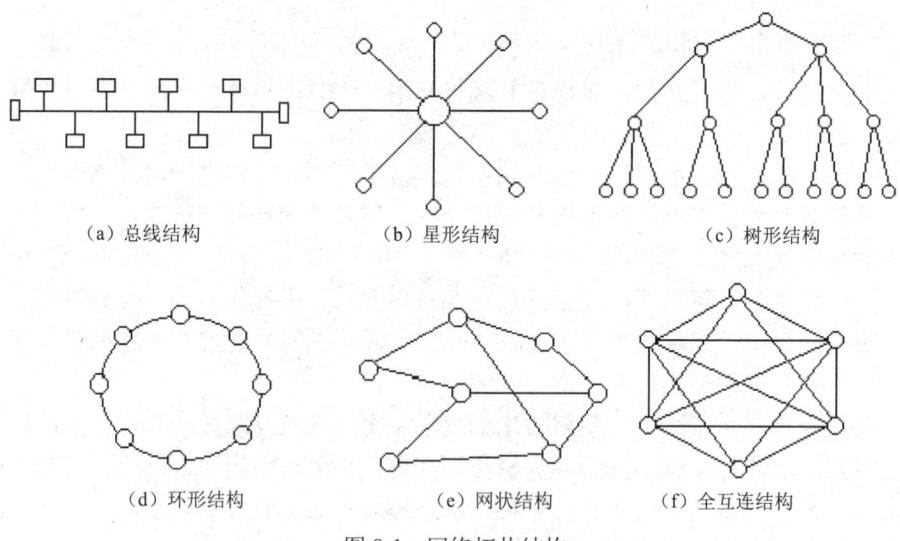

(a) 总线结构　　　　(b) 星形结构　　　　(c) 树形结构

(d) 环形结构　　　　(e) 网状结构　　　　(f) 全互连结构

图 8-1　网络拓扑结构

（3）按传输介质分类。根据传输介质的不同，计算机网络主要分为有线网、光纤网和无线网。

① 有线网：有线网是采用同轴电缆或双绞线连接的计算机网络。同轴电缆网是常见的一种连接网络的方式，它经济实惠，安装较为便利，传输率和抗干扰能力一般，传输距离较短。双绞线是目前最常见的连接网络的方式，它价格便宜、安装方便，但易受干扰，传输率较低，传输距离比同轴电缆要短。

② 光纤网：光纤网也是有线网的一种，光纤网采用光导纤维作为传输介质。光纤传输距离长，传输速率高，可达每秒几千兆比特，抗干扰性强，不会受到电子监听设备的监听，是高安全性网络的理想选择。

③ 无线网：无线网用电磁波作为载体来传输数据，目前应用较多的无线网络主要是GPRS、CDMA及3G手机。

（4）按使用目的分类。根据网络组建和管理的部门进行划分，计算机网络可分为公用网和专用网。

① 公用网：公用网由电信部门或其他提供通信服务的经营部门组建、管理和控制，网络内的传输和转接装置可供任何部门和个人使用。公用网常用于广域网的构建，支持用户的远程通信。如我国的电信网、广电网、联通网等。

② 专用网：专用网指由用户部门组建经营的网络，专用网不允许其他用户和部门使用。由于投资和安全等因素，专用网通常是局域网或通过租借电信部门的线路而组建的广域网，如由学校组建的校园网、由企业组建的企业网等。军队、电力等系统都有自己的专用网。

3. 计算机网络组成

计算机网络系统由硬件系统和软件系统两大部分组成。

（1）硬件系统。组成计算机网络的硬件系统一般包括计算机、网络互联设备、传输介质（可以是有形的，也可以是无形的）3部分。

① 计算机。计算机网络中的计算机包括工作站和服务器，它们是网络中最常见的硬件设备。在网络中，个人电脑属于工作站，而服务器就是运行一些特定的服务器程序的计算机，简单地讲，工作站是要求服务的计算机，而服务器是可提供服务的计算机。根据在网络中所起的作用进行划分，服务器可分为文件服务器、域名服务器、数据库服务器、打印服务器和通信服务器等。

② 网络互联设备。将网络连接起来要使用一些中间设备，在组网过程中经常要用到的网络互联设备有网络适配器（NIC，Network Interface Card，又被称为网卡）、中继器（Repeater）、集线器（Hub）、交换机（Switch）、路由器（Router）等。

③ 传输介质。传输介质也被称为传输媒体或传输媒介，是传输信息的载体，即通信线路。它包括有线传输介质和无线传输介质（如微波、红外线、激光和卫星等）。有线传输介质有同轴电缆、非屏蔽双绞线（UTP）、屏蔽双绞线（STP）和光缆等，如图8-2所示。

（2）软件系统。计算机系统是在软件系统的支持和管理下进行工作的，计算机网络也同样需要在网络软件的支持和管理下才能进行工作。计算机网络软件包括网络操作系统、网络协议软件和网络应用软件。

① 网络操作系统。网络操作系统（Network Operate System，NOS）是管理网络硬件、软件资源的"灵魂"，是向网络计算机提供服务的特殊操作系统，是多任务、多用户的系统软件。网络操作系统的主要功能是负责对整个网络资源的管理，以实现整个系统资源的共享；实现高效、可靠的计算机之间的网络通信；并发控制在同一时刻发生的多个事件，及时响应用户提出的服务请求；保证网络本身和数据传输的安全可靠性，对不同用户

规定不同的权限，对进入网络的用户提供身份验证机制；提供多种网络服务功能，如文件传输、邮件服务、远程登录等。

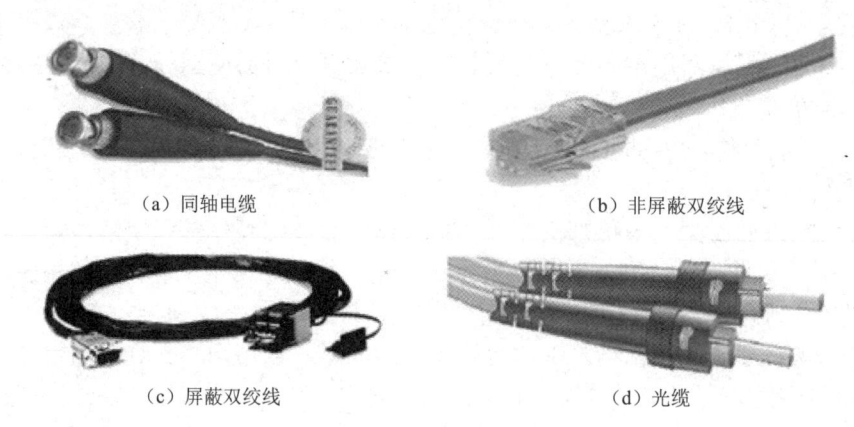

（a）同轴电缆

（b）非屏蔽双绞线

（c）屏蔽双绞线

（d）光缆

图 8-2 各种有线传输介质

② 网络协议软件。在计算机网络中，常见的协议有 TCP/IP、IPX/SPX、NetBIOS 和 NetBEUI。

TCP/IP 是目前最流行的互联网连接协议。

③ 网络应用软件。网络应用软件有很多，其作用是为网络用户提供访问网络的手段及网络服务、资源共享和信息传输等各种业务。随着计算机网络技术的发展和普及，网络应用软件也越来越丰富，如浏览软件、传输软件、电子邮件管理软件、游戏软件、聊天软件等。

8.2 Internet 服务和应用

Internet 提供了多种应用服务，其中比较常见的有 WWW 服务、电子邮件服务、FTP 服务、搜索服务、即时通信、网络社区等。

1. WWW 服务

WWW 是 World Wide Web 的缩写，中文称为"万维网"。WWW 通过用户易于使用及非常灵活的方式使信息在 Internet 上传输，因此它对 Internet 的流行起到至关重要的作用。WWW 是 Internet 上所有支持超文本传输协议 HTTP（Hyper Text Transfer Protocol）的客户机和服务器的集合，采用超文本、超媒体的方式进行信息的存储与传递，并能将各种信息资源有机地结合起来，具有图文并茂的信息集成能力及超文本链接能力。用户使用 WWW 服务很容易从 Internet 上获取文本、图形、声音和动画等信息。可以说，WWW 是当今最大的电子资料世界，有时 WWW 被看作 Internet 的代名词。

在 WWW 服务器的客户/服务器模式中，Web 浏览器是经常使用的客户端程序，Web 浏览器伴随着超文本标记语言的出现而出现。

目前常见的 Web 浏览器有微软的 Internet Explorer（简称 IE）、Mozilla 的 Firefox（火

狐）、傲游（Maxton）的 Maxton Browser、Opera 的 Opera Web Browser 及 Google 的 Chrome 等。这些浏览器在使用上大同小异，下面以 IE 浏览器为例来介绍浏览器的常用功能。

（1）保存网页内容。在浏览网页的过程中，如果发现自己感兴趣的网页内容，可以把想保存的网页下载到本地计算机上，供以后使用。

操作方法：在 IE 菜单栏中执行"文件"→"另存为"命令，在"保存网页"对话框中选择或输入要保存的文件夹、文件名和保存类型，保存类型有以下 4 种：网页，全部内容（*.htm;*.html）；Web 档案，单个文件（*.mht）；网页，仅 HTML（*.htm;*.html）；文本文件（*.txt）。单击"保存"按钮将网页保存到指定的位置。

（2）保存网页图片。操作方法：右击要保存的图片，在弹出的快捷菜单中选择"另存图像为"选项，在"保存图片"对话框中选择或输入要保存的文件夹、文件名、保存类型，单击"保存"按钮将图片保存到用户指定的位置。

（3）收藏夹的使用。对于经常需要访问或者有收藏价值的站点，可不必去记忆这些站点的 URL，使用 IE 浏览器的收藏夹功能可保存这些常用站点的链接，操作方法如下。

① 将网页链接保存到收藏夹。收藏夹相当于一个文件夹，可以在此文件夹中存储指向 Internet 网站的链接。当遇到要收藏的网站时，可以按照以下方法操作：在 IE 菜单栏中执行"收藏"→"添加到收藏夹"命令，在"添加收藏"对话框中输入要保存的网页名称，在"创建位置"下拉列表中选择目标收藏夹，然后单击"添加"按钮即可把喜欢的网页收藏起来，如图 8-3 所示。

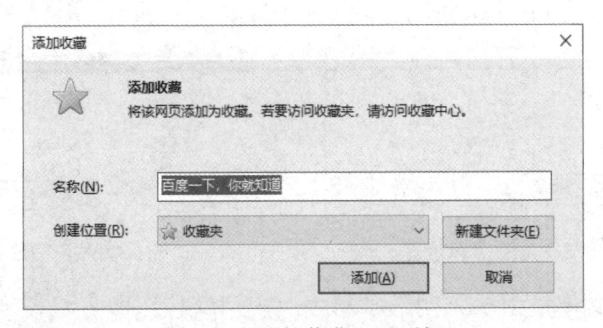

图 8-3 "添加收藏"对话框

如果认为已有的收藏夹不合适保存当前的网页链接，也可以单击图 8-3 中的"新建文件夹"按钮创建一个新的收藏夹，再把网页收藏在新建的收藏夹中。

② 重新设置收藏夹的位置。为了防止发生意外而丢失收藏夹中的数据，用户可以对收藏夹的保存位置进行设置。具体操作步骤如下：打开收藏夹所在目录（默认情况下，收藏夹所在的目录为 C:\Users\XXX\Favorites）。右击"收藏夹"文件夹，在弹出的快捷菜单中选择"属性"选项，打开"收藏夹 属性"对话框，选择"位置"选项卡，在其中指定收藏夹的保存位置，如图 8-4 所示。单击"移动"按钮，选择收藏夹的保存位置，然后单击"应用"按钮，完成设置。

（4）Internet 选项设置。操作方法：在 IE 菜单栏中执行"工具"→"Internet 选项"命令，在"Internet 选项"对话框中，包含"常规"、"安全"、"隐私"、"内容"、"连接"、"程序"和"高级"7 个选项卡，对 IE 浏览器进行的相关操作和设置均在这些选项卡里完成。

① 在"常规"选项卡中，可以更改 IE 浏览器的默认主页，可以对 Internet 临时文件进行相关操作和设置，可以设置浏览器保存历史记录的天数及清除历史记录，也可以设置其他辅助选项。

例如，当启动常规 IE 浏览器时，会显示 MSN 的主页（IE 浏览器默认的主页）。用户也可以设置自己的主页。设置浏览器主页的步骤如下。

- 打开"Internet 选项"对话框，选择"常规"选项卡，如图 8-5 所示。

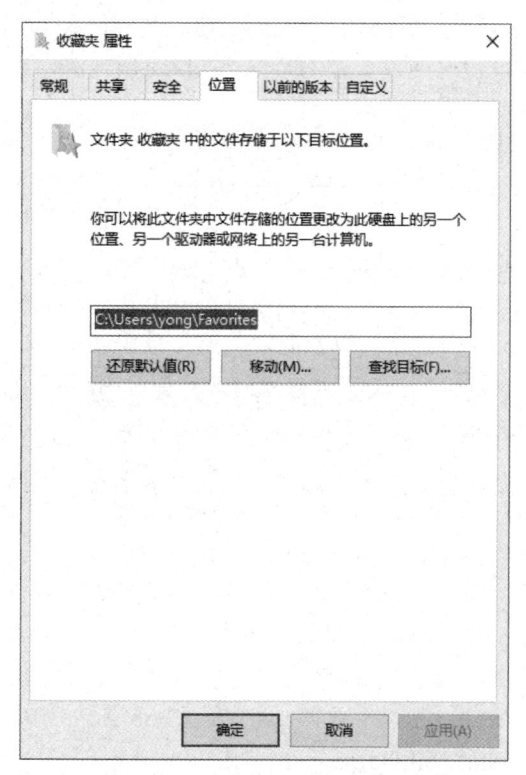

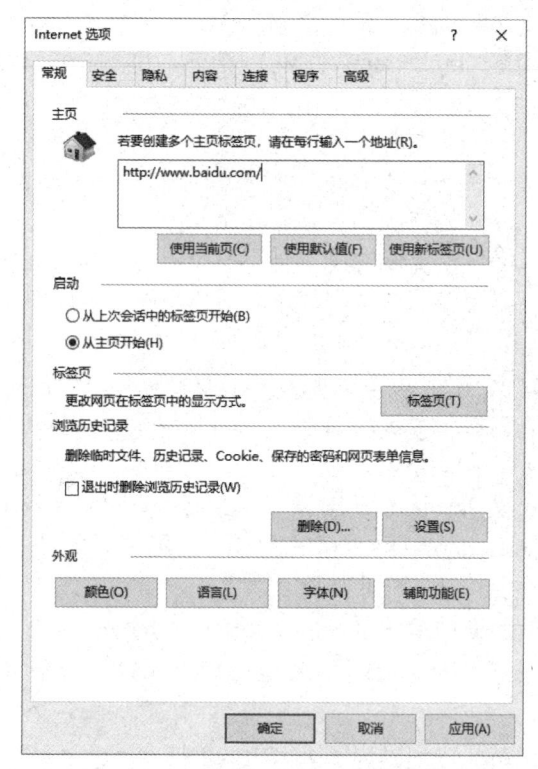

图 8-4　设置收藏夹的保存位置　　　　图 8-5　IE 主页设置

- 在"主页"文本框中输入网址，单击"应用"按钮即可将该地址的网页设置为主页，也可以单击"使用当前页""使用默认页""使用空白页"按钮快速设置主页，其中"使用当前页"按钮用于将当前正在浏览的网页设置为主页；"使用默认页"按钮用于将 IE 的默认页作为主页；"使用空白页"按钮用于将空白页作为主页，此时在文本框中显示的是"about:blank"。

Windows 10 自带的 IE 11 浏览器允许用户设置多个主页，当打开浏览器或者单击"主页"按钮时，浏览器会在不同的选项卡中加载每个主页，如果经常要打开多个页面，这是非常有用的。在 IE 11 浏览器中设置多个主页的方法如下。

方法一：打开"Internet 选项"对话框，在"主页"文本框中的每一行都输入网页的地址，按 Enter 键换行，接着输入下一个网页地址。

方法二：单击 IE 浏览器命令栏的"主页"按钮右边的下拉按钮，在弹出的下拉列表中选择"添加或更改主页"选项，弹出"添加或更改主页"对话框，选择"将此网页添加到主页选项卡"选项，单击"是"按钮。

② 在"安全"选项卡中，可以设置浏览器的安全级别。

③ 在"连接"选项卡中，可以设置拨号连接或局域网设置。在企事业单位常常使用代理服务器来访问 Internet，而代理服务器的设置正是在"连接"选项卡中完成的，具体操作如下。

- 选择"连接"选项卡，然后单击"局域网设置"按钮，弹出"局域网（LAN）设置"对话框，如图 8-6 所示。

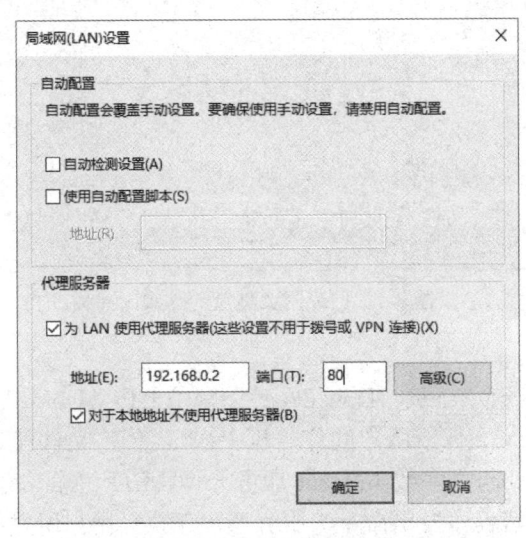

图 8-6　代理服务器设置

- 在"代理服务器"区域内选中"为 LAN 使用代理服务器"复选框，在"地址"文本框中输入代理服务器的地址，如 192.168.0.2，在"端口"文本框中输入端口号，如 80。单击"确定"按钮，完成设置。

④ 在"高级"选项卡中，可以设置 IE 浏览器显示网页内容时的一些个性化选项，如网页图片、声音、视频及超链接的显示方式等。

（5）放大和缩小网页。对于显示不够清楚的网页，可以将其放大显示，同时也可以根据需要将网页视图适当缩小显示。与更改字体大小不同，缩放网页视图操作将缩小或放大页面上的所有内容，包括文字、图像等。缩放范围为 10%～1000%，常用的缩放网页的方法如下。

① 如果想放大网页，那么可以在按住 Ctrl 键的同时再按加号键（+）；如果想缩小网页，那么可以在按住 Ctrl 键的同时再按减号键（-）；如果想将缩放的网页还原到 100%，那么可以按"Ctrl+0"组合键。

② 在按住 Ctrl 键的同时滚动鼠标滚轮，可快速地放大或缩小网页。

③ 在 IE 浏览器的状态栏中有一个"更改缩放级别"按钮，单击它可在弹出的快捷菜单中选择相应缩放比例，如图 8-7 所示。

2. FTP 服务

FTP 是 File Transfer Protocol（文件传输协议）的缩写，FTP 是用来在两台计算机之间传送文件最有效的方法，是 Internet 最重要的服务之一。

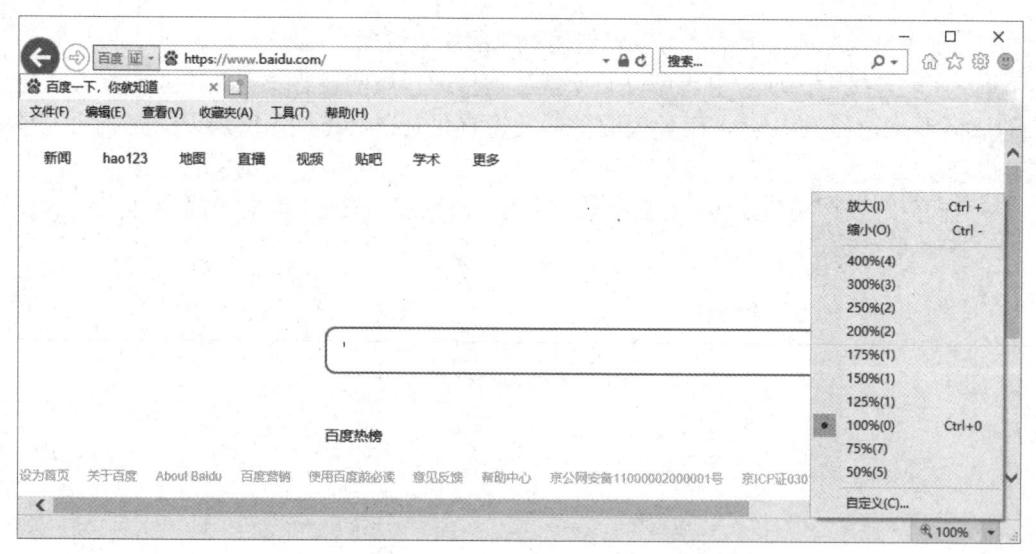

图 8-7　更改网页浏览的缩放比例

（1）FTP 工作原理。

在 FTP 的使用中，有"下载（Download）"和"上传（Upload）"两个概念，"下载"文件就是从远程主机复制文件至用户的计算机上；"上传"文件就是将文件从用户的计算机中复制到远程主机上。与大多数 Internet 服务一样，FTP 也符合客户/服务器模式，用户通过客户机程序向服务器程序发出命令，服务器程序执行用户所发出的命令，并将执行的结果返回客户机中。

（2）FTP 服务端。

把一台计算机作为 FTP 服务器，要在这台机器上安装 FTP 服务器软件。FTP 服务器软件有很多，比较有名的有 Serv-U，该软件的安装过程比较简单，使用起来也很方便，而且对系统资源的占用也很小。另外 Windows 自带的 Internet 信息服务（IIS）也可以开通 FTP 服务。

（3）FTP 客户端。

在客户端进行 FTP 连接，必须有 FTP 客户端软件，在 Windows 操作系统的安装过程中，通常都安装了 TCP/IP 协议软件，其中就包含了 FTP 客户端程序，只要打开命令行窗口就可以通过输入 FTP 命令来进行 FTP 操作。另外，Windows 操作系统的 IE 浏览器也可以作为 FTP 服务的客户端连接 FTP 服务器进行登录、上传和下载操作，使用的方法是在浏览器的地址栏中输入 FTP 服务器地址，如 ftp://ftp.zstu.edu.cn。当然，除了 Windows 自带的 FTP 客户端，也可以安装专业的 FTP 客户端软件，如 CuteFtp、LeapFtp 等，还有一些 FTP 软件只能用来下载文件，如 FlashGet 等。

3．搜索服务

提供网上信息查询和搜索也是 Internet 的一个重要服务，提供这些服务的应用有很多，最典型的应用有搜索引擎、网络百科、在线地图、数据库检索等。

（1）搜索引擎。

搜索引擎是指根据一定的策略、运用特定的计算机程序搜集互联网上的信息，在对信息进行组织和处理后，为用户提供检索服务的系统。搜索引擎为用户提供所需信息的定位，包括所在的网站或网页、文件所在的服务器及目录等。搜索的结果包括网页、图片、信息及其他类型的文件，通常以列表的形式显示出来，而且这些结果通常按点击率来排名。具有代表性的中文搜索引擎网站有百度和谷歌，以及微软的"必应"。

（2）网络百科。

网络百科是内容开放、自由的百科全书，旨在创造一个涵盖所有领域的知识性百科全书。网络百科本着平等、协作、分享、自由的互联网精神，提倡网络面前人人平等，所有人共同协作编写百科全书，让知识在一定的技术规则和文化脉络下得以不断组合和拓展。为用户提供了一个创造性的网络平台，强调用户的参与和奉献精神，充分调动互联网所有用户的力量，汇聚用户的智慧，积极进行交流和分享，同时实现与搜索引擎的完美结合，从不同的层次满足用户对信息的需求。图8-8所示为著名的维基百科，它提供不同语言版本的百科服务。国内比较有名的中文网络百科有百度百科和互动百科。

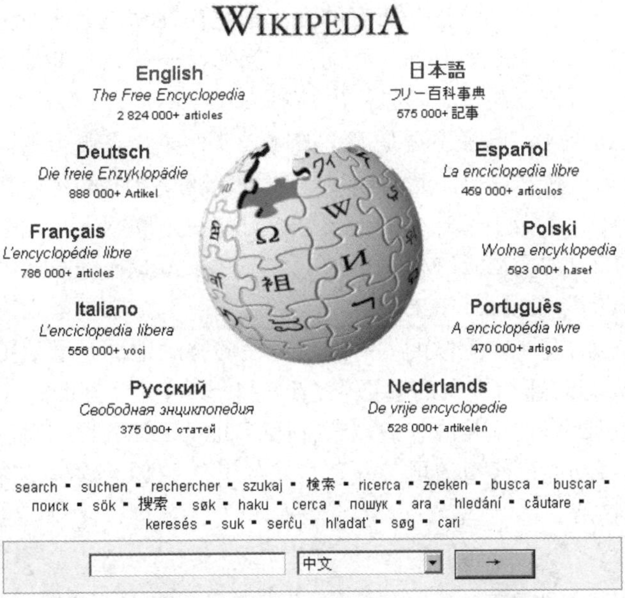

图 8-8 维基百科

与传统的百科全书相比，网络百科具有查询方便、内容动态更新及能进行网络评论等优势。当然网络百科也有不足的地方，因为每个人都可以对网络百科进行编辑，这样就不可避免地会导致有些词条信息不够准确，甚至有可能出现错误，因此在使用网络百科进行信息查询时要对信息进行判别，只能作为参考，不能作为权威资料引用。

（3）在线地图。

在线地图是较新的互联网应用，与传统的地图相比，在线地图最大的一个特点是查询方便，目前很多网站提供在线地图查询服务。谷歌和百度同样提供在线地图查询服务，百度地图主要提供2D、3D、卫星、全景等方式。谷歌地图除常规的地图方式外，还推出了其他地图应用软件，如谷歌地球（Google Earth）、谷歌海洋（Google Ocean），以及谷歌太空（Google Sky）。

城市三维地图是另外一种地图查询服务，这种地图最大的特色是以三维立体的形式显示地图，在地图上能清楚地分辨出每一条路和每一幢建筑，让人在浏览地图时有一种身临其境的感觉。

（4）数据库检索。

数据库检索包含电子文献、数据、图像和声音等多种媒体信息的检索，Internet 拥有一万多个数据库。与搜索引擎不一样，数据库通过收录某一方面的资源，为用户提供检索服务，一般也会收取检索费用。每个大学图书馆都会购买不同类型的数据库检索系统，提供给师生用于检索资料。国内的维普资讯数据库检索系统，提供中文期刊的检索，目前已经成为国内较大的综合文献数据库，类似的数据库检索系统还有万方数据资源系统、中国期刊网等。

4．即时通信

即时通信（Instant Messaging，IM）是指两个或更多人之间通过网络进行的实时交流。与传统的书信相比，它的特点是所有的交流都是在计算机之间发生的；与电子邮件相比，其最大的特点在于交流是实时的、互动的。当然，一些即时通信应用也允许发送消息给不在线的朋友，当对方下次登录时显示出消息。

即时通信发展到今天，已经不再是简单的聊天软件了。在聊天的同时，即时通信也能进行语音、视频通话，传送文件，远程协助等任务。随着功能的不断完善，即时通信已经成为人们学习、工作和生活不可缺少的一部分。目前在互联网上受欢迎的即时通信软件包括百度 hi、UcSTAR、QQ、MSN Messenger、AOL Instant Messenger、Yahoo! Messenger、NET Messenger Service、Jabber、ICQ 等。

随着移动互联网的发展，互联网即时通信也在向移动端即时通信扩张。目前，微软、Yahoo、腾讯等重要即时通信提供商都提供通过手机接入互联网即时通信的业务，用户可以通过手机与其他已经安装了相应客户端软件的手机或计算机收发消息。随着即时通信软件的不断发展，某些功能已经分流或替代了传统的电信业务，这也使得电信运营商不得不采取措施应对这种挑战。

5．网络社区

网络社区是指包括 BBS/论坛、讨论组、聊天室、博客等形式在内的网上交流空间。同一主题的网络社区集中了具有共同兴趣的访问者，由于有众多用户的参与，网络社区不仅具备交流的功能，实际上也成为了一种营销场所。

在互联网上能找到不同主题的论坛，通过访问这些论坛，人们不仅可以聊天交友，向别人求助问题，也能帮助别人解决问题，还能了解和学习不同行业的最新动态和新知识。最初给计算机爱好者提供的互相交流的场所是 BBS（Bulletin Board System）。20 世纪 70 年代后期，计算机用户数量很少且用户之间相距很远。因此，BBS 提供了一种简单方便的交流方式。互联网进入中国后，BBS 便开始流行，也推动了互联网在中国的发展，曾经的"水木清华"和"北大飘渺"等在传播思想最前沿的大学校园里影响力很大。

在 Web 2.0 时期，网络社区的形式表现为 SNS（Social Network Site），即"社交网站"或"社交网"，典型的如人人网、开心网等。在 SNS 里，即使人们不懂 HTML 语言，不懂怎么制作网页，也能发布属于自己的个性网站，每个人都能发挥自己无穷的想象力和创造力来展现自己的才华和个性，同时也丰富了网络的内容。

SNS 应用具有极大的商业前景。用户资源是互联网公司最宝贵的资源，有了用户这个资源，就可以实现网络游戏、电子商务和其他的增值服务。网络公司看到了 SNS 在 Internet 上巨大的应用前景，都竞相推出 SNS 平台。国外比较有名的有 SNS 平台有 Spaces、Facebook、Orkut 以及 Yahoo! 360°，国内许多互联网公司也已经推出了 SNS 应用，如人人网、天际职业社交平台、雅虎关系、开心网等。

博客也是 Web 2.0 里十分重要的一个元素，它打破了门户网站的信息垄断，被认为是继 E-mail、BBS、IM 之后出现的第 4 种网络交流方式，是网络时代的个人"读者文摘"，代表着新的生活方式和新的工作方式，更代表着新的学习方式。

随着互联网的发展，微博成了当前网络社交平台的新宠。通过微博，人们既可以作为观众浏览自己感兴趣的信息，也可以作为发布者发布内容供别人浏览，微博具有发布速度快，传播速度快等特点。最早、最著名的微博是美国的 Twitter，国内比较知名的有新浪微博和腾讯微博等。

6. 网络游戏

网络游戏的英文缩写为 MMOGame，又称"在线游戏"，简称"网游"，是依托 Internet 可以多人同时参与的游戏，通过人与人之间的互动达到交流、娱乐和休闲的目的。

网络游戏在中国是一个新兴的朝阳产业，经历了 20 世纪末的形成期阶段，及近几年的快速发展。现在，中国的网络游戏产业正处在成长期阶段，并将快速走向成熟期阶段。目前，国内较大的网络游戏开发商和运营商有：盛大网络、网易游戏等。

7. 多媒体信息服务

技术的进步使音频、视频等多媒体信息在 Internet 中快速传输成为可能。多媒体信息与不包括声音和图像的数据信息有很大的区别，含有音频或视频的多媒体信息的信息量往往很大，在网上传送多媒体信息普遍采用各种信息压缩技术。

目前，Internet 所提供的多媒体信息服务大体可分为流式存储型、流式实况型和交互式型等，其中流式存储型的典型应用是在线试听服务，流式实况型的典型应用是 IP 电话，而交互式型的典型应用是视频点播，下面对它们进行简单的介绍。

（1）在线试听。

在线试听的特点就是用户可以一边下载多媒体文件，一边播放它，即在文件下载后不久（几秒钟到几十秒钟后）就可以开始连续播放。这是一种典型的流式存储服务，即服务提供商先把已压缩的录制好的音、视频文件（如音乐、MV 等）存储在服务器上，然后供用户通过 Internet 下载这些文件，但不是在用户把文件全部下载完毕后才播放，因为这往往需要很长时间，而用户一般也不太愿意等待太长时间。

（2）IP 电话。

IP 电话又称网络电话，是通过网络实现的新型电话。IP 电话通过把语音信号数字化、压缩编码、网络传输、解压、还原数字信号等一系列过程，让通话双方听到声音。与传统的模拟电话相比，IP 电话采用数字压缩技术，相同的语音信息只需传输较少的数据量，通话数据通过分组交换方式在普通计算机网络上传输，无须独占通信信道，这大大降低了通话成本，在某些条件下（如使用宽带的局域网），IP电话的话音质量甚至还优于普通电话。因此，它被国际电信企业看成传统电信业务的强有力竞争者，IP电话也是未来语音通话的发展方向。

狭义的IP电话就是指在IP网络上打电话。所谓"IP网络"即使用IP协议的分组交换网，可以是因特网，也可以是其他包含IP网络的互联网。广义的IP电话则不仅是电话通信，还可以是在IP网络上进行交互式多媒体实时通信（包括语音、视频等），甚至还包括即时通信。

（3）视频点播。

视频点播的英文简称为VOD（Video On Demand），也被称为交互式电视点播系统，根据用户的需要播放相应的视频节目，从根本上改变了用户过去被动看电视的不足。视频点播通过网络将多媒体视频节目按照个人的意愿送到千家万户。

8.3 人工智能的应用

人工智能（Artificial Intelligence，AI）是一门以计算机科学为基础，融合了心理学、哲学等多学科的交叉学科。它旨在研究、开发用于模拟、延伸和扩展人类智能的理论、方法、技术及应用系统。人工智能技术通过算法和数据分析，模拟人类的感知、学习、推理和决策等智能行为，为人类提供智能化的服务和解决方案。

近年来，随着大数据、云计算、深度学习等技术的飞速发展，人工智能的应用领域不断拓宽。从智能家居、自动驾驶到医疗诊断、金融风控，人工智能正在深刻改变着我们的生活和工作方式。在教育领域，人工智能也被广泛应用于智能教学、在线学习、个性化辅导等方面，为教育现代化注入了新的活力。

8.3.1 人工智能在办公软件中的应用

随着信息化时代的到来，办公软件已经成为现代办公不可或缺的重要工具。人工智能的融入，使得办公软件在提升工作效率、优化工作流程、增强用户体验等方面取得了显著进展。人工智能与办公软件的结合主要体现在以下几个方面：

自动化处理：人工智能可以自动识别和处理文档中的信息，如自动纠错、自动排版、自动分类等，从而减轻用户的工作负担，提高工作效率。

智能分析：人工智能能够对大量数据进行深度挖掘和分析，生成有价值的报告和建议，帮助用户做出更加精准的决策。

个性化服务：人工智能可以根据用户的使用习惯和偏好，提供个性化的功能和服务，如智能推荐、智能搜索等，提升用户体验。

协同办公：人工智能能够实现多人在线协同编辑、实时沟通等功能，打破时间和空间的限制，提高团队协作效率。

Office软件作为办公软件的杰出代表，一直以来都在不断探索和引入人工智能，以提升用户的办公体验和工作效率。以下是人工智能在 Office 软件中的一些具体应用：

（1）智能写作助手

文稿生成与编辑：人工智能能够根据用户输入的关键词或主题，自动生成初稿或对文稿进行的修改和润色。用户还可以通过简单的指令，让人工智能对现有文档进行内容增减、归纳总结等操作。

智能推荐与搜索：人工智能能够根据用户的使用习惯和文档内容，智能推荐相关的模板、范文或参考资料。同时，人工智能还能快速准确地搜索到用户所需的文档或信息。

（2）数据分析与决策支持

数据智能分析：人工智能能够对 Excel 中的大量数据进行深度挖掘和分析，生成图表、报告等可视化结果，帮助用户快速理解数据背后的规律和趋势。

预测与决策支持：基于历史数据和算法模型，人工智能能够对未来的数据趋势进行预测，为用户提供决策支持。

（3）智能排版与美化

自动排版：人工智能能够根据文档的内容和格式要求，自动调整字体、段落间距、标题样式等，使文档看起来更加专业、美观。

智能美化：人工智能能够对 PPT 中的幻灯片进行智能美化，包括配色方案、布局设计、动画效果等，提升演示文稿的整体质量。

（4）语音识别与控制

语音转文字：人工智能能够将用户的语音输入转换成文字，支持用户通过语音进行文档的编辑和修改。

语音控制：用户可以通过语音指令来控制 Office 软件的各项功能，如打开文档、保存文档、切换窗口等，实现更加便捷的操作。

综上所述，人工智能在 Office 软件中的应用已经取得了显著的成效，不仅提升了用户的办公效率和工作质量，还为用户带来了更加智能化、个性化的使用体验。随着技术的不断进步和应用场景的不断拓展，人工智能与办公软件的结合将会更加紧密，为用户带来更加高效、便捷、智能的办公体验。

8.3.2　在 Word 中使用 Copilot

Copilot 是微软在 Windows 11 中加入的 AI 助手，它是一个侧边栏工具，可以帮助用户完成各种任务。Copilot 依托于底层大语言模型（LLM），用户只需说几句话，做出相关指示，它就可以生成类似人类撰写的文本和其他内容。

1. 使用 Copilot 撰写草稿

无论是创建新文档还是处理现有的文档，Copilot 都可以提供帮助。在新文档、空白文档中或在现有文档中创建新行时，都会显示"使用 Copilot 草稿"窗口，如图 8-9 所示。在功能框输入要求，也可以提供希望 Copilot 使用的大纲、备注或引用文件。例如，可以要求 Copilot 写一篇关于棒球的文章或创作关于时间管理的段落。

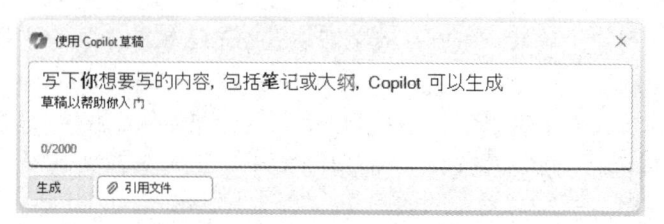

图 8-9　"使用 Copilot 草稿"窗口

2. 使用 Copilot 生成图像

如果需要新办公室布局的灵感，只需要求 Copilot "创建一幅现代化办公室的图像，其中有色彩鲜艳的家具、充足的自然光线和具有异国情调的植物"，注意：尽量将需求描述得清楚详细。Copilot 将根据用户的指示生成图像，生成的图像如图 8-10 所示。

图 8-10　用 Copilot 生成的图像

8.3.3　在 Excel 中使用 Copilot

Excel 中的 Copilot 可以通过生成公式列建议、在图表和数据透视表中显示见解以及突出显示有趣的数据，帮助执行更多操作。

1. 使用 Copilot 突出显示、排序和筛选表

借助 Copilot，可以轻松地突出显示、排序和筛选表（或其他受支持格式的数据），以

快速提醒注意重要的事项。突出显示"销售"列的最大值如图 8-11 所示。

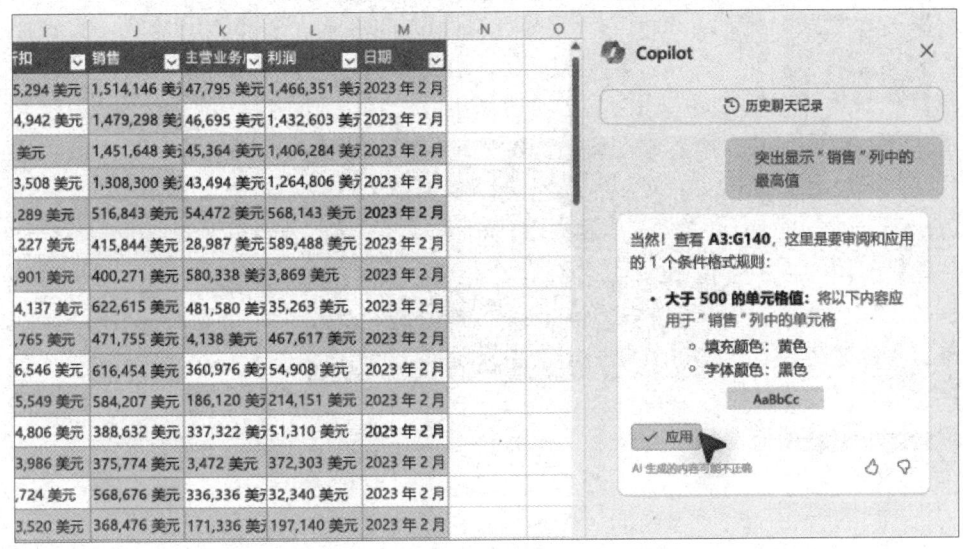

图 8-11　突出显示"销售"列的最大值

使用 Copilot 中的生成公式功能，可以轻松地在表中创建各类图表，包括柱状图、饼图和折线图等。使用 Copilot 创建的柱状图如图 8-12 所示。

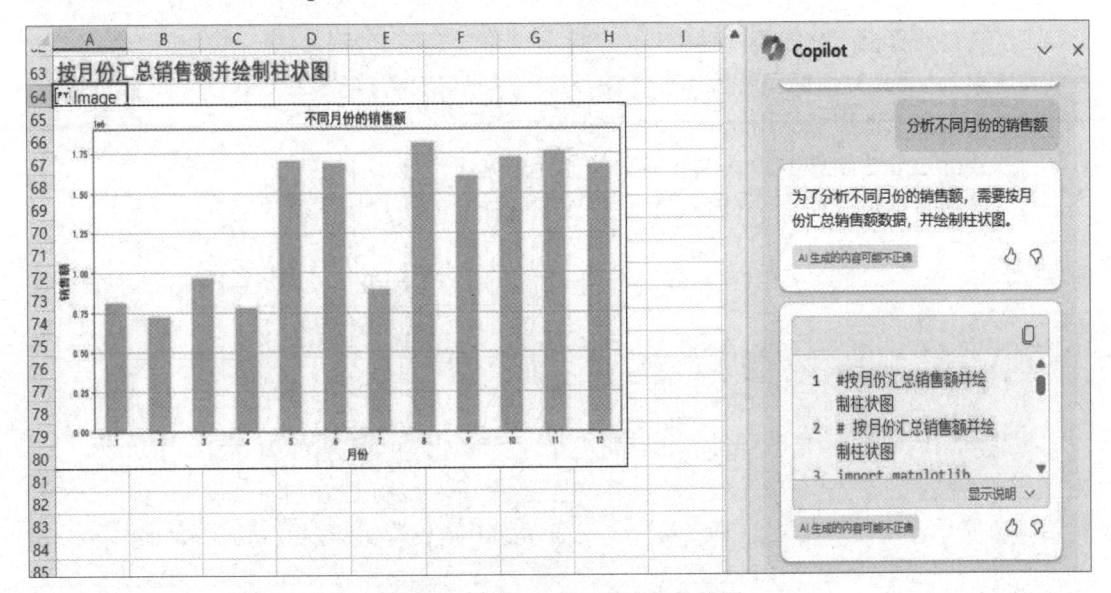

图 8-12　使用 Copilot 创建的柱状图

8.3.4　在 PowerPoint 中使用 Copilot

PowerPoint 中的 Copilot 可以通过用户想撰写的内容直接生成演示文稿，而无须引用任何文件；可以根据现有文本文档的内容生成演示文稿，支持一次生成一个文件；可以通过聊天界面提供演示文稿摘要、回答问题和创建文本内容，生成演示文稿。使用 Copilot 创建的演示文稿如图 8-13 所示。

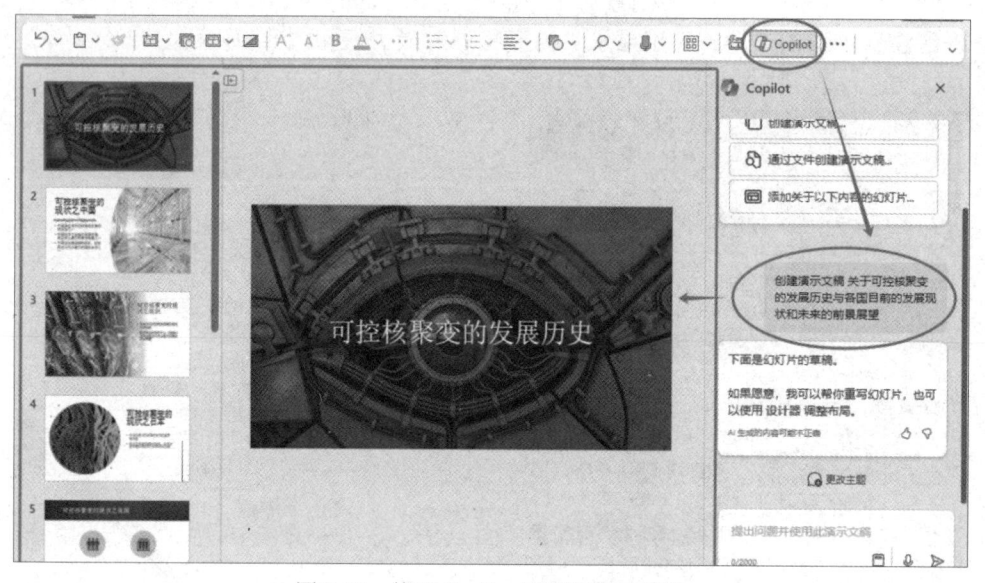

图 8-13　使用 Copilot 创建的演示文稿

8.4　习题

1. 简述计算机网络的基本功能。
2. 在 Internet 提供的多种应用服务中，比较常见的有哪些？
3. 人工智能有哪些应用？
4. 分析 Office 软件中的人工智能功能如何提升工作效率。
5. 设计并实施一项关于 Office 软件中人工智能功能用户接受度的调查。